U0142453

凝煉知識品味閱讀

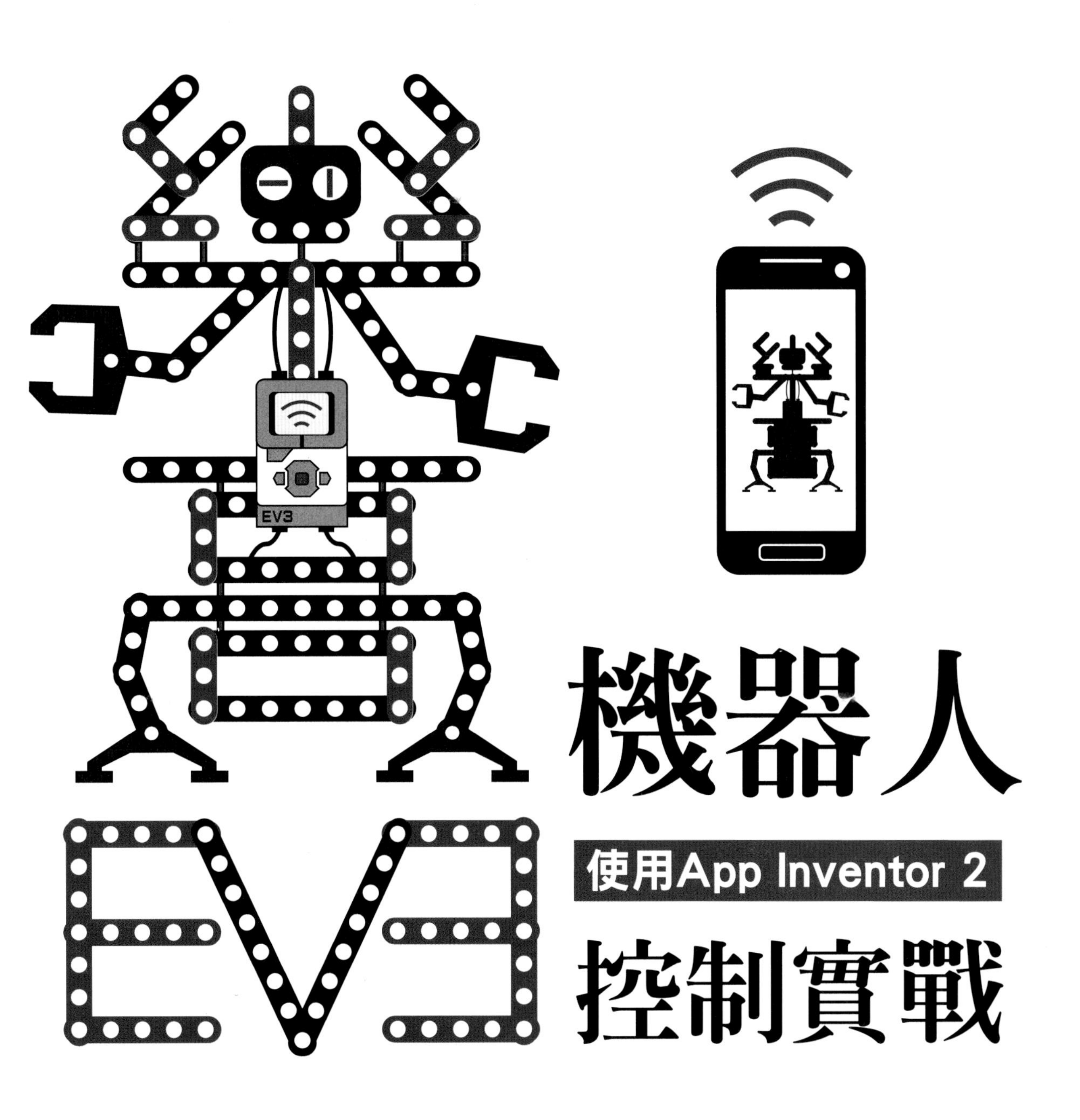

EV3 機器人控制實戰

使用App Inventor 2

李春雄 著

五南圖書出版公司 印行

序

Preface

還記得您在小學時，最喜歡的組合玩具是什麼嗎？我想大部分的同學都會回答「樂高積木」，爲什麼呢？其實它可以依照每一位同學的「想像力及創造力」來建構個人喜歡的作品，並且它還可以透過「樂高專屬的軟體」來控制EV3樂高機器人。

那各位同學是否有想過一個有趣的問題？那就是爲何「小學生」也可以撰寫程式來控制EV3樂高機器人呢？其實它就是透過「拼圖」方式來撰寫程式。

反觀，目前高中職及大專院校學生，如果想自己開發Android App程式，則必須要學習困難的Java程式語言，使得大部分學習者望而卻步，甚至半途而廢。

有鑑於此，Google實驗室基於「程式圖形化」理念，發展了「App Inventor」拼圖程式，來專門用來撰寫Android App的開發平臺。並且在2012年初將此軟體移轉給MIT（麻省理工學院）行動學習中心管理及維護。

MIT行動學習中心在2013年12月發表App Inventor 2（簡稱AI2），除了省略需要使用Java才能開啓的Blocks Editor之外，並且大幅度的改善開發環境。因此，目前App Inventor已經被公認爲小學生也可以開發Android App程式的重要工具，其主要原因如下：

1. 提供「雲端化」的「整合開發環境」來開發專案
2. 提供「群組化」的「元件庫」來快速設計使用者介面
3. 利用「視覺化」的「拼圖程式」來撰寫程式邏輯
4. 支援「娛樂化」的「EV3樂高機器人」製作的控制元件

5. 提供「多元化」的「專案發布模式」來輕易在手機上執行測試

此外，利用手機來玩「遊戲軟體」，已經成爲目前現代人的娛樂活動之一了，但是，如果手機又可以控制實體的「機器人」，那就太酷了！因此，在本書中，筆者將帶領App Inventor的讀者，完成一件小時候的夢想，那就是利用App Inventor2中的「LEGO元件」來開發「樂高機器人」程式。

在此，筆者特別建議高中職及大專院校的老師，可以向學校申請或租借「EV3機器人套件」作爲教具，亦即「Android App程式開發機器人互動模組」。配合學生的「程式設計」實作課程，來讓學生開發的App能夠控制實體機器人進行互動，增進學習興趣，以達到「機器人輔助程式設計」之成效。

藉由本教學輔助模組，可以加深同學對行動應用程式設計與機器人密切結合，提供動手操作的經驗，回歸到實體世界，可以觀察，可以建構，大大地增加學習程式語言的樂趣。

最後，在此特別感謝各位讀者的對本著作的支持與愛戴，筆者才疏學淺，有誤之處。請各位資訊先進不吝指教。

李春雄（Leech@csu.edu.tw）

2016.11.14

於　正修科技大學　資管系

目 錄

Chapter 1 樂高機器人

Chapter 2 EV3主機的程式開發環境

Chapter 3 App Inventor 2手機程式開發環境

CONTENTS

CONTENTS

Chapter 13 不倒翁機器人（陀螺儀感測器）

Chapter 14 機器人的聲音及直接控制指令之應用

Chapter 15 傾斜操作機器人（加速感測器）

Chapter 16 語音操控機器人（語音辨識）

CONTENTS

Chapter 1

樂高機器人

本章學習目標

1. 讓讀者瞭解機器人定義及在各領域上的運用。
2. 讓讀者瞭解EV3樂高機器人的組成、套件及動力機械傳遞方式。

本章內容

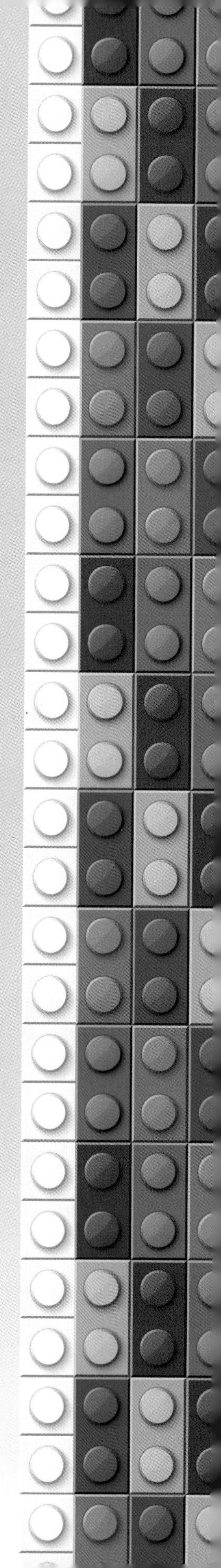

1-1 樂高的基本介紹

樂高（Lego）是一間位於丹麥國家的玩具公司，總部位於比隆，創始於西元1932年，初期它主要生產積木玩具命名爲樂高。現今的樂高，已不只是小朋友的玩具，甚至它已經成爲許多大朋友的最愛。其主要原因就是因爲樂高公司不停的求新求變，並且與時代的潮流與趨勢結合，它先後推出了一系列的主題產品。以下爲筆者歸納出目前較常見的十種不同的系列主題：

1.City（城市）系列	2.NinjaGo（忍者）系列
	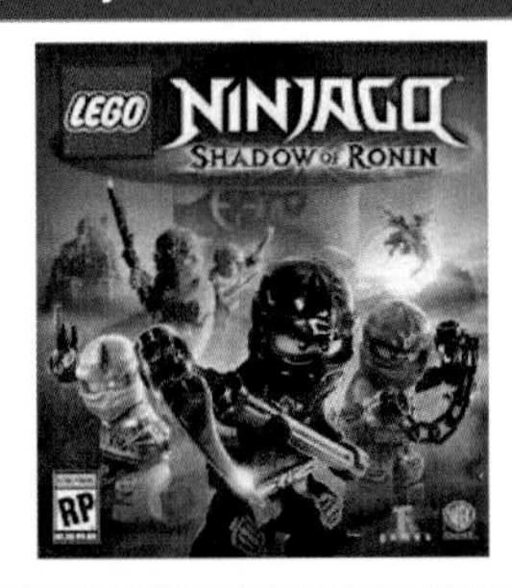
3.Star Wars（星際大戰）系列	**4.Pirates（海盜）系列**

5.Speed（賽車）系列	**6.Super Heroes（超級英雄）系列**

7.Chima（神獸傳奇）系列	**8.Creator（創意）系列**

9.Technic（科技）系列	10.Mindstorms（機器人）系列

資料來源 維基百科

註 以上列出目前市面上的十種樂高系列，其中1~7系列，樂高公司已經提供最固定的產品，適合小朋友或收藏家。而8~10系列的產品比較能夠訓練學生的創意、組裝機構及邏輯思考的能力。

1-1-1 樂高創意積木

功能

讓小朋友隨著「故事」的情境，發揮自己的想像力，使用 LEGO 積木動手組裝出自己設計的模型。

目的

1. 培養孩子的創造力。
2. 實作中訓練手指的靈活度。
3. 讓小朋友與大家分享自己的作品，培養孩子的表達能力。

樂高教具

classic ideas創意積木	創意積木

適合年齡　幼稚園階段到小二

取得方式

1. 台灣貝登堡
2. 全省樂高教育中心代購
3. 百貨公司（種類有限）
4. 露天網站（種類最多）
5. 其他……

官方作品

「小房子」造型創作	「賽車」造型創作

作者創作作品

「無敵鐵金鋼」造型創作	「小汽車」造型創作

1-1-2　樂高動力機械

功能

讓小朋友使用 LEGO 動力機械組，藉由動手實作以驗證「槓桿」、「齒輪」、「滑輪」、「連桿」、「輪軸」……等物理機械原理。

目的

1. 從中觀察與測量不同現象，深入了解物理科學知識。
2. 由「做中學，學中做」。
3. 觀察生活與機械與培養解決能力。

教具

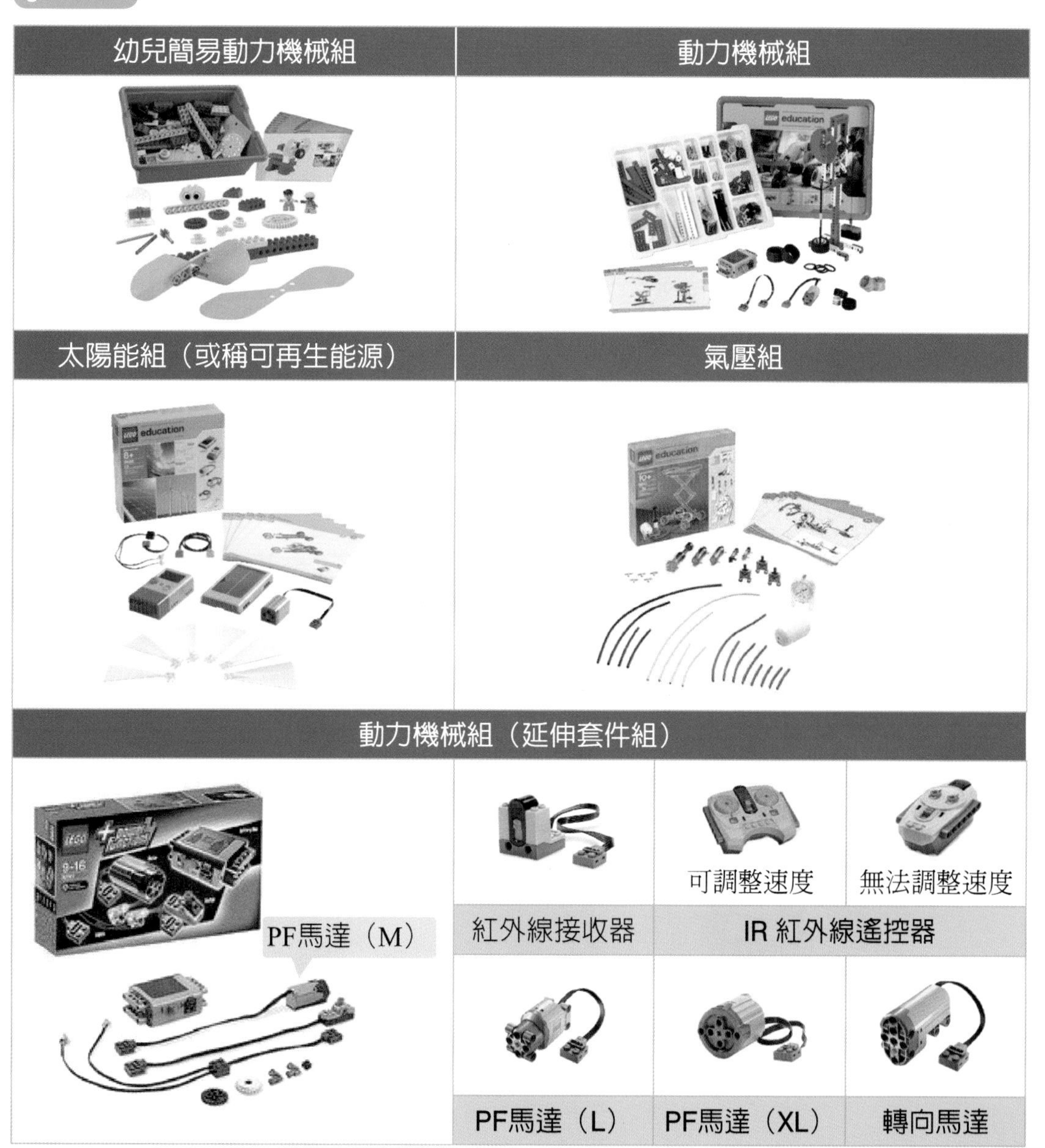

註 PF代表Power Functions

圖片來源　台灣貝登堡 http://www.erobot.com.tw/

適合年齡　國小階段年級及動力機械玩家

取得方式

1. 台灣貝登堡
2. 全省樂高教育中心代購
3. 百貨公司（種類有限）
4. 露天網站（種類最多）
5. 其他……

官方作品

動力機器F1賽車	動力機器超級跑車

作者創作作品

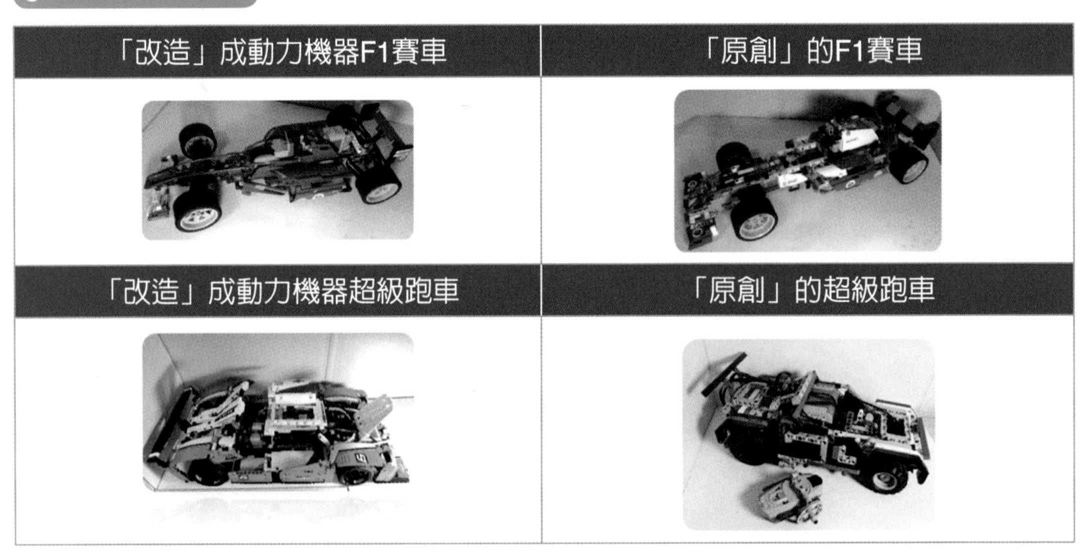

1-1-3 樂高機器人

定義

EV3 樂高機器人（LEGO MINDSTORMS）是樂高集團所製造的可程式化的機器玩具。

目的

1. 親自動手「組裝」，訓練學生「觀察力」與「空間轉換」能力。
2. 親自撰寫「程式」，訓練學生「專注力」與「邏輯思考」能力。
3. 親自實際「測試」，訓練學生「驗證力」與「問題解決」能力。

樂高教具

目前可分為RCX（第一代）、NXT（第二代）與EV3（第三代）

RCX（第一代）1998	NXT（第二代）2006	EV3（第三代）2013

註 ①第一代的RCX目前已經極少家玩在使用了⟶已成為古董級來收藏。
②第二代的NXT目前雖然已經停產，但是大部份的教育中心尚在使用。
③第三代的EV3目前市面上的主流機器人。

1. NXT（第二代）相關的套件如下：

NXT玩具版（零售版）LEGO 8547	NXT教育版 LEGO 9797

2. EV3（第三代）相關的套件如下：

EV3家用版（零售版）LEGO 31313	EV3教育版 LEGO 45544

圖片來源　台灣貝登堡 http://www.erobot.com.tw/

取得方式

1. 台灣貝登堡
2. 全省樂高教育中心代購
3. 百貨公司（種類有限）
4. 露天網站（種類最多）
5. 其他……

官方作品

作者創作作品

「改造」成EV3主機的F1賽車	「原創」的樂高藍寶堅尼跑車
「改造」成NXT主機的超級跑車	「原創」的超級跑車

1-2 什麼是機器人

機器人的迷思

「機器人」只是一台「人形玩具或遙控跑車」，其實這樣的定義太過狹隘且不正確。

人形玩具	遙控跑車

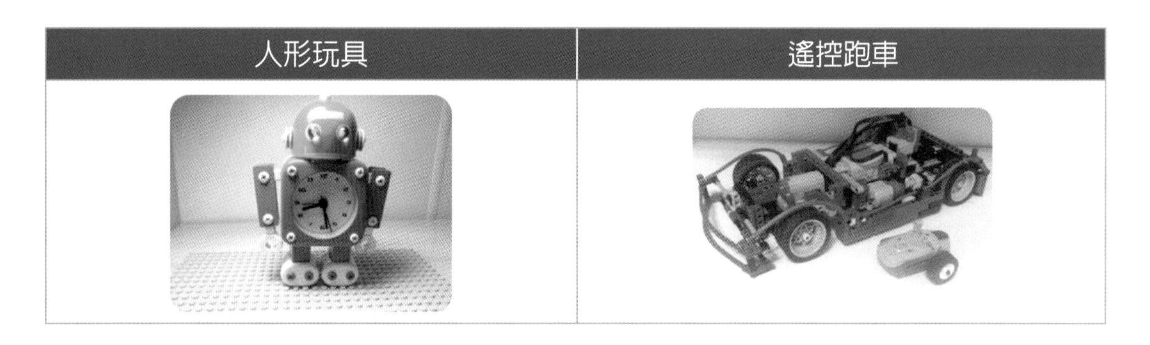

說明

1. 人形玩具：屬於靜態的玩偶，無法接收任何訊號，更無法自行運作。

2. 遙控汽車：可以接收遙控器發射的訊號，但是，缺少「感測器」來偵測外界環境的變化。例如：如果沒有遙控器控制的話，遇到障礙物前，也不會自動停止或轉彎。

深入探討

我們都知道，人類可以用「眼睛」來觀看周圍的事物，利用「耳朵」聽見周圍的聲音，但是，機器人卻沒有眼睛也沒有耳朵，那到底要如何模擬人類思想與行爲，進而協助人類處理複雜的問題呢？

其實「機器人」就是一部電腦（模擬人類的大腦），它是一部具有電腦控制器（包含中央處理單元、記憶體單元），並且有輸入端，用來連接感測器（模擬人類的五官）與輸出端，用來連接馬達（模擬人類的四肢）。

定義

機器人（Robot）它不一定是以「人形」爲限，凡是可以用來模擬「人類思想」與「行爲」的機械玩具才能稱之。

三種主要組成主素

1.感測器（輸入）　2.處理器（處理）　3.伺服馬達（輸出）。

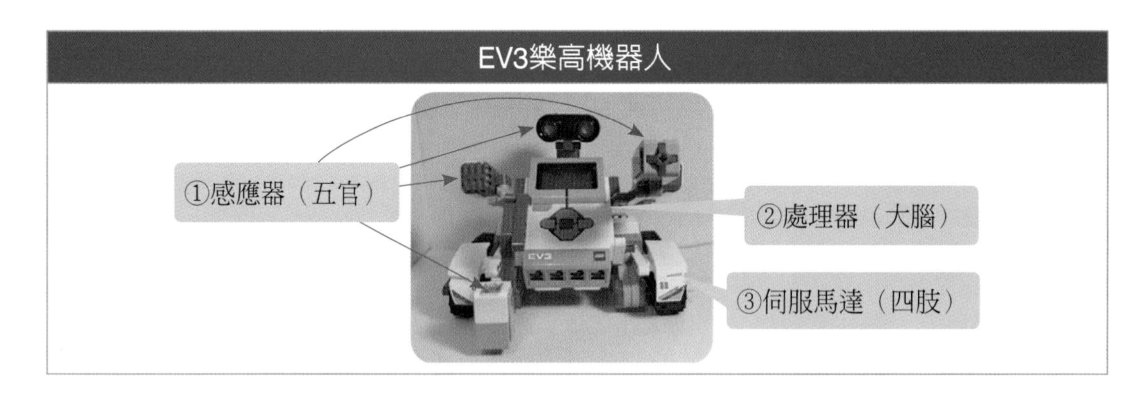

機器人的運作模式

① 輸入端：類似人類的「五官」，利用各種不同的「感測器」，來偵測外界環境的變化，並接收訊息資料。

② 處理端：類似人類的「大腦」，將偵測到的訊息資料，提供「程式」開發者來做出不同的回應動作程序。

③ 輸出端：類似人類的「四支」，透過「伺服馬達」來眞正做出動作。

舉例 會走迷宮的機器人

假設已經裝組完成一台樂高機器人的車子（又稱爲輪型機器人），當「輸入端」的「超音波感測器」偵測到前方有障礙物時，其「處理端」的「程式」可能的回應有「直接後退」或「後退再進向」或「停止」動作等，如果是選擇「後退再進向」時，則「輸出端」的「伺服馬達」就是眞正先退後，再向左或向右轉，最後，再直走等動作程序。

機器人的運用

由於人類不喜歡做具有「危險性」及「重複性」的工作，因此，才會有動機來發明各種用途的機器人，其目的就是用來取代或協助人類各種複雜性的工作。

常見的運用

1. 工業上：焊接用的機械手臂（如：汽車製造廠）或生產線的包裝。
2. 軍事上：拆除爆裂物（如：炸彈）
3. 太空上：無人駕駛（如：偵查飛機、探險車）
4. 醫學上：居家看護（如：通報老人的情況 ）
5. 生活上：自動打掃房子（如：自動吸塵器）
6. 運動上：自動發球機（如：桌球發球機）
7. 運輸上：無人駕駛車（如：Google研發的無人駕駛車）
8. 安全測試上：汽車衝撞測試
9. 娛樂上：取代傳統單一功能的玩具
10. 教學上：訓練學生邏輯思考及整合應用能力，其主要目的讓學生學會機器人的機構原理、感測器、主機及伺服馬達的整合應用。進而開發各種機器人程式以實務上的應用。

1-3 EV3樂高機器人

引言

從第一代的RCX（1998年）、第二代的NXT（2006年），讓全世界的樂高玩家，包括大人或小朋友都玩翻了。樂高公司在2013年底，又推出更強功能的第三代樂高機器人EV3，其中EV代表了進化（evolution）之意。

定義

EV3 樂高機器人（LEGO MINDSTORMS）是樂高集團所製造的可程式化的機器玩具。

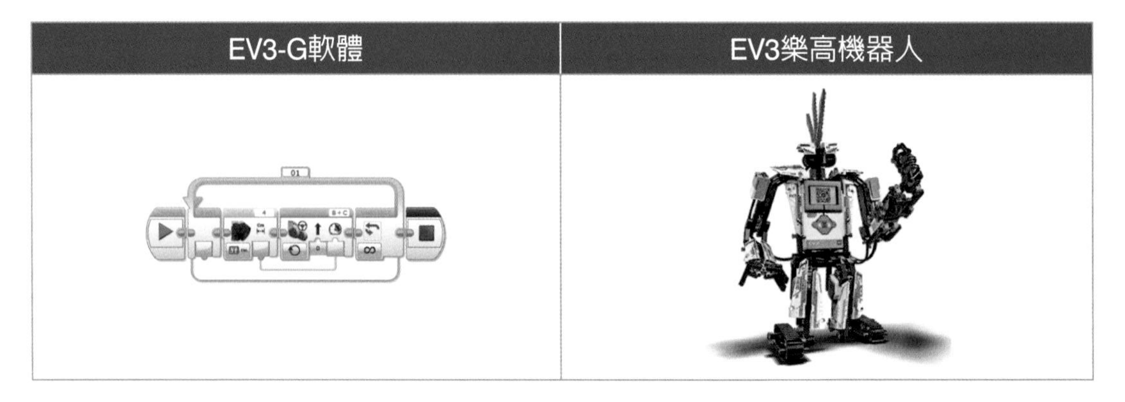

圖片來源　樂高官方網站

說明

在EV3-G軟體中，我們可以透過「拼圖程式」來命令EV3樂高機器人進行各種控制，以便讓學生較輕易的撰寫機器人程式，而不需了解樂高機器人內部的軟、硬體結構。

常用的開發工具

1. EV3-G：利用「視覺化」的「拼圖程式」來撰寫程式「EV3樂高機器人」。
2. leJOS：針對NXT/EV3樂高機器人量身訂作的Java語言。

適用時機

1. EV3-G：適用於國中、小學生或樂高機器人的初學者。
2. leJOS：適用於高中、大專以上的學生。

共同之處

EV3-G或leJOS提供完整的LEGO元件來控制EV3機器人的硬體。

EV3-G的優點

1. 利用「視覺化」的「拼圖程式」來撰寫程式「EV3樂高機器人」，可以減少學習複雜的leJOS程式碼。
2. EV3-G軟體提供完整的LEGO元件來控制EV3機器人的硬體。

1-4 EV3樂高機器人套件

引言

基本上，樂高機器人是由許多積木、橫桿、軸、套環、輪子、齒輪及最重要的可程式積木（主機）及相關的感測器等元件所組成。因此，在學習樂高機器人之前，必須要先了解它的組成機構之元件。

樂高機器人套件版本

EV3教育版（產品編號：45544）	EV3零售版（產品編號：31313）

EV3教育版與零售版的主要差異

版本 / 元件	EV3教育版	EV3零售版（或稱玩具版、家用版）
EV3主機	1	1
大型伺服馬達	2	2
中型伺服馬達	1	1
觸碰感應器	2	1
陀螺儀感應器	1	無
顏色感應器	1	1
超音波感應器	1	無
紅外線感應器	無	1
紅外線遙控器	無	1（搭配「紅外線感應器」）

註 以上灰色網底表示兩種版本不同之處。

樂高機器人的輸入 / 處理 / 輸出的主要元件

本書是以「EV3教育版」爲主

EV3機器人主要元件

「馬達」連接埠：編號「A, B, C」

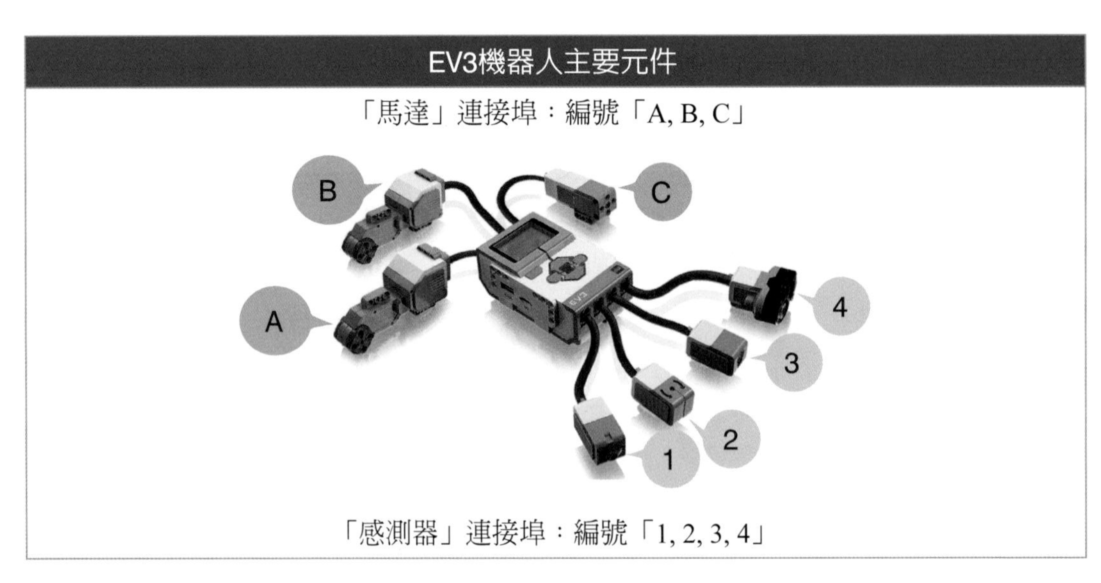

「感測器」連接埠：編號「1, 2, 3, 4」

圖片來源 http://education.lego.com/

說明

1. 輸入元件：感測器。連接埠編號分別爲「1, 2, 3, 4」
2. 處理元件：EV3主機。機器人的大腦。
3. 輸出元件：伺服馬達。連接埠編號分別爲「A, B, C」

註 EV3的輸出連接埠可連4支馬達。

一、輸入元件（感測器）

基本上，EV3機器人的標準配備中，共有四種感測器：

<table>
<tr><td>①觸碰感測器</td><td rowspan="4">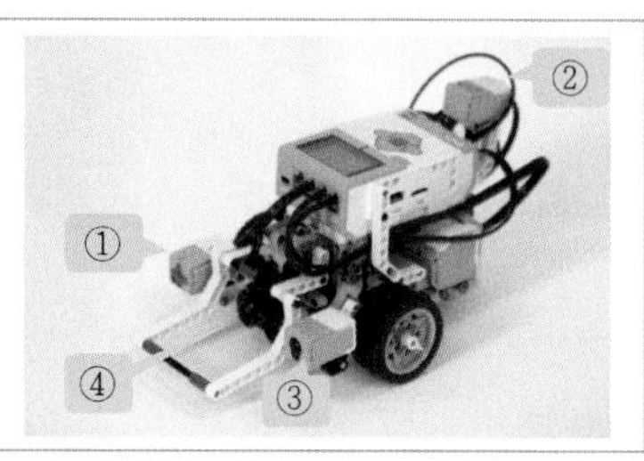
</td><td>類似人類的「皮膚觸覺」</td></tr>
<tr><td>②陀螺儀感測器</td><td>類似人類的「頭腦平衡系統」</td></tr>
<tr><td>③顏色感測器</td><td>類似人類的「眼睛」來辨識「顏色深淺度及光源」</td></tr>
<tr><td>④超音波感測器</td><td>類似人類的「眼睛」來辨識「距離」。</td></tr>
</table>

圖片來源 http://makerzone.mathworks.com/resources/edge-following-and-obstacle-sensing-lego-mindstorms-ev3-robot/

註 以上四種感測器，在EV3-G軟體中，其預設的感測器連接埠（SensorPort）爲接在EV3的1至4號輸入端，但是，您也可以自行修改感測器的連接埠。

二、處理元件（主機）

<table>
<tr><th>EV3主機</th><th>說明</th></tr>
<tr><td>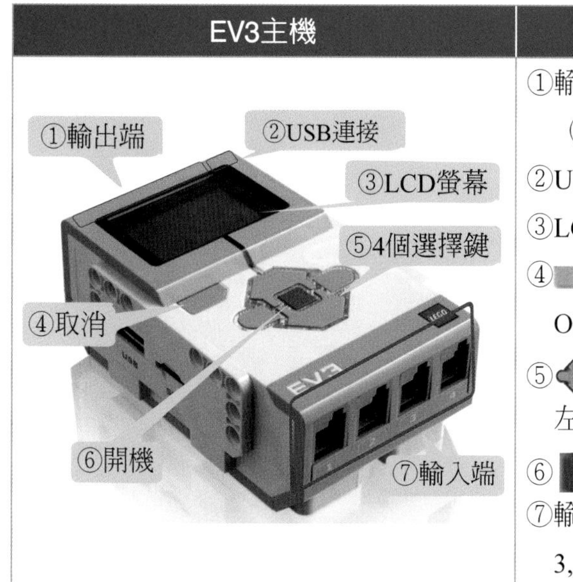
</td><td>①輸出端：連接馬達或燈泡的4個輸出埠（A、B、C、D）
②USB連接：用來接電腦的USB埠。
③LCD螢幕：用來顯示EV3主機運作狀態。
④ 深灰色按鈕：回上一頁、取消、電源OFF（主選單）。
⑤ 灰色上、下、左、右鈕：用來移動左、右的選單。
⑥ ：電源ON、確定、程式執行。
⑦輸入端：連接4種感應器，其輸入埠（1, 2, 3, 4）。</td></tr>
</table>

三、輸出元件（伺服馬達）

想要讓機器人走動，就必須要先了解何謂伺服馬達（EV3Drive），它是指用來讓機器人可以自由移動（前、後、左、右及原地迴轉），或執行某個動作的馬達。

伺服馬達的圖解

註 伺服馬達內建「角度感測器」，可以精確地控制馬達運轉。

1-5 積木與橫桿

想要製作一台樂高跑車、大吊車及相關的作品時，積木與橫桿零件是必備的，因爲，它是用來建構這些作品的支架及模型。因此，在學習樂高組裝之前，務必要先熟悉各種相關的積木與橫桿，以便我們爾後順利完成。

1-5-1 方塊積木（Brick）

定義

又稱爲「基本磚」，它屬於傳統樂高的零件。

示意圖

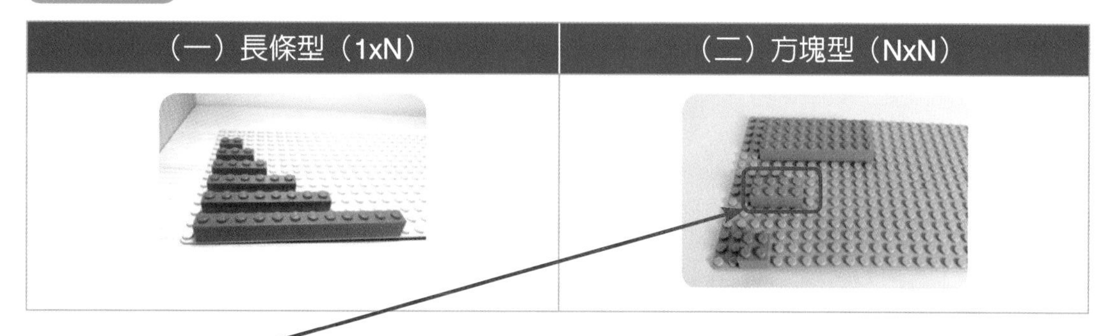

命名 Brick 2x4 代表方塊型積木，其寬度爲2個凸點（stud），長度爲4個凸點。如上圖右邊的第二個積木稱之。

用途 堆疊房子、各種車輛、飛機、強化結構或各種造型外部的結構之用。

缺點 用途及功能比較少。

1-5-2　平板積木（Plate）

定義

它也屬於傳統樂高的零件。

示意圖

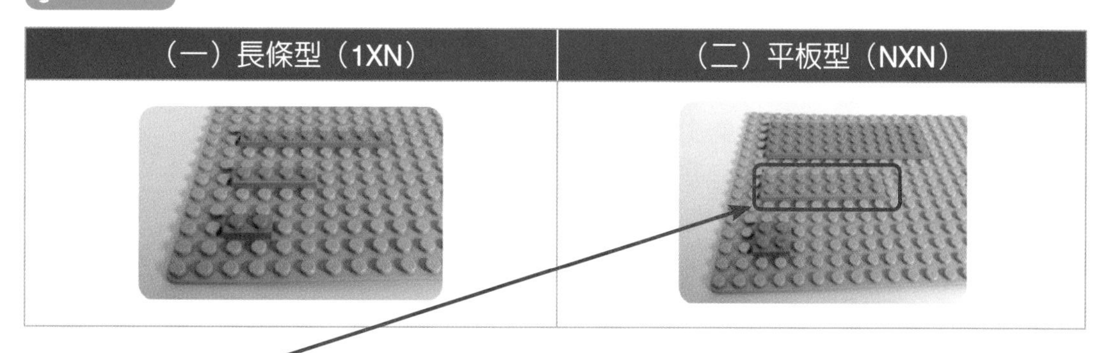

命名 Plate 2x8 代表平板型積木，其寬度爲2個凸點（stud），長度爲8個凸點。如上圖右邊的第二個積木稱之。

與方塊積木的差異 最大的差異就是高度只有它的1/3。

1-5-3 圓孔平板積木（Technic Plate）

定義

與平板積木（Plate）的主要差異點爲它是具有「圓孔」。

示意圖

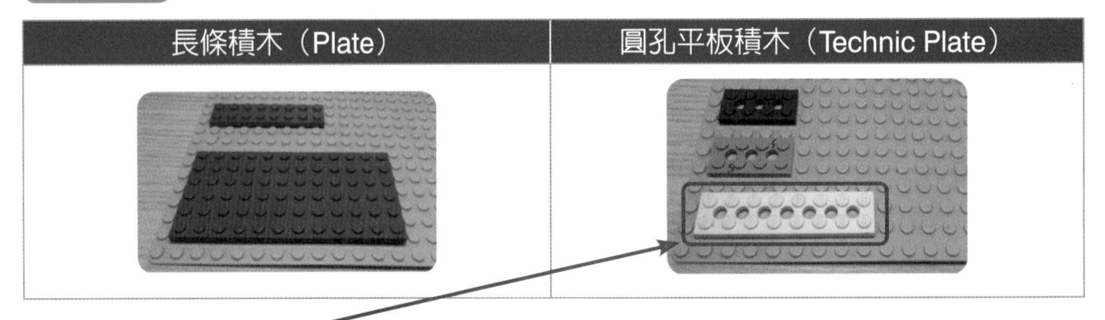

長條積木（Plate）	圓孔平板積木（Technic Plate）

命名　Technic Plate 2x8 代表圓孔平板型積木，其寬度爲2個凸點（stud），長度爲8個凸點。如上圖右邊的第三個積木稱之。

用途　可以用來強化機器人的主樑、旋轉盤及各種車輛的主結構之強度。

作法　它透過各種「插銷、軸及套環」來相互連接。

1-5-4 凸點橫桿（Technic Brick）

定義

與方塊積木（Brick）的主要差異點爲它是具有「凸點」。

示意圖

（一）有「圓孔」	（二）有「十字軸孔」	（三）有「雙凸點」

命名　Technic Brick 1x4 代表長度爲4個凸點（stud）橫桿。如上圖最左邊的第三個積木稱之。

用途　可以製作機器人的手臂、框架及支撐各種車輛的主結構之用。

作法　它透過各種「插銷、軸及套環」來相互連接。

1-5-5　橫桿（或稱連桿；樑柱；Technic Beam or Technic Liftarm Thick）

又稱爲平滑橫桿，因爲它沒有凸點（stud），在建構機器人的框架或各種車輛之結構時，除了可以利用有孔的凸點橫桿之後，目前在EV3套件中，已經取代傳統的「凸點橫桿」了。

長度單位　Module（簡寫成M）

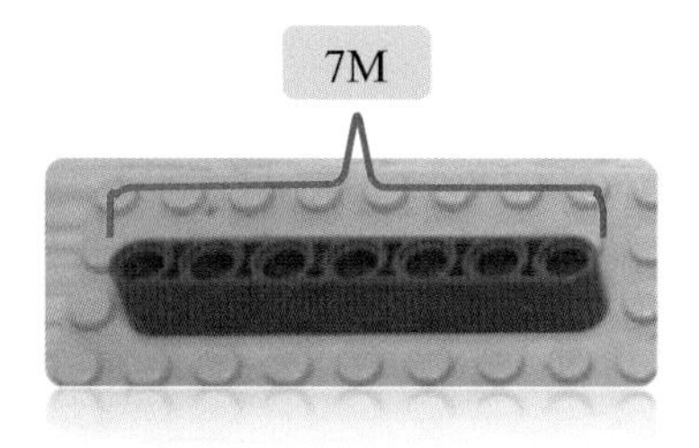

與凸點橫桿之計算方式不同　它是依照「孔數」來計算之。

分類

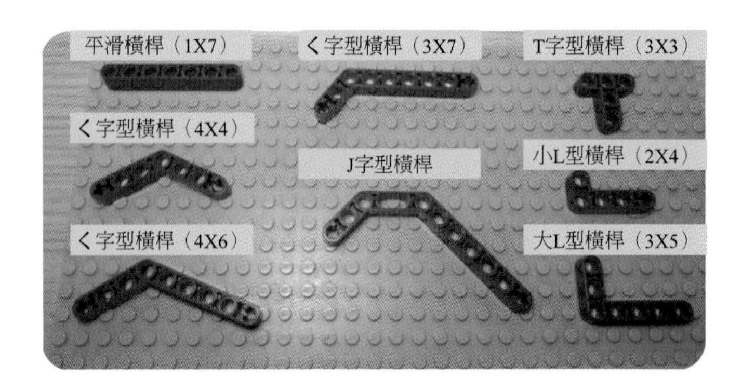

說明　其中，在「平滑橫桿」中，我們又可以細分爲以下8種：目前最短爲2M，最長爲15M。

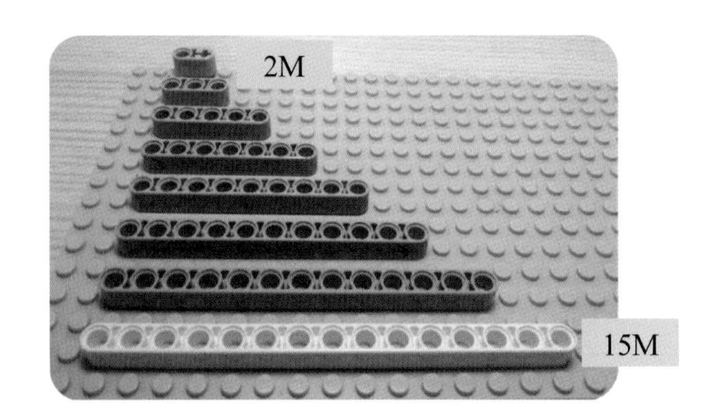

命名　Technic Liftarm 1x15 Thick代表長度爲15個圓孔（hole）橫桿。如上圖最下方的橫桿。

用途　可以用來強化機器人的主樑及各種車輛的主結構之強度。

作法　它透過各種「插銷、軸及套環」來相互連接。

1-5-6 框架

定義

是指用來建構汽車或機器人的底盤架構。

圖示

方形框架	H形框架

圖解說明

樂高汽車的底盤架構（框住差速器）	樂高機器人的底盤架構

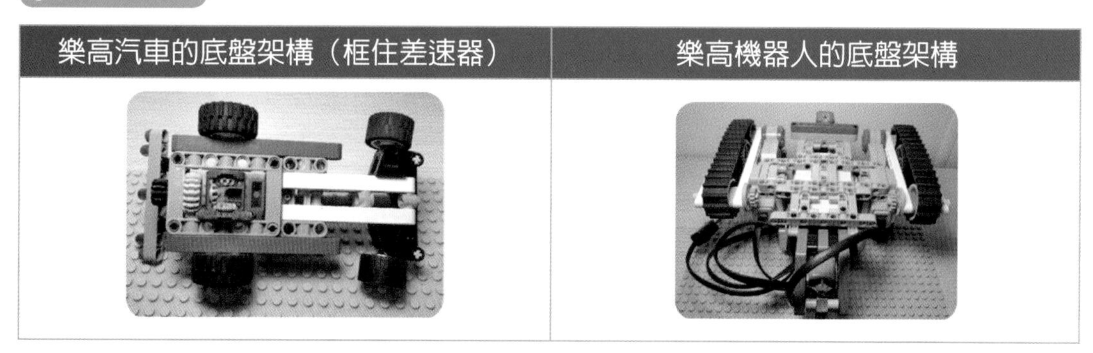

1-6 連接器（Connector）

我們都知道，利用樂高零件來製作機器人或動力機械時，如果只有積木或橫桿時，是無法讓作品的機構牢固的，因此，我們還必須要了解樂高零件中的各種連接器的使用時機與方法。

1-6-1 十字軸（Technic Axle）

定義

是指用來連接兩個（含以上）的不同零件。

長度單位

顆粒（stud）數目（俗稱爲「豆豆」），也可以使用Module（簡寫成M）來表示

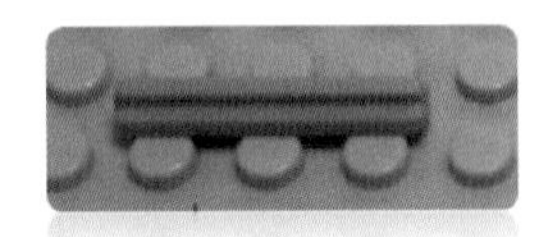

說明　上圖中的十字軸是屬於3M的長度。

依「樣式」分類

十字軸	單邊固定十字軸

單邊固定十字軸的功能

用來連接「齒輪或輪子」，可以避免軸脫落，如果使用一般十字軸來組裝，則還需要用「套筒」來固定另一端

圖解說明

單邊固定十字軸連接「輪子」

依「顏色」分類

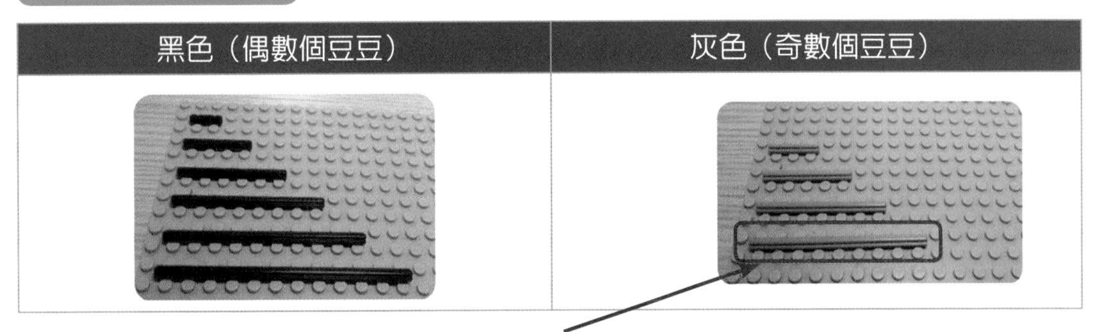

黑色（偶數個豆豆）	灰色（奇數個豆豆）

命名　Technic Axle 9代表長度為9個顆粒（stud）。如上圖右邊的最下方十字軸。

功能　用來連接十字孔或圓孔（它必須搭配套環）

圖解說明

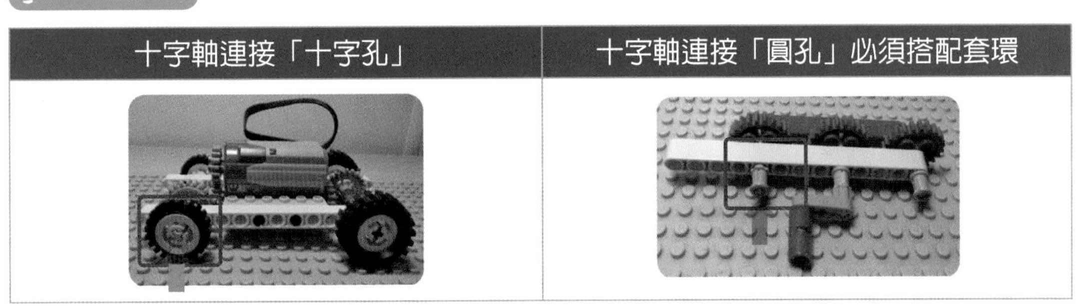

十字軸連接「十字孔」	十字軸連接「圓孔」必須搭配套環

 1-6-2　套環（Technic Bush ）

定義

又稱為「套筒」或「固定器」；是指用來固定零件於橫桿上。

套環圖示

1/2高的套環	套環

功能

用來固定「十字軸」與「平滑橫桿」或「凸點橫桿」。

圖解說明

固定「十字軸」與「平滑橫桿」	固定「十字軸」與「凸點橫桿」

1-6-3 插銷（Bolt; Pin）

定義

是指用來連接不同零件於橫桿上或其他積木上。

插銷圖示

短插銷（固定式）	長插銷（固定式）	短插銷（活動式）	長插銷（活動式）

功能

用來連接「十字孔與圓洞」或「圓洞與圓洞」元件，以便產生固定式或活動式的效果。

圖解說明

「活動式插銷」與「固定式插銷」連接測試

米色短插銷（活動式）	藍色短插銷（固定式）

說明

1. 在藍色短插銷（固定式）中，您會發現汽車輪胎在轉動時，不易轉動。
2. 在米色短插銷（活動式）中，您會發現汽車輪胎在轉動時，容易轉動。

1-6-4 各式連接器（Connector）

與插銷相同之處　都是用來連接不同零件於橫桿或其他積木上。

與插銷不同之處　屬於複合式的樣式。

示意圖

「雙軸」連接器	「角度」連接器	「H型」連接器	「L型」連接器
「轉向」連接器			
垂直連接器	分開直立雙孔插銷	直立三孔插銷	3L垂直連接器

雙十字軸 垂直連接器	直立雙孔插銷	三軸向連接器	雙插銷連接器

說明

其中「角度」連接器（Angle Connector），共有六種，在零件上面有數字編號：

1號	2號	3號	4號	5號	6號
0度	180度	157.5度	135度	112.5度	90度

雙軸連接器之應用

使用時機　十字軸長度不足時，可以連接成一支較長的十字軸。

1個雙軸連接器及2支3M十字軸	1雙軸連接器來連接2支十字軸

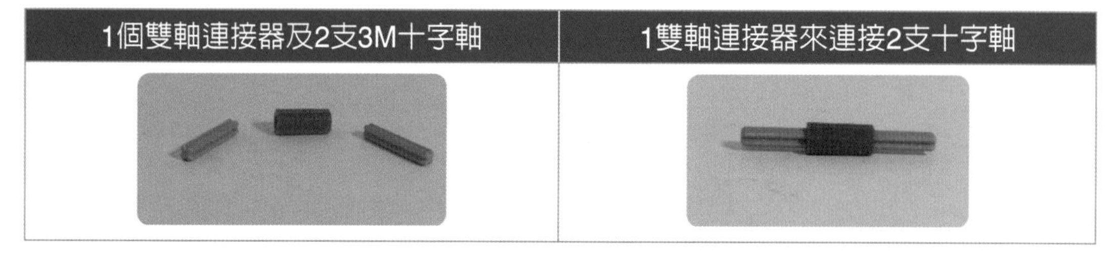

角度連接器之應用

使用時機

1. 「2號角度連接器」可以連接兩支十字軸，以增加軸的長度。
2. 中間的洞，可以「水平」連接，而「垂直」固定。
3. 可以製作各種不同的角度的機構造型。

實例 組裝一台腳踏車及賽車。

腳踏車	賽車

1-7 樂高機器人的動力機械傳遞方式

在樂高動力機械的原理中，馬達與齒輪是主要的動力來源，亦即馬達可以透過「齒輪」來將動力傳遞到其他裝置上，例如：起重機、堆高機、挖土機的機械力臂、各式車輛的輪子、飛機的螺旋槳……等。

齒輪的用途

1. 傳遞動力：亦即產生不同的扭力。
2. 改變速度：亦即產生不同的轉速。
3. 改變方向：亦即產生正逆轉方向。

以上三種用途都可以透過不同的「齒輪」組合，來產生不同的效果。因此，在學習動力機械的傳遞原理之前，必須要先瞭解各種齒輪的大小、形狀等。

齒輪的互相作用 以「大齒輪帶動小齒輪」為例

大齒輪（右）40齒	小齒輪（左）8齒

說明　當40齒的大齒輪轉動一圈，則8齒的小齒輪轉動5圈（40/8 = 5）

分析 1

$$被動輪轉速比=\frac{驅動輪（如：馬達）}{被動輪（如：輪子）}$$

$$被動輪轉速比=\frac{40}{8}=5$$

分析 2

比較效果＼帶動方式	大齒輪帶小齒輪	小齒輪帶大齒輪
傳遞動力（產生扭力）	小	大
轉動速度	快	慢
轉動方向	順（逆）時鐘	逆（順）時鐘
施力狀況	費力	省力

說明

1. 大齒輪帶小齒輪：適用平地之機器人比速度或賽車
2. 小齒輪帶大齒輪：適用爬山坡
3. 大齒輪轉一齒，小齒輪也轉動一齒，但是大齒輪的齒多，所以大齒輪轉一圈的時候，小齒輪就轉許多圈了。

1-7-1　齒輪

定義

齒輪是樂高動力機械組及樂高機器人的主角，它是機械設備關鍵的傳動零件之一，廣泛的應用於日常生活及傳動系統。

主要目的

用來傳遞馬達所產生的動力給其他零件。

常用的齒輪形狀

正齒輪	冠狀齒輪	傘（斜）狀齒輪
齒條	蝸桿（蝸輪）	雙面斜齒輪

一、正齒輪

定義　連接兩「平行軸」之齒輪，稱為「正齒輪」。它是最常見的齒輪。

機構原理

水平「正齒輪」帶動另一個水平「正齒輪」

說明　齒輪中心的十字孔可以利用「十字軸」來連接「橫桿」，並利用「套筒」固定。

常見的種類

8齒	16齒	24齒	40齒

連接兩「平行軸」之齒輪

大齒輪（左）40齒	大齒輪（右）40齒
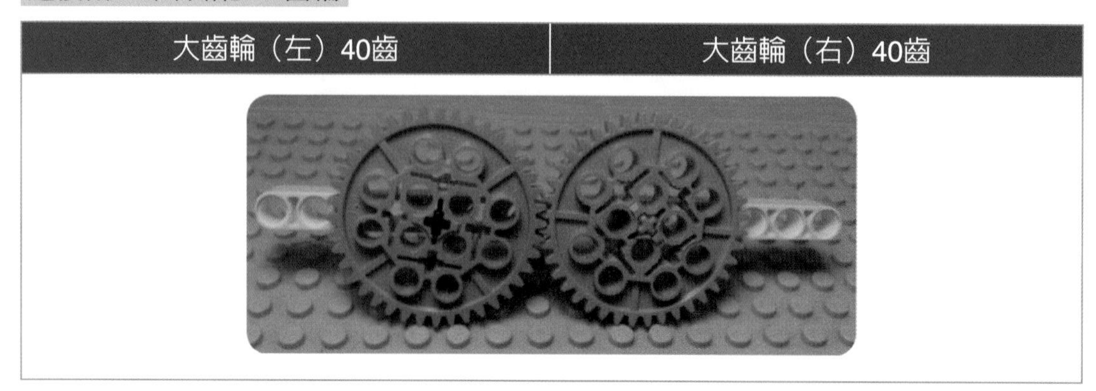	

說明

1. 當左齒輪「順時針」轉動時，則右齒輪的轉動方向爲「逆時針」。
2. 當左齒輪「逆時針」轉動時，則右齒輪的轉動方向爲「順時針」。

連接三個正齒輪的互相作用

左齒輪	中齒輪	右齒輪

說明

1. 當左齒輪「順時針」轉動時，則中齒輪的轉動方向爲「逆時針」。
   但是，右齒輪的轉動方向爲「順時針」。
2. 當左齒輪「逆時針」轉動時，則中齒輪的轉動方向爲「順時針」。
   但是，右齒輪的轉動方向爲「逆時針」。

二、冠狀齒輪

定義　連接兩「相交軸」之齒輪，稱爲「冠狀齒輪」。

機構原理

水平「冠狀齒輪」帶動垂直的「正齒輪」

適用時機　改變傳遞動力的方向。

注意　齒輪之間的間隙較大，當傳遞較大動力時，比較容易產生脫落現象，以致於導致齒輪磨損的風險。

例如1　前輪驅動車、四輪傳動車、打蛋機

前輪驅動車（正面）	四輪傳動車（正面）

前輪驅動車（背面）	四輪傳動車（背面）
	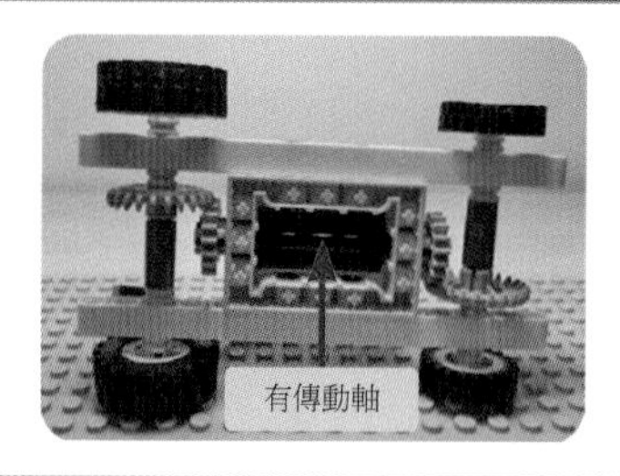

例如2　仿生物玩具

甲蟲（正面）	甲蟲（側面）

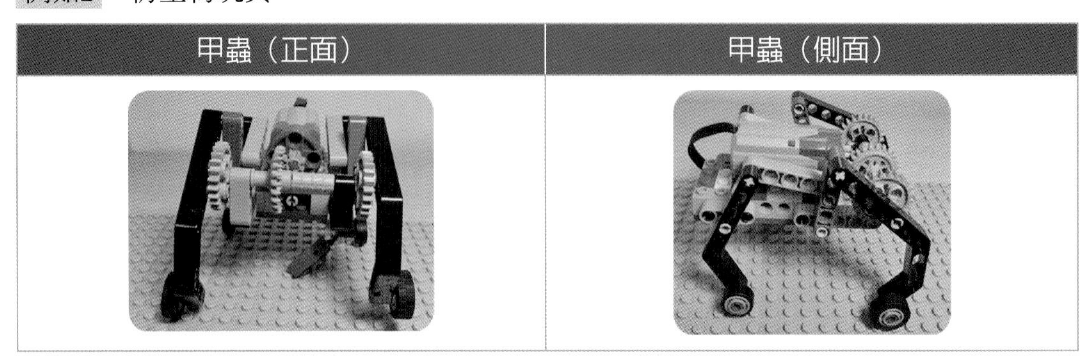

三、傘（斜）狀與雙面斜齒輪

定義　是指傘狀的齒輪稱之。基本上，它是用來連接兩「相交軸」之齒輪。

機構原理

水平「傘狀齒輪」帶動垂直的「傘狀齒輪」或「雙面斜齒輪」

適用時機　改變傳遞動力的方向或速度。

例如

射擊彈珠的發射器（傘狀與雙面斜齒輪）	差速器（三個傘狀）

差速器的功能

1. 車輛轉彎時，內、外兩側輪子轉速必須要不同，否則會產生翻車現象。
2. 當車子轉彎時，「內側輪子速度」小於「內側輪子速度」。

樂高汽車的差速器

四、蝸桿（或稱蝸輪）

定義　是指蝸狀的齒輪稱之。基本上，它是用來連接兩「錯交軸」之齒輪。

機構原理

水平「蝸輪」帶動垂直的「正齒輪」➔三種不同的減速器		

說明

當「蝸桿」轉動一圈時，則它會帶動「正齒輪」轉動一齒，但是，相反的，「正齒輪」無法帶動「蝸桿」，此機構具有「自鎖」功能。

目的　以達到「減速」效果。

適用時機　需要「減速」的摩天輪與升降梯

五、齒條

定義　是指條狀的齒輪稱之。

機構原理

垂直方向的「正齒輪」帶動水平方向的「齒條」

功能　將圓形齒輪的轉動方向轉成「齒條的水平或垂直」方向。

適用時機　馬達的轉動變成「水平移動」或「垂直移動」。

例如　電動門、升降機及汽車前輪的轉向

汽車前輪的轉向（水平移動）

注意

齒輪可以不停的轉動，但是齒條有一定的長度限制，移動到齒條盡頭時，就必須要倒轉。

1-7-2 傳遞動力的方法

在了解各種齒輪的種類及運用之後，你是否有發現，如果要將「出發點甲地」的動力要傳遞「目的點乙地」時，則必須要安裝非常多個環環相扣的齒輪。此種作法會產生以下的缺點：

1. 扭力會被損耗掉。

2. 太佔空間。
3. 浪費齒輪。
4. 增加整個機構的複雜度。
5. 爾後維修不易。

提出四種常見的解決方法

1. 利用「傳動軸」來傳遞動力
2. 利用「皮帶」來傳遞動力
3. 利用「鏈條」來傳遞動力
4. 利用「履帶」來傳遞動力

一、利用「傳動軸」來傳遞動力

它在樂高的動力機械組中，最常用來設計「汽車」與「飛機」。

運作原理　利用「驅動輪」透過「傳動軸」來帶動「從動輪」。

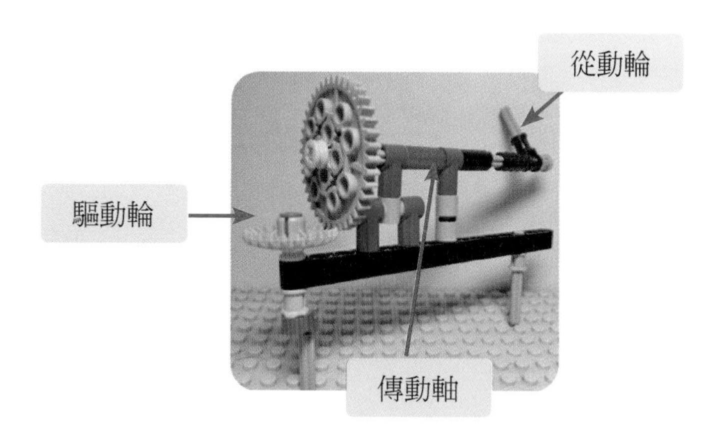

例如　四輪傳動車

我們可以將「後輪的動力」透過「傳動軸」傳遞給「前輪」

四輪傳動車

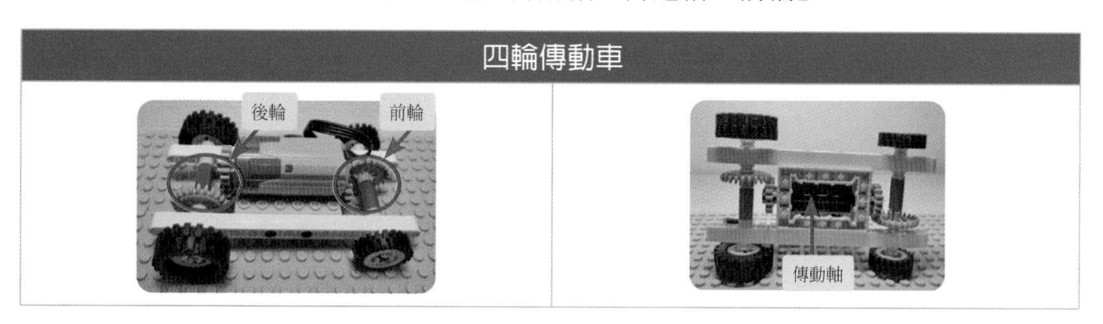

二、利用「皮帶」來傳遞動力

它在樂高的動力機械組中，最常用來設計「機器狗」與「飛機」。

運作原理 利用「皮帶」來帶動相異兩地的「滑輪」。

優點 可以任意調整「皮帶」的長度。

缺點

當「皮帶」太緊繃時，亦即相異兩地的「滑輪」摩擦力過大，可能會導致打滑，而產生傳遞的動力不完整。

兩種傳動方式

皮帶平行傳動（轉向相同）	皮帶交叉傳動（轉向相反）
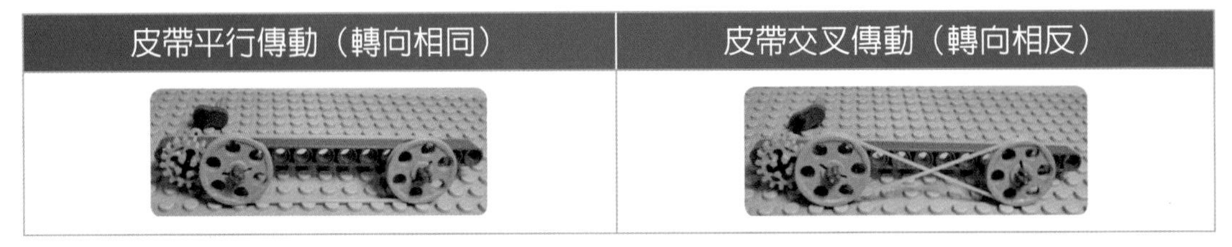	

三、利用「鏈條」來傳遞動力

它在樂高的動力機械組中，最常用來設計「腳踏車」與「摩托車」。

運作原理 利用「鏈條」來帶動相異兩地的「正齒輪」。

優點

1. 可以任意調整「鏈條」的長度。
2. 當摩擦力過大，不會產生打滑現象。

缺點 當摩擦力過大，可能會導致「鏈條」斷裂現象。

例如1 腳踏車

我們可以將「踏板驅動輪」的動力透過「鏈條」傳遞給「後輪」

四、利用「履帶」來傳遞動力

它在樂高的動力機械組中，最常用來設計「坦克車」與「大吊車」。

運作原理 利用「履帶」來帶動相異兩地的「正齒輪」。

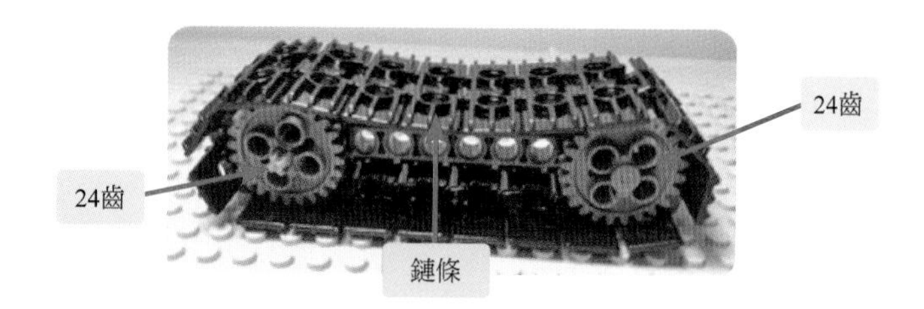

優點

1. 可以任意調整「履帶」的長度。
2. 可以在凹凸不平的路面上行走。

例如　動力機械的坦克車

履帶車底盤的基本架構	動力機械小坦克車

動力機械中型坦克車（前面）	動力機械中型坦克車（側面）

章後評量

1. 請列舉出機器人的組成三要素。
2. 請列舉出機器人的運用（至少列出10項）。
3. 請列舉出齒輪的用途。
4. 請列舉出樂高動力機械組中，其傳遞動力的方法常見有那些呢？
5. 請說明大齒輪帶動小齒輪，小齒輪的轉動速率變得比較快的原因？
6. 正8齒齒輪帶動正40齒齒輪，請問扭力增加幾倍？爲什麼？
7. 請問有那些方法可以讓齒輪改變軸向？
8. 十個齒輪相接，第一個齒輪順時針轉，請問第十個齒輪轉動方向？請繪圖或拍圖說明之。

EV3 主機的程式開發環境

本章學習目標

1. 讓讀者瞭解EV3機器人的程式設計流程。
2. 讓讀者瞭解EV3樂高機器人的組裝及在主機中撰寫簡易控制程式。

本章內容

2-1 EV3樂高機器人的程式設計流程

引言

在前一章節中，我們已經瞭解EV3主機的組成元件了，但是，光有這些零件，只能組裝成機器人的外部機構，而無法讓使用者控制它的動作。因此，要如何在EV3主機上撰寫程式，來讓使用者進行測試及操控機器人，這是本章節的重要課題。

設計機器人程式的三部曲

基本上，要完成一個指派任務的機器人，必須要包含：組裝、寫程式、測試三個步驟。

圖解

組裝	寫程式	測試

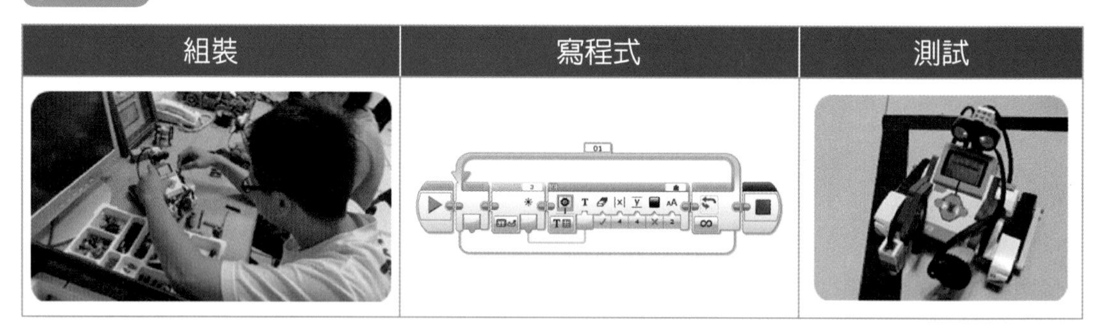

說明

1. 組裝：依照指定任務來將「馬達、感應器及相關配件」裝在「EV3主機」上。
2. 寫程式：依照指定任務來撰寫處理程序的動作與順序（EV2-G拼圖程式）。
3. 測試：將EV2-G拼圖程式上傳到「EV3主機」內，並依照指定任務的動作與順序來進行模擬運作。

流程圖

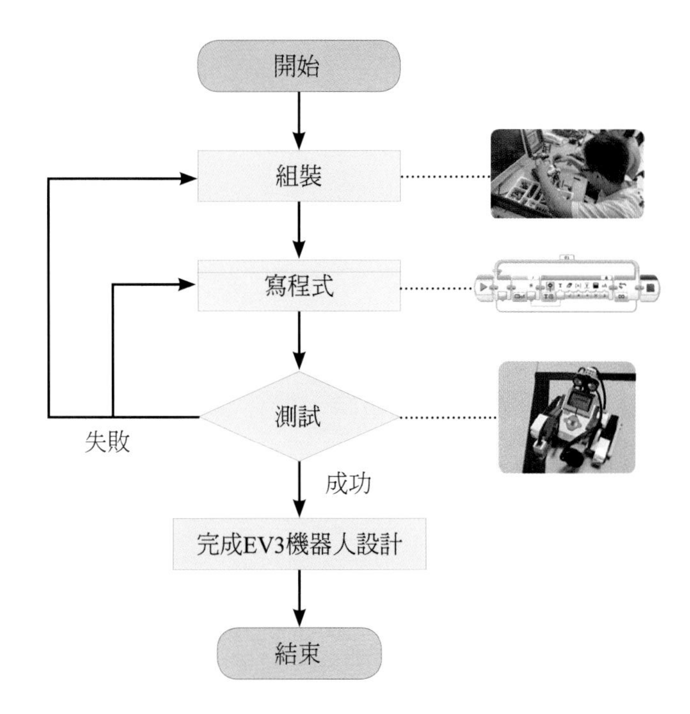

2-2 組裝一台樂高機器人

如果你是初學者時，你可以參考樂高機器人組裝的相關網站或書籍。在本單元中，我們假設您已經組裝一台樂高機器人，亦即只需要二個馬達（左側馬達接於輸出端B，右側則是輸出端C），也可以暫時不加裝任何感測器。

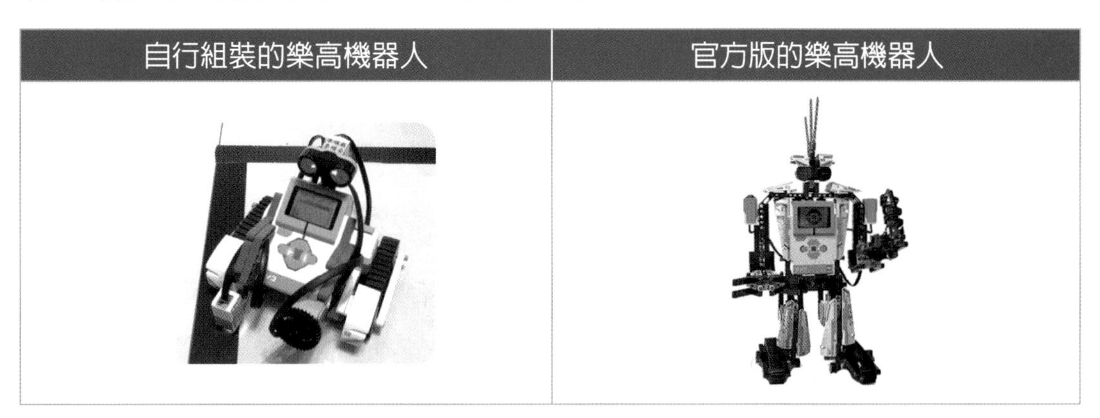

註 在本書的附書光碟中，附有完整的組裝分解圖說明。

2-2-1 EV3主機的電池

基本上，要讓EV3主機可以開機，必須要有電池才行。

常用的方法

1. 安裝鋰電池並充電
2. 安裝6顆1.5V的3號電池

一、安裝鋰電池並充電

安裝鋰電

想要為EV3主機中的鋰電池充電時，就必須要先將主機底部的電池蓋子打開，再安裝上「鋰電池」。

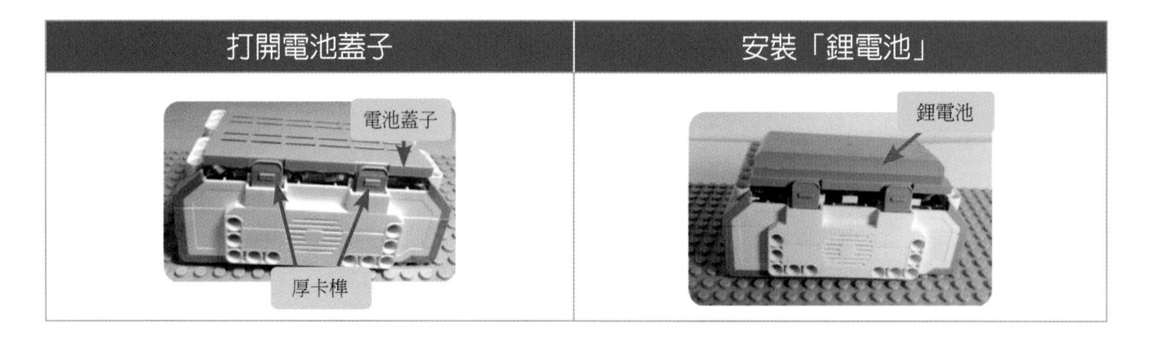

說明

1. 打開電池蓋子時，必須先壓一下前方的「厚卡榫」，再往上取出蓋子。
2. 安裝「鋰電池」時，則必須先將後面的「薄卡榫」插入上方有編號的凹槽，再壓下前方的「厚卡榫」即可。

鋰電池充電

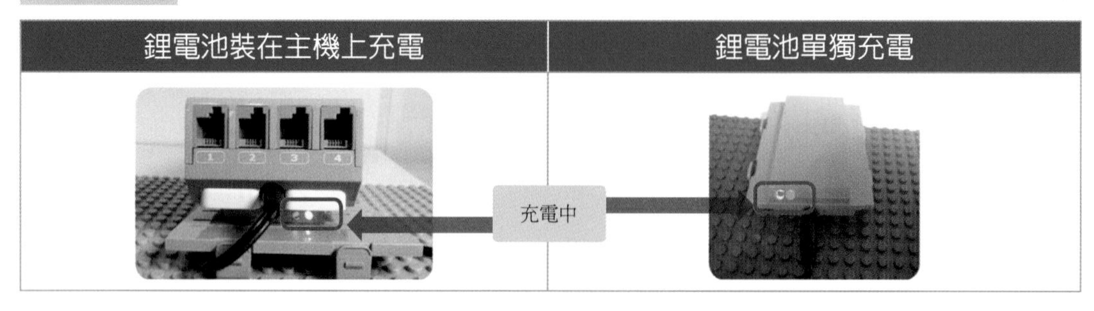

說明

鋰電池在充電時，「紅、綠」兩顆LED燈都會同時亮。但是，在電力充飽時，則只剩下「綠色LED燈」會繼續亮。

注意　鋰電池也可以單獨充電，不一定要先安裝在EV3主機上。

二、安裝6顆1.5V的3號電池

如果您不小心，把樂高原廠的「鋰電池」遺失或在外面突然發現沒電時，你也可以購買6顆1.5V的3號電池。

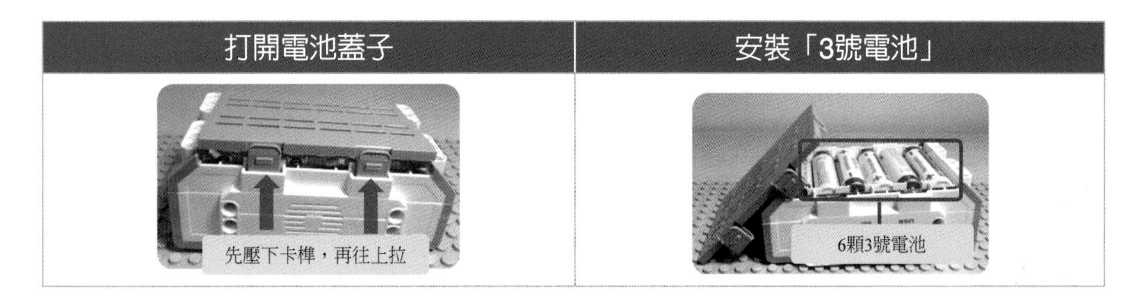

2-2-2　EV3主機的硬體元件及功能選單

樂高主機是樂高集團所製造的可程式化的機器玩具，它是一部具有32位元核心電腦控制器（包含中央處理單元、記憶體單元），並且有4個輸入端，用來連接感測器（模擬人類的五官）與4個輸出端，用來連接馬達（模擬人類的四肢），並且主機上的螢幕可以提供使用者設定及偵測各種訊息資料。

一、EV3主機的基本硬體元件

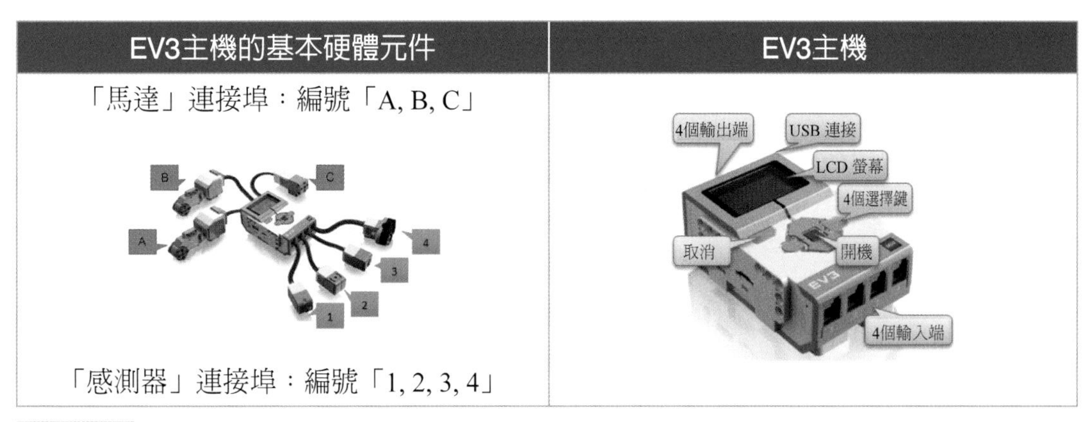

圖片來源　http://education.lego.com/

說明

1. 輸出端：連接三個伺服馬達（A、B、C）及一個燈泡（D），共有4個輸出埠（A、B、C、D）
2. USB連接：用來連接電腦的USB埠。
3. LCD螢幕：用來顯示EV3主機運作狀態（解析度爲178 x 128像素）。

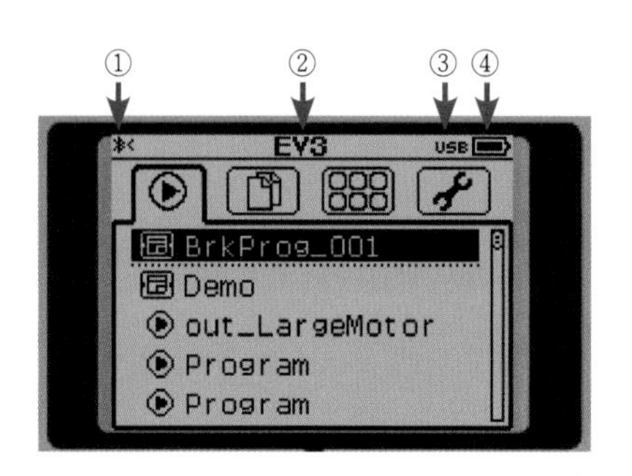

① ✱<：藍芽已開啓，尚未與其它裝置連接

✱◇：藍芽已開啓，已與其它裝置連接

② EV3：主機名稱，它可以讓使用者透過「EV3-G」來自行設定。

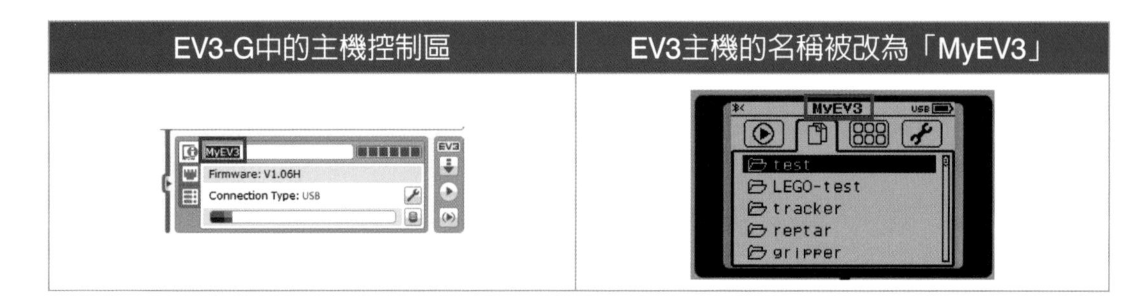

③ USB：EV3主機與電腦正常連接，且可正常工作。

④ ▬：電池電力的圖像。如果電量低於10%時，此圖像會不停的閃動。

4. 灰色長方形按鈕：關機（OFF）、取消、回上一頁。

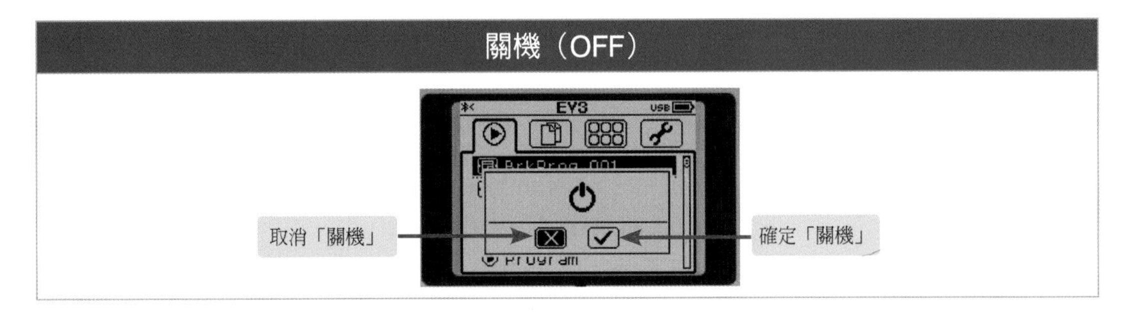

註 ①連續按「左上方的灰色按鈕」就會出現上面的關機選項畫面。
②如果您想要關機時，則先按一下「右按鈕」，再按下「深灰色正方形按鈕」。否則，按下「灰色長方形按鈕」就可以返回到EV3 主功能表。

5. 上下左右的灰色按鈕：用來移動左、右的功能選單，並且利用上、下鈕來選擇檔案或選項。
6. 深灰色正方形按鈕：開機（ON）、確定、程式執行。
7. 輸入端：連接4種不同的感應器，其輸入埠分別爲（1, 2, 3, 4）。

二、EV3主機的功能選單

在瞭解了EV3主機上的各種不同按鈕的使用方法之後，接下來，我們再來介紹EV3主機螢幕上的功能選單，其簡易說明如下：

程式清單

顯示最近使用的程式（包括EV3-G拼圖程式或EV3內建程式等）。

專案清單

顯示全部的專案（包括EV3-G拼圖程式或EV3內建程式等）。

檢視與控制　用來檢視感應器、伺服馬達及撰寫EV3內建程式。

說明

1. Port View：檢視各種感應器的偵測值。
2. Moto Control：用來測試伺服馬達是否正常。
3. IR Control：利用「紅外線感應器」來接收「紅外線發射器」
4. Brick Program：在EV3主機上撰寫內建程式。

設定工具

設定「操作按鈕的音量大小」、「自動休眠時間」、「藍牙設定」、「WiFi」及「主機相關資訊」等功能。

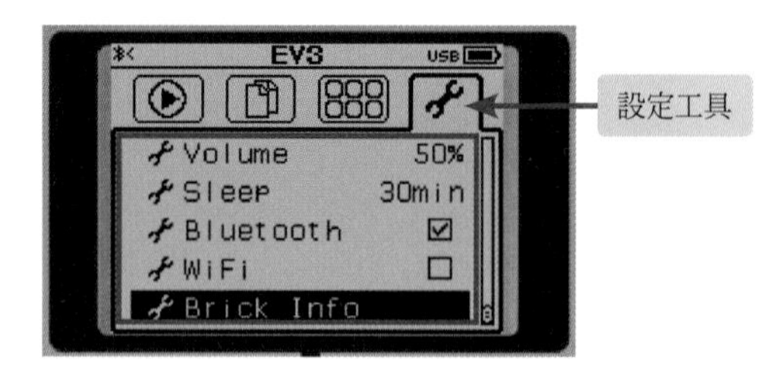

說明

1 Volume：設定操作按鈕的音量大小。
2. Sleep：設定自動休眠時間。

3. Bluetooth：設定藍牙功能。
4. WiFi：設定WiFi功能。
5. Brick Info：查詢主機相關資訊。

2-2-3 EV3主機加裝感應器

感應器類似人類的「五官」，EV3機器人可以利用各種不同的「感測器」，來偵測外界環境的變化，並接收訊息資料。

EV3主機常用的四種感測器

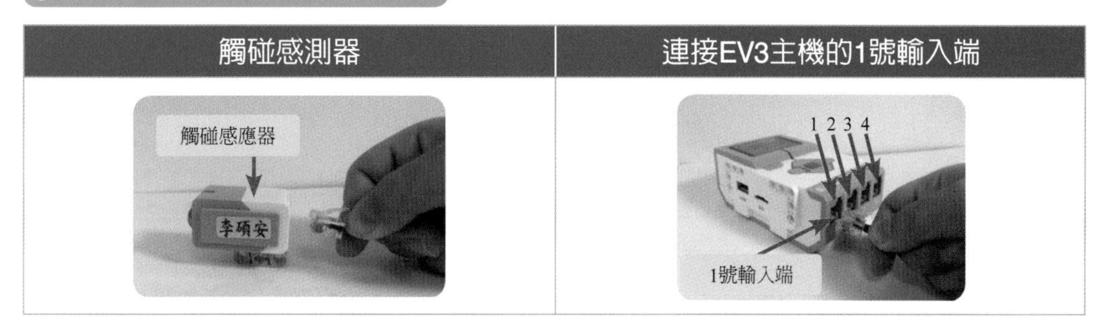

說明

1. 觸碰感測器：類似人類的「皮膚觸覺」。➔接1號連接埠。
2. 陀螺儀感測器：類似人類的「大腦平衡系統」。➔接2號連接埠。
3. 顏色感測器：類似人類的「眼睛」來辨識「顏色深淺度及光源」。
   ➔接3號連接埠。
4. 超音波感測器：類似人類的「眼睛」來辨識「距離」。➔接4號連接埠。

以上四種感測器，在EV3主機中，其預設的感測器連接埠（SensorPort）爲接在EV3的1至4號輸入端，雖然你也可以自行修改感測器的連接埠，但是，建議使用預設值。

一、利用「檢視與控制」功能來測試「感應器」

目的　用來觀看感應器是否正常偵測外部訊息。

（一）觸碰感測器

操作步驟　/Port View/TOUCH

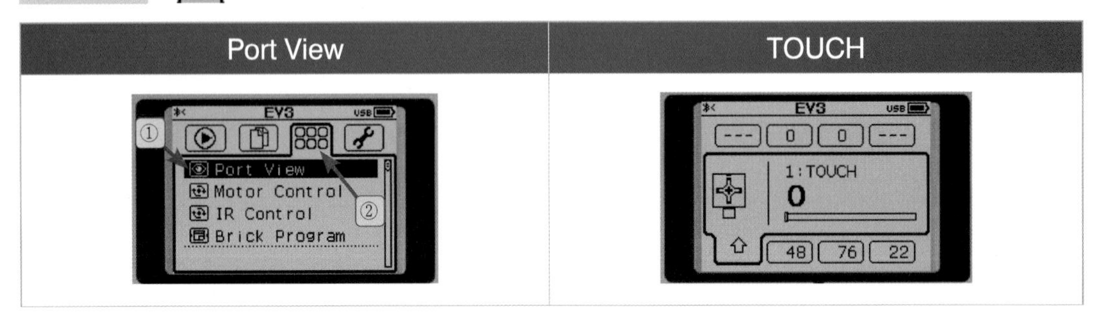

測試方式　請您壓下「觸碰感測器」後再放開

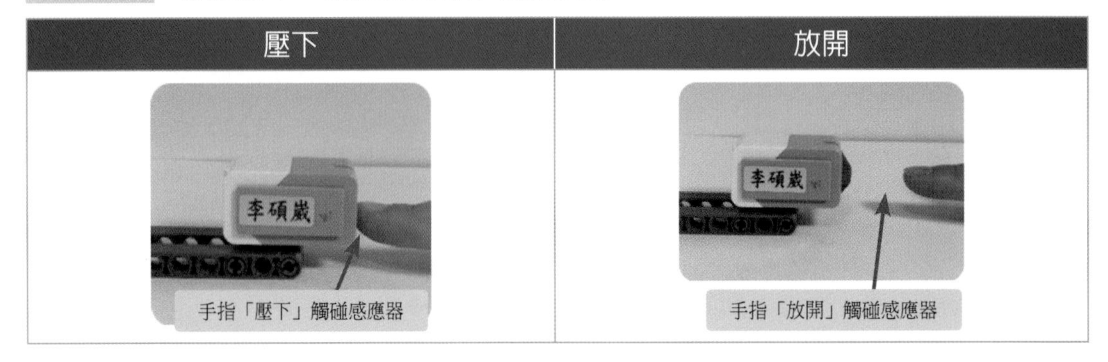

測試結果

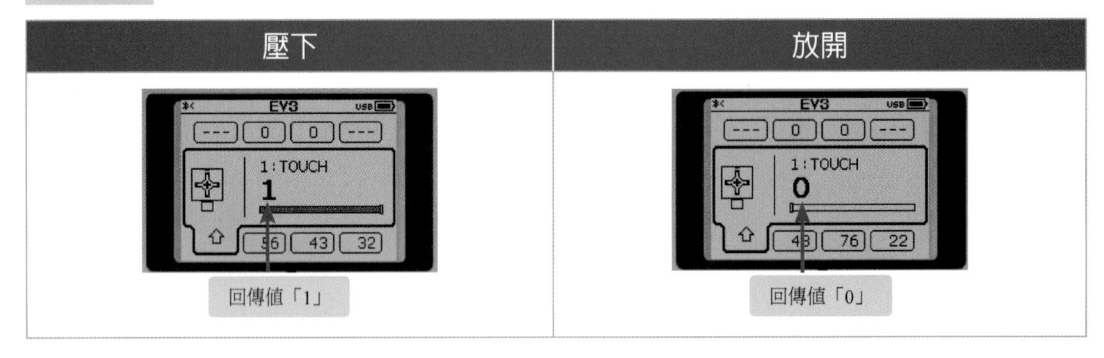

（二）聲音感測器

在EV3套件中，並沒有提供聲音感測器，你可以使用NXT套件中聲音感測器來測試。

操作步驟 /Port View/NXT-SND-DB

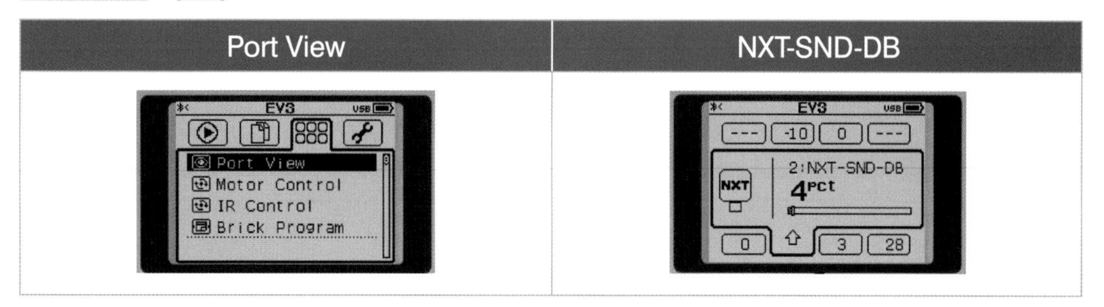

測試方式 請您「聲音感測器」前面發出不同大小的音量

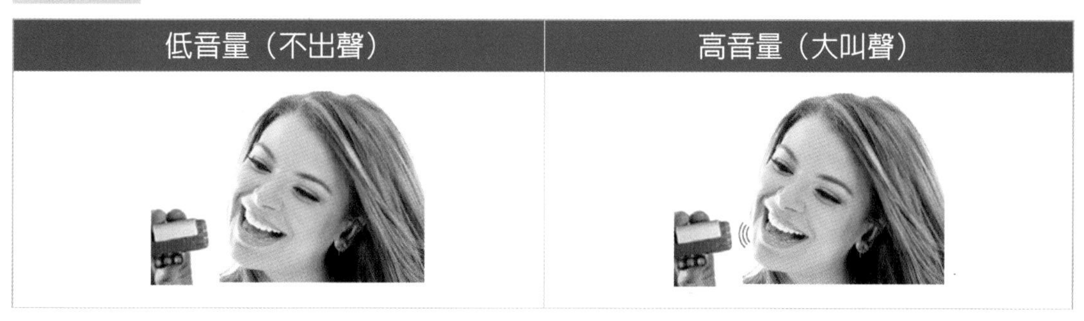

測試結果

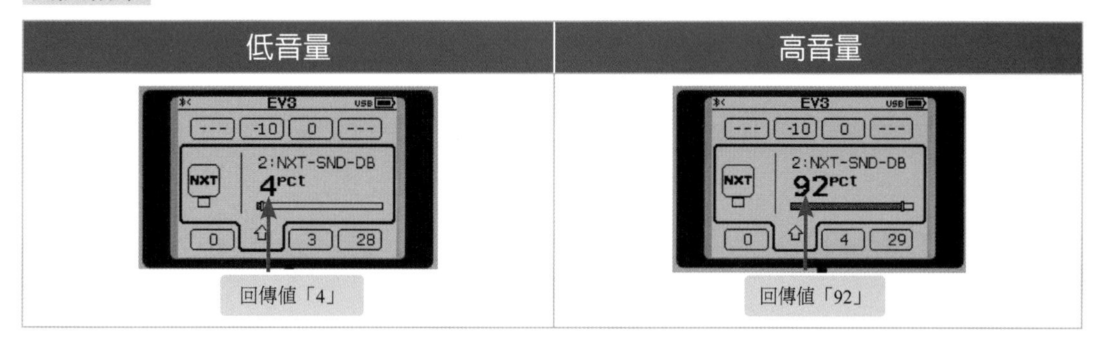

（三）顏色感測器

操作步驟 /Port View/COL-REFLECT

Port View	COL-REFLECT

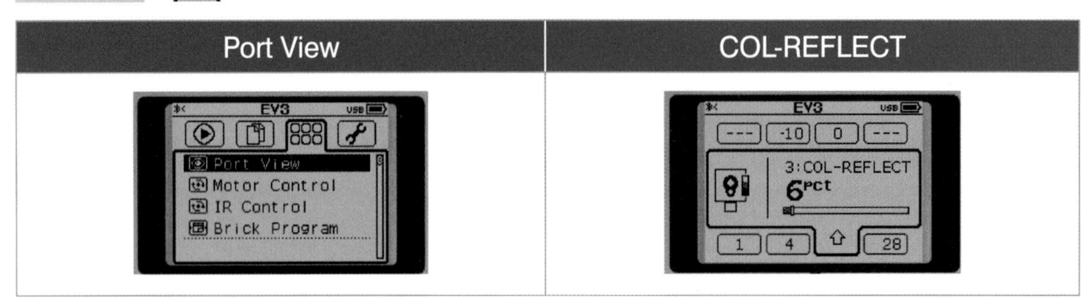

測試模式 有三種模式：

在上面的右圖中，按下「中間的確認鈕」可以切換偵測模式：

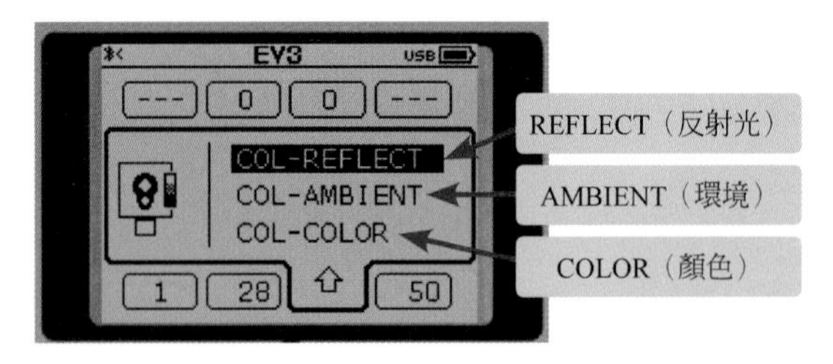

測試反射光 請你準備兩張紙（黑色與白色），分別放在「顏色感測器」下方

黑色紙的反射光	白色紙的反射光

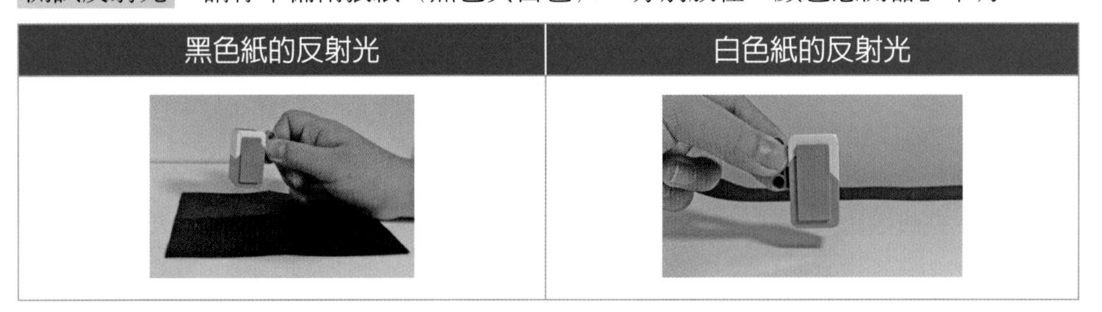

測試結果 Reflected light（反射光）

黑色紙的反射光	白色紙的反射光

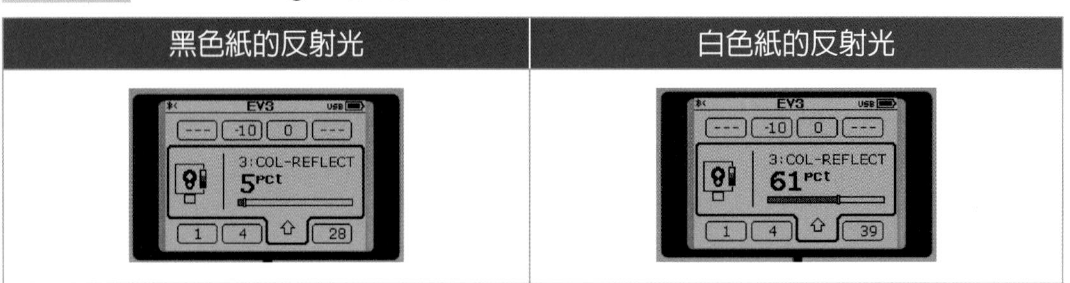

測試顏色　請你準備七張紙（黑、藍、綠、黃、紅、白、棕色及無色），分別放在「顏色感測器」下方。

測試結果

黑色紙	藍色紙	綠色紙	黃色紙
3:COL-COLOR 1col	3:COL-COLOR 2col	3:COL-COLOR 3col	3:COL-COLOR 4col
紅色紙	**白色紙**	**棕色紙**	**無色（無法辨識）**
3:COL-COLOR 5col	3:COL-COLOR 6col	3:COL-COLOR 7col	3:COL-COLOR 0col

（四）超音波感測器

操作步驟　/Port View/US-DIST-CM

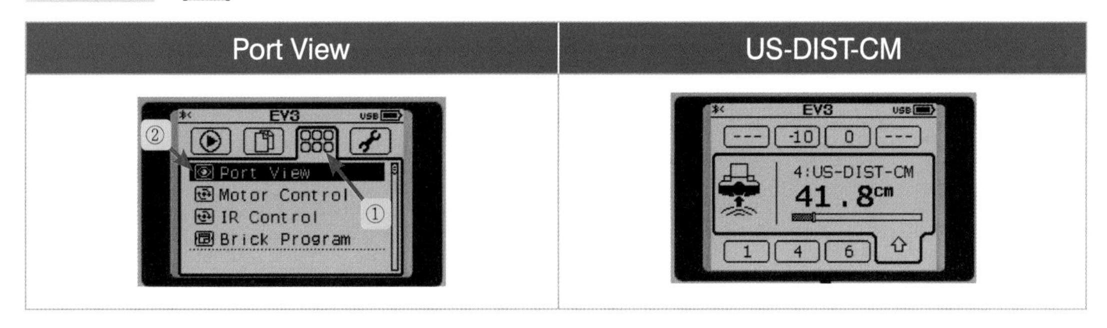

測試模式　有三種模式：

在上面的右圖中，按下「中間的確認鈕」可以切換偵測模式：

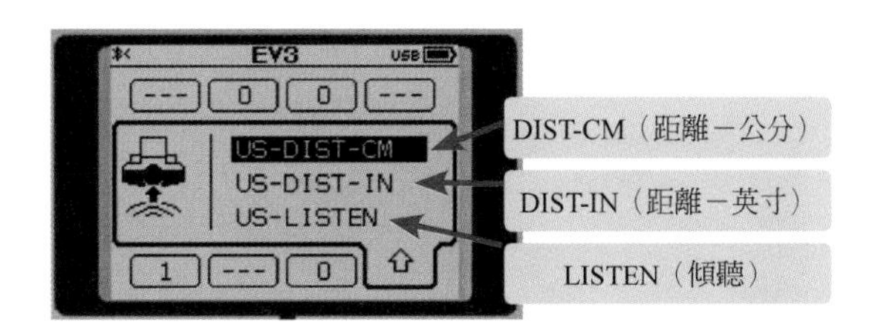

測試距離-公分

請你將手分別放在「超音波感測器」前面近一點與及前面遠一點。

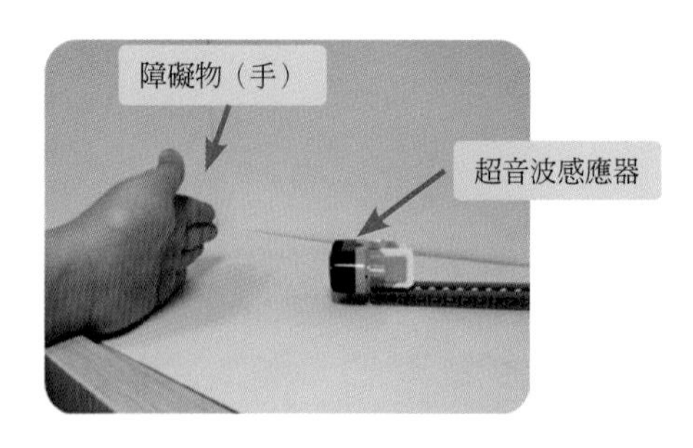

測試結果

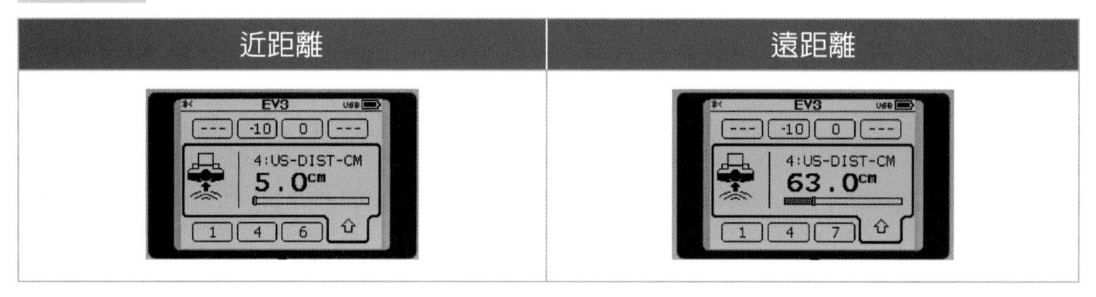

（五）紅外線感測器

操作步驟　/Port View/IR-PROX

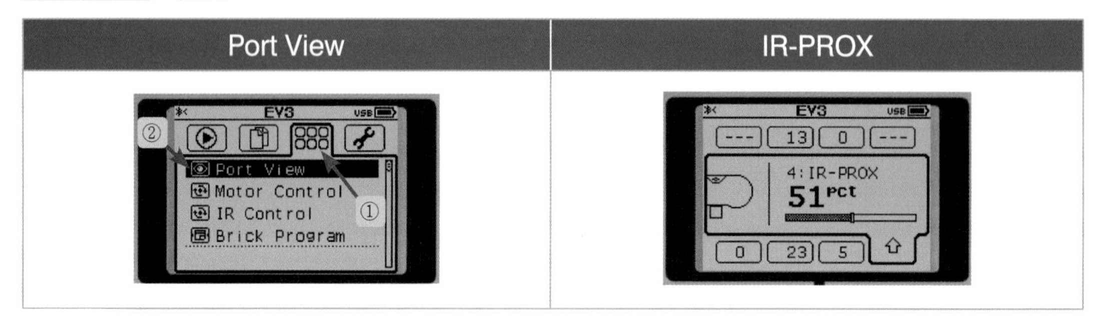

測試模式　有三種模式：

在上面的右圖中，按下「中間的確認鈕」可以切換偵測模式：

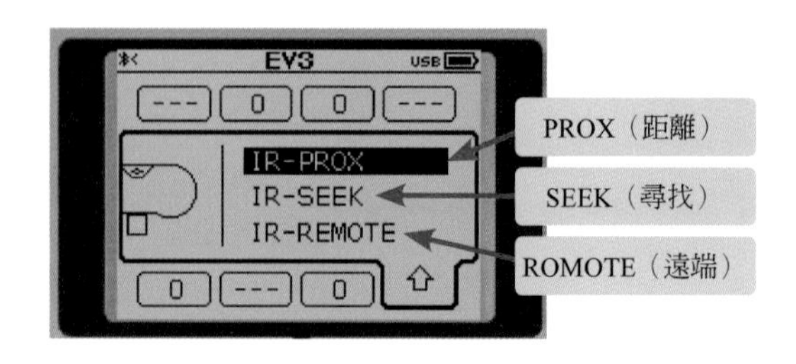

測試距離　請你將手分別放在「紅外線感測器」前面近一點與及前面遠一點。測試方式與「超音波感測器」相同。

測試結果

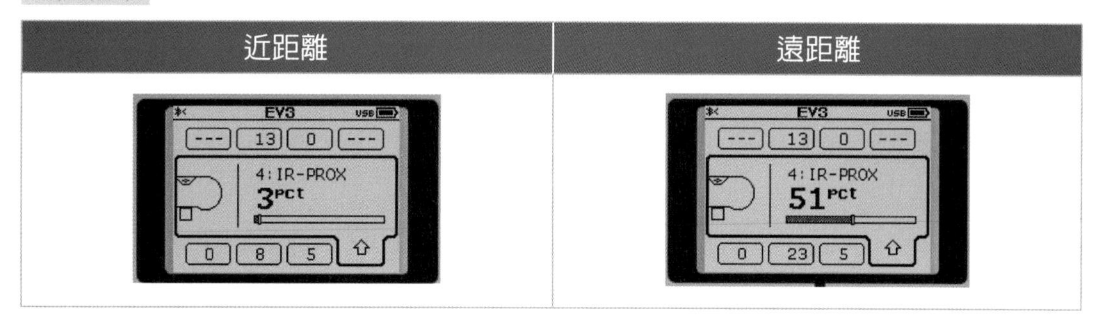

（六） 陀螺儀感測器

操作步驟　/Port View/Gyro-ANG

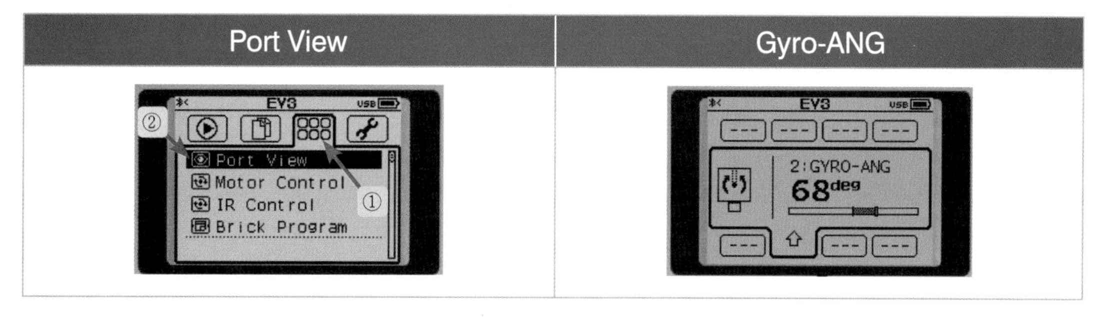

測試模式　有兩種模式：

在上面的右圖中，按下「中間的確認鈕」可以切換偵測模式：

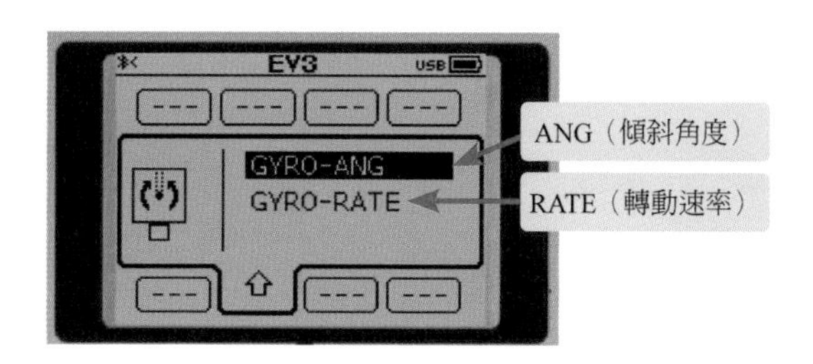

測試傾斜　請你將手分別將機器人向左及向右傾斜來偵測不同的值。

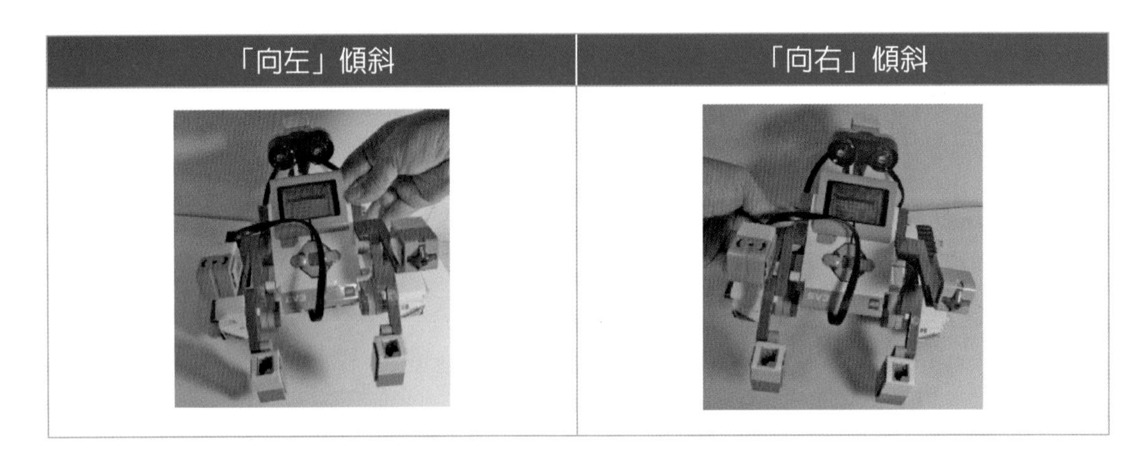

測試結果

向左傾斜	向右傾斜
正值	負值

2-2-4 EV3主機加裝伺服馬達

伺服馬達類似人類的「四肢」，它會依照「EV3主機程式」或「EV3-G拼圖程式」的程序，來進行某一特定的動作。

EV3主機四支伺服馬達

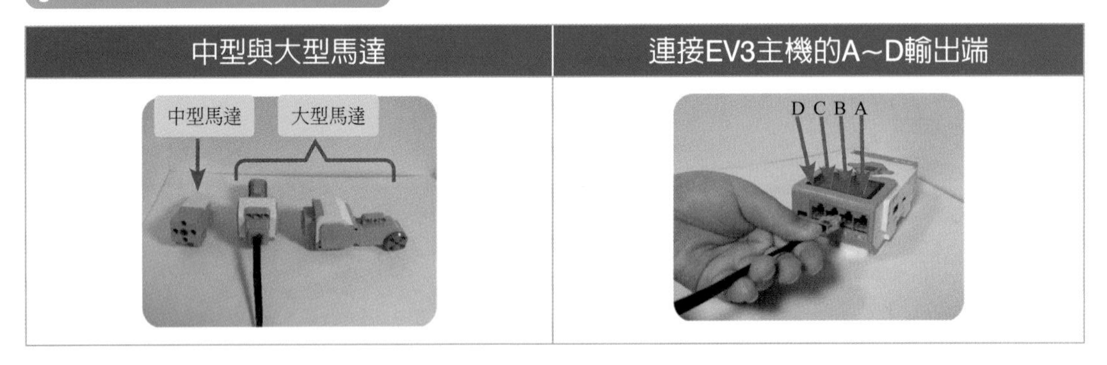

說明

1. A連接埠：一般是用來連接「小燈泡」、「機器手臂」、「發射器」
2. B連接埠：一般是用來連接機器人「左側馬達」，亦即左輪子。
3. C連接埠：一般是用來連接機器人「右側馬達」，亦即右輪子。
4. D連接埠：一般是用來連接「機器手臂」、「發射器」或其他特殊用途。

二、利用「檢視與控制」功能來測試「伺服馬達」

目的　用來觀看伺服馬達是否正常轉動。

操作步驟　/Motor Control/A+D

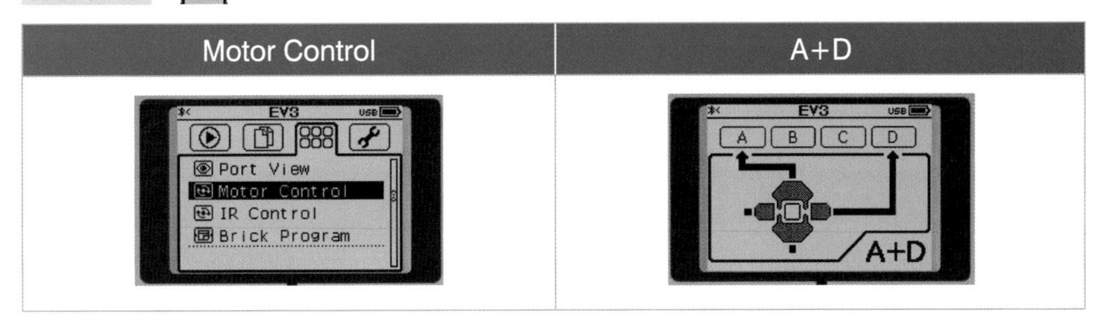

測試模式　有兩種模式：在上面的右圖中，按下「中間的確認鈕」可以切換「B+C」模式：

測試B+C　請你利用「上、下鍵」來控制B馬達的「正轉與逆轉」，並且也可以利用「左、右鍵」來控制C馬達的「逆轉與正轉」。

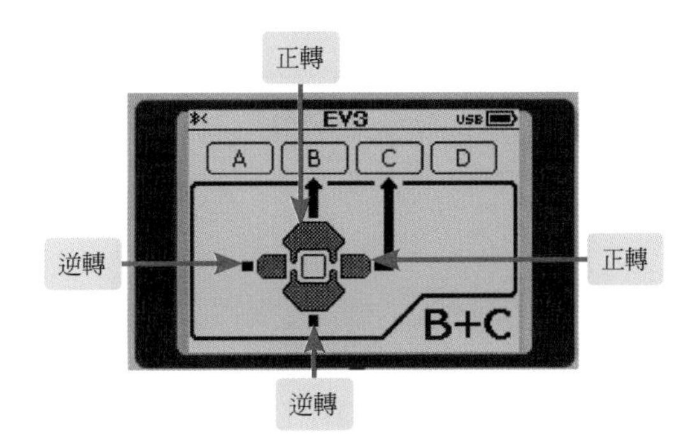

2-2-5　EV3主機設定藍牙連線

設定步驟

1. 按下深灰色 鈕，來開啓機器人電源，此時螢幕上會顯示最近執行的EV3程式。
2. 按 之「右鍵」鈕，直到顯示「設定工具」，其螢幕中間會顯示「Bluetooth」。
3. 按 之「往下鍵」鈕，選擇「Bluetooth」，再按下深灰色 鈕。

4. 按 之「往上鍵」鈕，選擇「Bluetooth」，再按下深灰色 鈕。
5. 再按 之「往上鍵」鈕，選擇「Visibility」，再按下深灰色 鈕，用來設定可被其他裝置找到。
6. 按 回上一層鈕，即可完成開啓EV3主機的藍牙功能

圖示說明

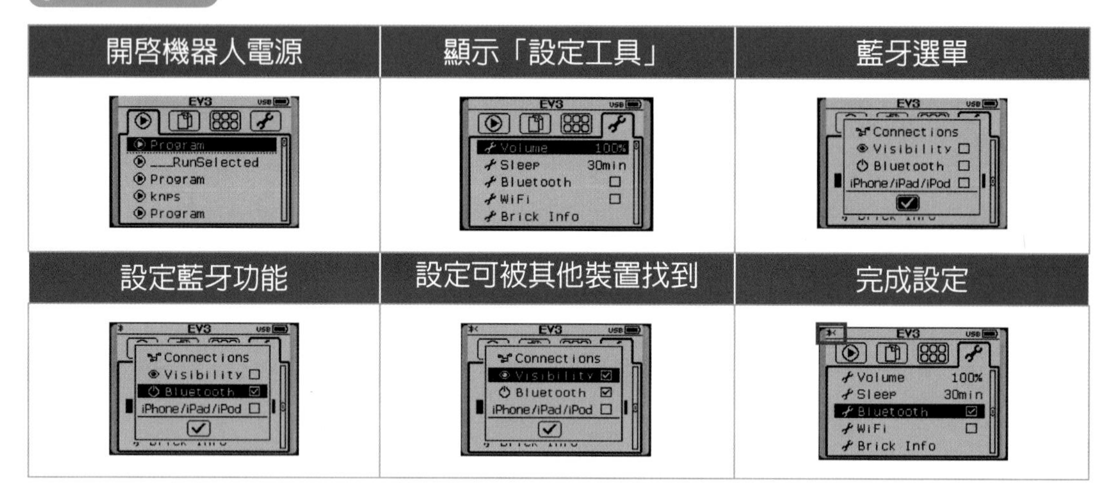

註 此時，螢幕的左上角會出現「ᛒ<」圖示，代表藍牙已開啓，尚未與其它裝置連接

2-2-6 EV3主機設定相關參數及管理檔案

在EV3主機中，它允許使用者設定「操作按鈕的音量大小」、「自動休眠時間」及「查看EV3主機資訊」等功能。

一、設定操作按鈕的音量大小

目的 用來調整不同的音量，以符合個人化的需求。

操作步驟 設定工具 / Volume

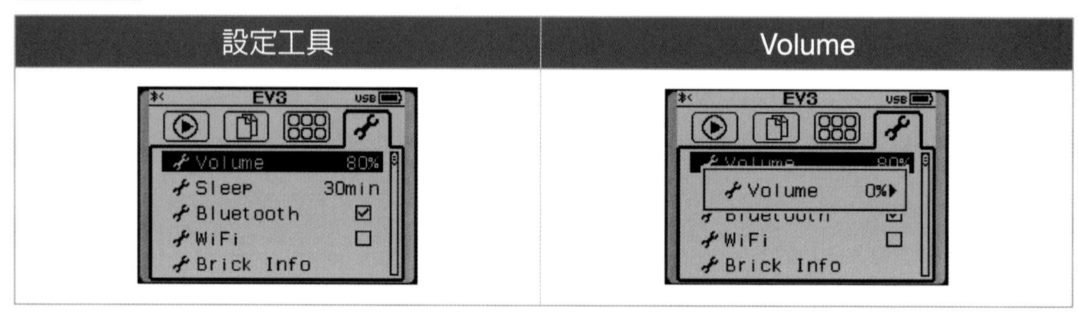

設定模式 0%（靜音）~100%（最大聲）

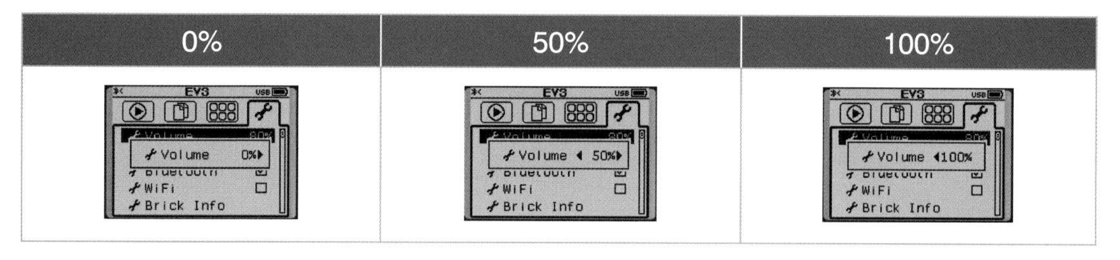

註 利用「左、右鍵」來設定，並且間隔値爲10%。

二、設定EV3的休眠時間：等待進入休眠狀態（亦即自動關機）

目的 用來節省電力、降低功耗。

操作步驟 設定工具 / Sleep

設定模式 您可以設定2，5，10，30，60分鐘或Never（直到沒電爲止）

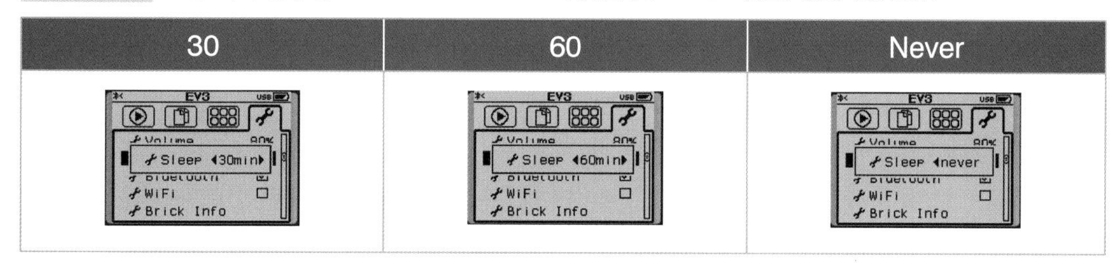

三、「查看EV3主機資訊」等功能。

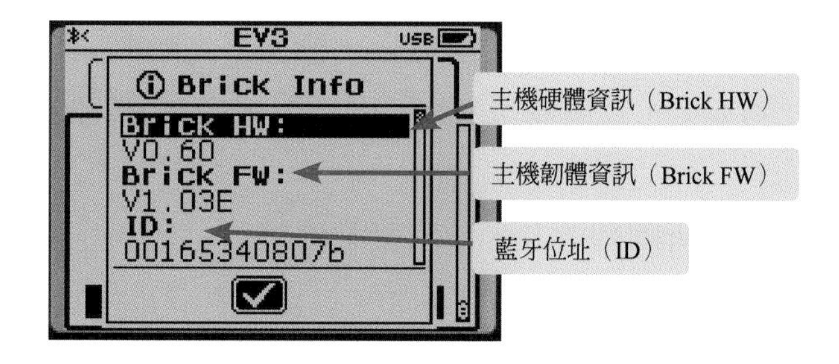

2-3 EV3主機中撰寫簡易控制程式

其實在EV3主機中，它提供使用者不需使用電腦，而是直接在EV3主機上撰寫程式（又稱為EV3主機程式;Brick Program）。

目的

1. 測試馬達或感測器的功能。
2. 撰寫簡單自動測試程式。

操作步驟　檢視與控制 / Brick Program /

檢視與控制	Brick Program	全部的拼圖指令集

步驟

1. 在「檢視與控制」清單中，找到「Brick Program」選項後，再按「深灰色」的確認鈕。
2. 在「Brick Program」程式編輯環境中，預設會出現「開始」與「迴圈」兩個拼圖指令，請再按「往上鍵」即可看到「全部的拼圖指令集」，以便讓設計者加入想要的「拼圖指令」。
3. 在「全部的拼圖指令集」環境中，您可以利用「上、下、左、右」的方向鍵來選擇想要加入的指令，再按「深灰色」的確認鈕。
4. 反覆2與3步驟，即可完成較複雜的控制程序。
5. 最後，利用「向左」鍵回到「開始」拼圖指令，再按「深灰色」的確認鈕，即可啓動EV3主機來執行「Brick Program」程式了。

2-3-1　撰寫第一支EV3主機程式

在我們瞭解EV3主機程式的開發環境之後，接下來，我們開始利用主機來撰寫第一支EV3主機程式。基本上，要撰寫一支EV3主機程式必須要有兩個步驟。

步驟一：利用內建的「拼圖指令」來完成控制程序

步驟二：測試執行結果。

實作　使用「觸碰感測器」

機器人在「往前走」時，如果「觸碰感測器」觸碰到「障礙物」時，就會馬上「往後退」持續2秒後「停止」。

參考解答

步驟一　利用內建的「拼圖」來完成五個程序

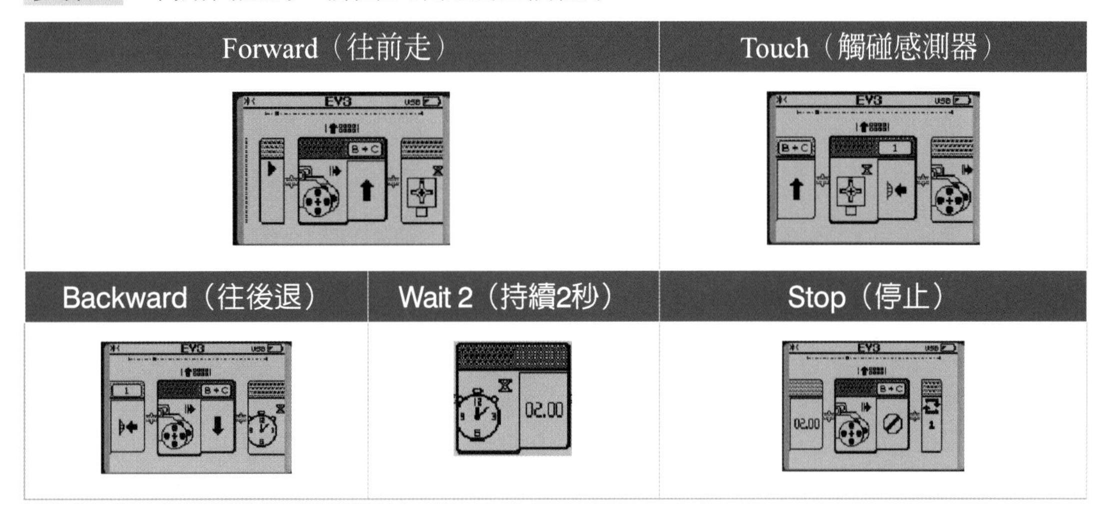

步驟二　測試執行結果。

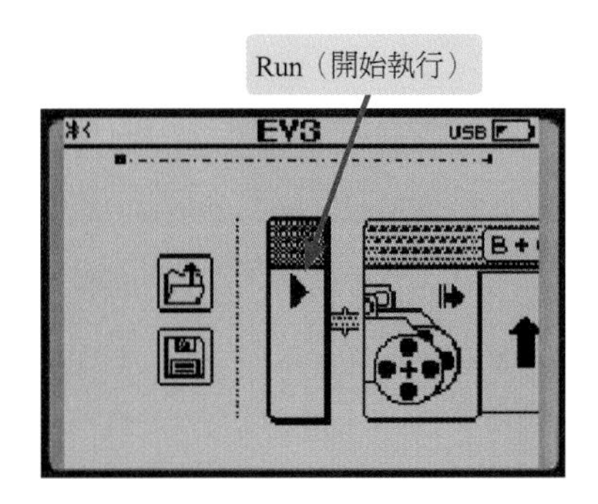

註　EV3主機程式雖然可以撰寫基本的機器人的程式，但是，對於比較複雜的應用，例如：利用顏色感測器的反射光來決定馬達的速度，就必須要使用EV2-G拼圖程式（在「電腦」上撰寫）。

2-3-2 儲存／讀取EV3主機程式

當我們每撰寫完成一支EV3主機程式之後，也可以馬上儲存起來，否則，每次都必須要再重新撰寫，眞是麻煩的事。

儲存方法

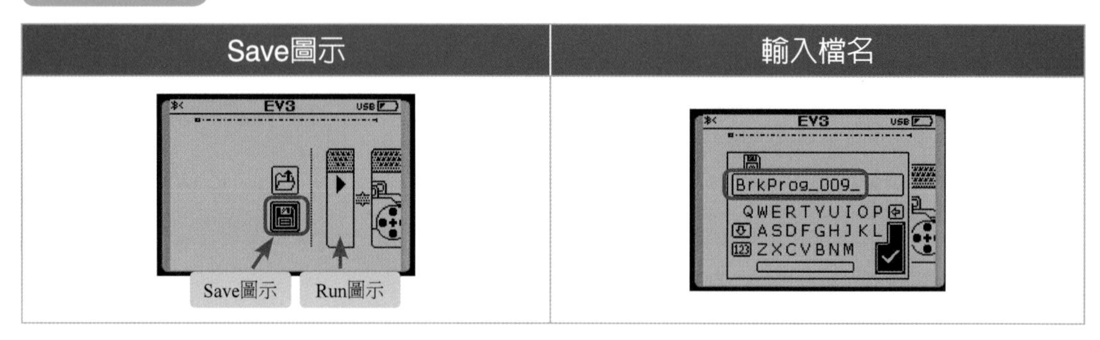

說明

1. Save圖示：在您撰寫完成程序之後，按Run圖示時在左手邊。
2. 輸入檔名：預設名稱爲BrkProg_×××。
   ① 利用「左右鍵」來選擇英文字或數字，再按確認鈕。
   ② 利用「左右鍵」來選擇「✓」符號，再按「確認鈕」來確認「儲存」。

讀取檔名方法

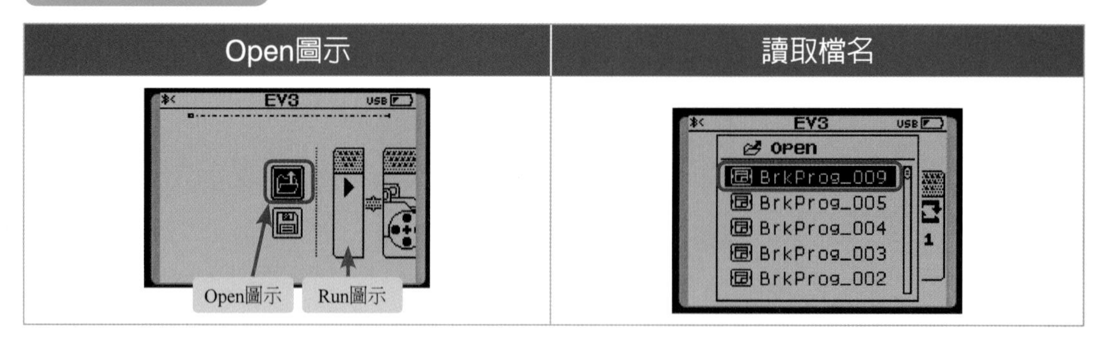

說明

1. Open圖示：當你儲存完成之後，可以透過Open圖示讀取。
2. 讀取檔名：在檔案清單中選擇卻讀取的檔名。

章後評量

1. 請撰寫出機器人程式的三部曲？並繪出此三部曲的流程圖。
2. 請說明EV3主機上的「觸碰、顏色、超音波」三種感測器是用來模擬人類的那些器官呢？
3. 請撰寫「Brick Program」程式來使用「觸碰感測器」，製作一台線控機器人（前後走），反覆進行。
4. 請撰寫「Brick Program」程式使用「觸碰感測器」+「光源感測器」，來製作一台機器人在「往前向」時，如果「觸碰感測器」被壓一下時，就會馬上「往後退」直到「光源感測器」偵側到「黑色」才會「停止」，反覆進行。

NOTE

App Inventor 2 手機程式開發環境

本章學習目標

1. 讓讀者了解App Inventor 2拼圖程式的整合開發環境。
2. 讓讀者了解App Inventor 2拼圖程式的執行模式及如何管理自己的專案。

本章內容

 App Inventor拼圖程式的開發環境

基本上，想利用App Inventor拼圖程式來開發Android APP手機應用程式時，您必須要先完成以下四項程序：

1. 申請Google帳號。
2. 使用Google Chrome瀏覽器（強烈建議使用）
3. 安裝App Inventor 2開發套件（安裝在電腦上）➔若要使用「模擬器」測試
4. 安裝MIT AI2 Companion（安裝在電腦與手機中）➔若要使用「實機」測試

 3-1-1 申請Google帳號

由於App Inventor拼圖程式是由Google實驗室所發展出來，以便讓使用者輕易的開發Android App。因此，使用者在開發App Inventor拼圖程式時，先申請Google帳號。

步驟一 連到Google的帳戶申請網站並註冊

https://accounts.google.com/SignUp?hl=zh-TW

註 在「建立帳戶」之後，就可以登入。如果您已經申請過，則不需要再重新申請，直接使用舊的即可登入。

步驟二 登入Google帳戶

連到Google的登入網站

https://accounts.google.com/Login?hl=zh-tw

你登入的密碼自動會記錄在Google Chrome的網站中了，所以，下次要再使用Google提供的相關服務（gmail, AppInventor…）皆不需再登入。

3-1-2 使用Google Chrome瀏覽器

基本上，目前瀏覽器種類，大致上可以分爲三大類：

1. Microsoft Internet Explorer
2. Mozilla Firefox
3. Google Chrome（強烈建議使用，因爲最穩定、資源最多）

因此，如果你的電腦尚未安裝「Google Chrome瀏覽器」時，連到以下的網方官站下載並安裝。

https://www.google.com/chrome/browser/

3-1-3 安裝App Inventor 2開發套件

當我們利用App Inventor 2開發完成程式之後，如果想利用「模擬器（Emulator）」或透過USB連接手機來瀏覽執行結果時，則必須要先安裝App Inventor 2開發套件。

步驟一　連接到官方網站

網站http://appinventor.mit.edu/explore/ai2/setup.html

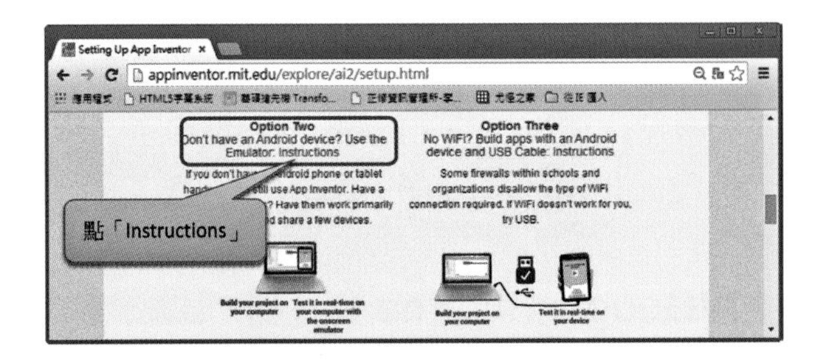

步驟二　選擇安裝App Inventor軟體的版本

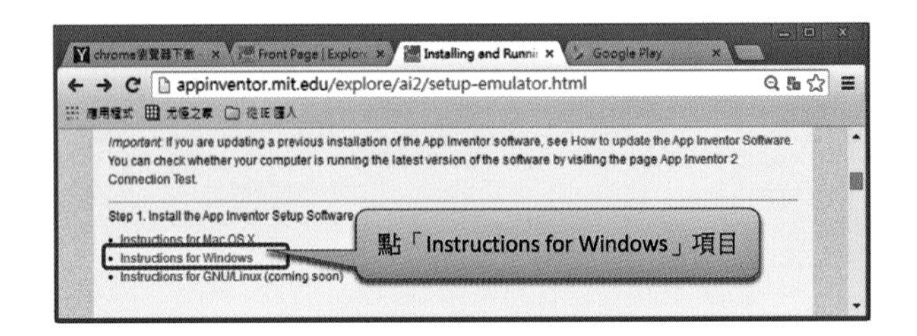

步驟三　下載檔案

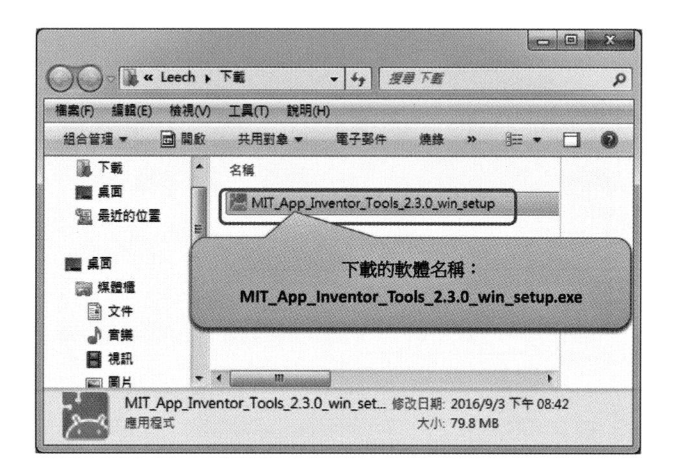
Leech 下載
搜尋 下載
檔案(F) 編輯(E) 檢視(V) 工具(T) 說明(H)
組合管理 開啟 共用對象 電子郵件 燒錄
下載
桌面
最近的位置
桌面
媒體櫃
文件
音樂
視訊
圖片
名稱
MIT_App_Inventor_Tools_2.3.0_win_setup
下載的軟體名稱：
MIT_App_Inventor_Tools_2.3.0_win_setup.exe
MIT_App_Inventor_Tools_2.3.0_win_set... 修改日期: 2016/9/3 下午 08:42
應用程式
大小: 79.8 MB

步驟四　安裝檔案

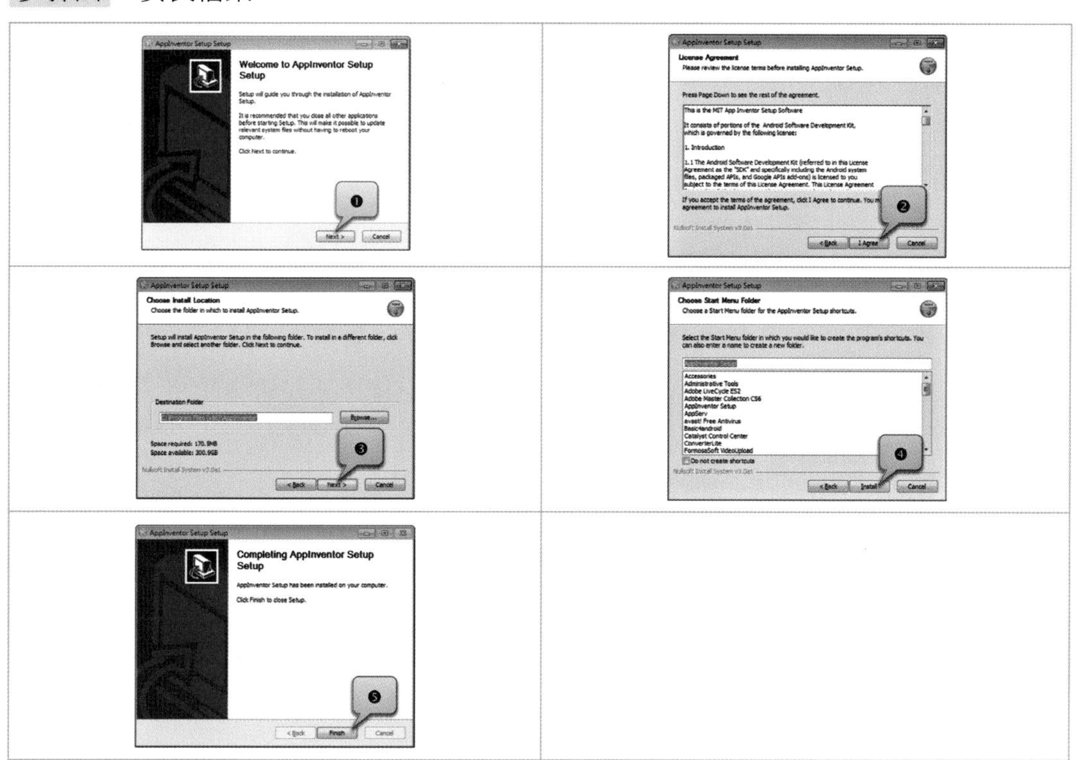
Welcome to AppInventor Setup Setup
License Agreement
Choose Install Location
Choose Start Menu Folder
Completing AppInventor Setup Setup

步驟五　啟動aiStarter

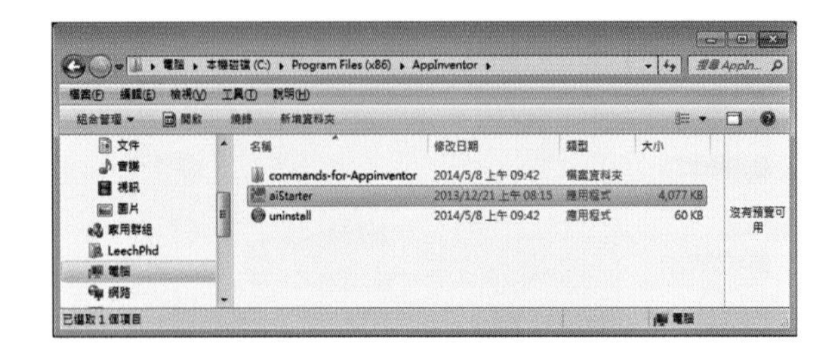

說明

在您安裝完成之後，「App Inventor 2開發套件」會安裝到「C:\Program Files（x86）\AppInventor」目錄下，其中「aiStarter檔案」就是用來負責「App Inventor 2」與「模擬器（Emulator）」及「USB連接的手機」之間溝通。因此，想要利用模擬器來執行「App Inventor 2」程式時，必須要先啟動此檔案。

注意

當你安裝完成「安裝App Inventor 2開發套件」之後，系統會自動將「aiStarter檔案」在桌面上建立捷徑。

步驟六　查看App Inventor 2開發套件

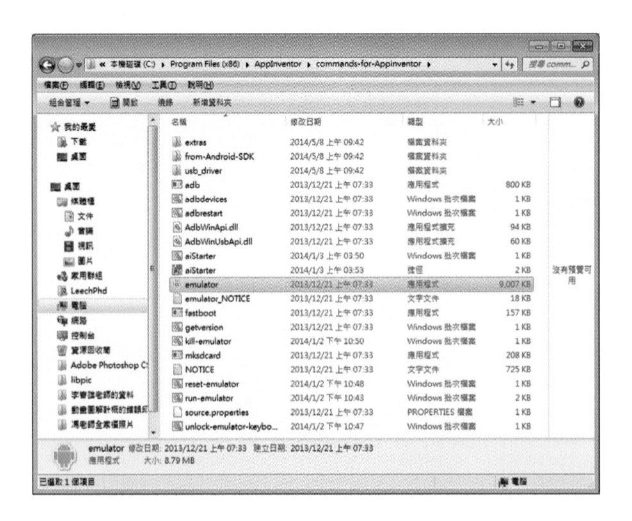

說明

在第五步驟中，我們可以查看「commands-for-Appinventor」目錄下，有許多重要的檔案，例如：「emulator檔案」就是用來啓動模擬器。

3-1-4 安裝MIT AI2 Companion

當我們開發「App Inventor 2」程式之後，除了利用「模擬器（Emulator）」及USB連接的手機」來測試執行結果之外，其實最方便的方法就是利用WiFi連線，也就是說，你的手機可以直接透過WiFi連線就可以測試程式。

方法　在手機上安裝「MIT AI2 Companion」軟體

取得方式

1. Google Play商店（下載、安裝及開啓）

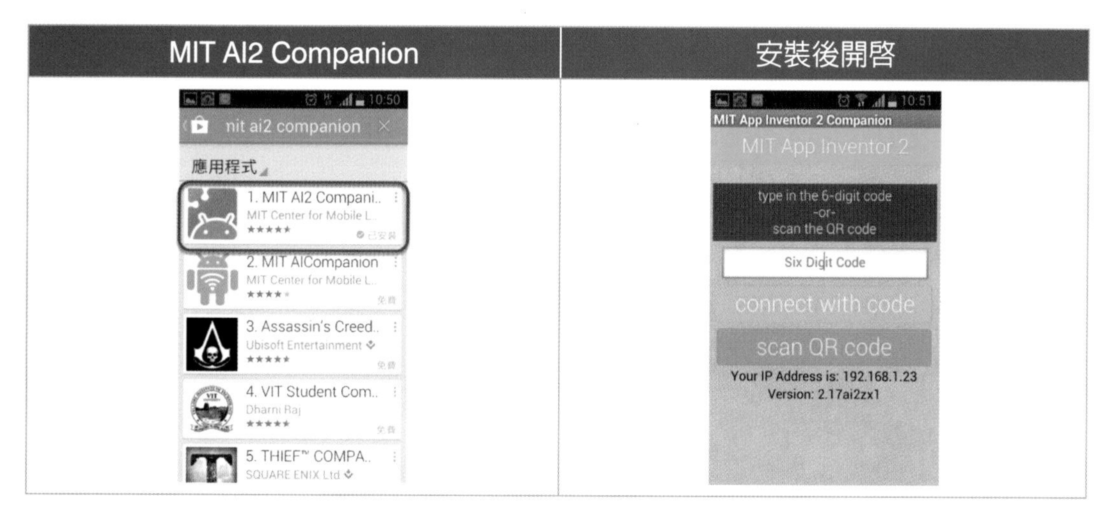

2. MIT App Inventor官方網站

http://appinventor.mit.edu/explore/ai2/setup-device-wifi.html

3-2 進到App Inventor2雲端開發網頁

由於App Inventor2是一套「雲端網頁操作模式」的整合開發環境，因此，我們就必須要先利用瀏覽器（建議使用Google Chrome）來連接到MIT App Inventor的官方網站，其完整的步驟如下：

步驟一　開啓Google Chrome瀏覽器，並連到http://ai2.appinventor.mit.edu，此時，如果你尚未利用Google帳戶登入，則它會自動導向Google帳戶登入畫面。

說明　此時，MIT App Inventor的官方網站會詢問，是否可以允許存取你的Google帳戶，建議按「Allow」鈕。它會將Google帳戶分享給App Inventor 2，請您放心，不會將您在Google帳戶中的密碼及個人資訊分享出去。

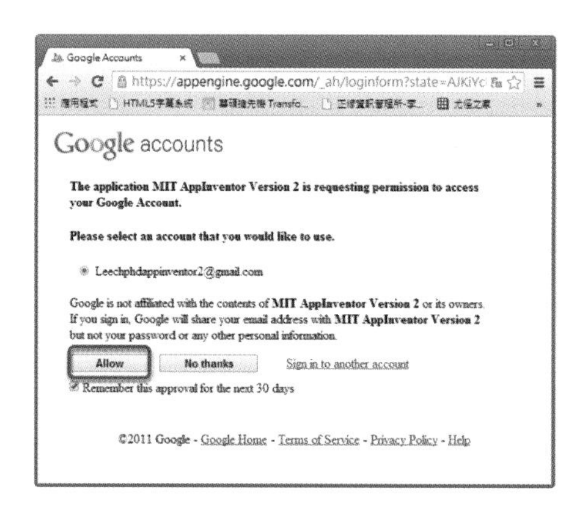

步驟二　「App Inventor」會詢問你是否要填寫「問卷調查」。請暫時按「Take Survey Later」。

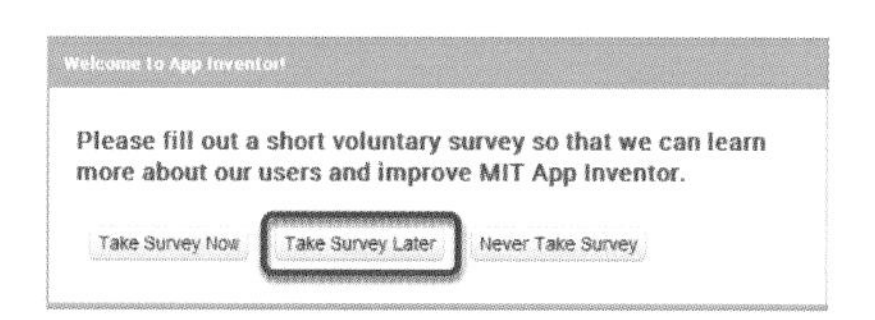

步驟三　出現歡迎的畫面，請再按「Continue」鈕即可。

Welcome to App Inventor!
Welcome to MIT App Inventor 2
Got an Android phone or tablet? Find out how to
Set up and connect an Android device.
Don't have an Android device? Find out how to
Set up and run the Android emulator.
(Emulator and USB connections are currently for Mac and Windows only. Support for Linux is *coming soon!*)
(Support for Internet Explorer is *coming soon!*)
Continue

步驟四　App Inventor的「專案管理平台」會去檢查你目前是否已經開發App Inventor專案程式，如果沒有就會出現以下的畫面：

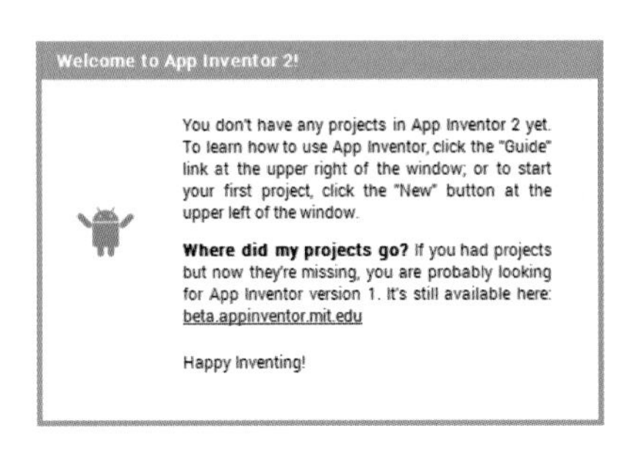

步驟五　App Inventor的專案管理平台

說明　由於尚未新增「專案名稱」，所以，目前沒有任何專案在平台上。

3-3 App Inventor2的整合開發環境

如果想利用「App Inventor2」來開發Android App時，必須要先熟悉App Inventor2的整合開發環境的操作程序，並依照以下的步驟來完成。

步驟一　新增專案（New Project）

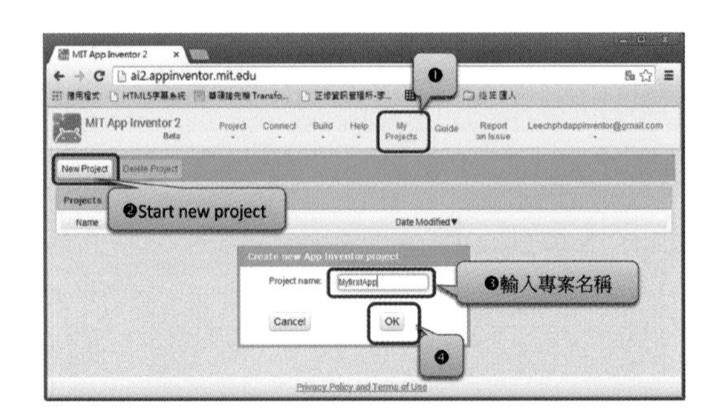

專案名稱的命名之注意事項

1. 不可使用「中文字」來命名。
2. 只能使用大、小寫英文字母、數字及底線符號「_」。
3. 專案名稱的第一個必須是大、小寫英文字母。

步驟二　進入設計者（Designer）畫面

在「新增專案（New Project）」之後，App Inventor2開發平台立即進入到Designer的開發介面環境。基本上，「App Inventor2」拼圖語言的操作環境中，分成四大區塊：

1. Palette（元件群組區）
2. Viewer（手機畫面配置區）
3. Components（專案所用的元件區）
4. Properties（元件屬性區）

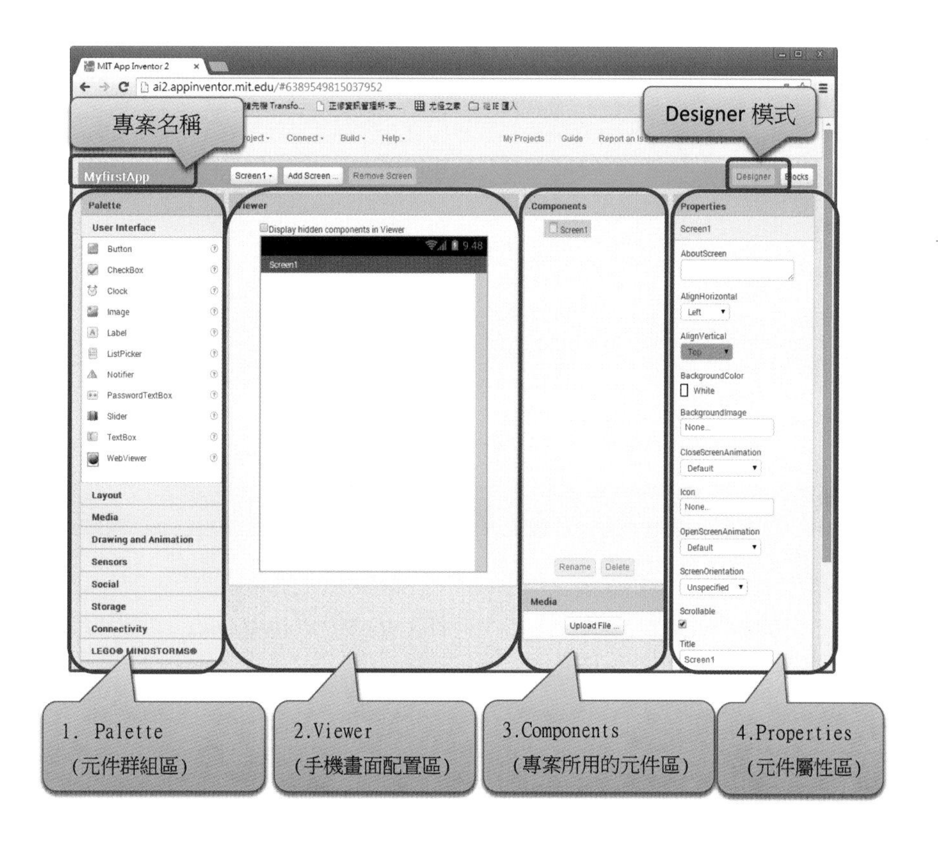

四大區塊說明

1. Palette（元件群組區）

(1)User Interface（使用者介面設計之元件）	元件說明
User Interface	
Button	Button（命令鈕元件）
CheckBox	CheckBox（核取方塊元件）
DatePicker	DatePicker（日期選取元件元件）
Image	Image（影像元件）
Label	Label（標籤元件）
ListPicker	ListPicker（清單選擇器元件）
ListView	ListView（下拉式清單元件）
Notifier	Notifier（訊息通知元件）
PasswordTextBox	PasswordTextBox（密碼文字框元件）
Slider	Slider（滑桿圖形元件）
Spinner	Spinner（下拉式選單元件）
TextBox	TextBox（文字框元件）
TimePicker	TimePicker（時間選取元件）
WebViewer	WebViewer（瀏覽器元件）

(2)Layout（畫面配置元件）	元件說明
Layout	
HorizontalArrangement	HorizontalArrangement（水平排列元件）
TableArrangement	TableArrangement（表格排列元件）
VerticalArrangement	VerticalArrangement（垂直排列元件）

(3)Media（多媒體元件）	元件說明
Media	
Camcorder	Camcorder（攝影機元件）
Camera	Camera（啓動照相機元件）
ImagePicker	ImagePicker（從相簿挑選照片元件）
Player	Player（播放音樂元件）
Sound	Sound（發出聲音元件）
SoundRecorder	SoundRecorder（錄製聲音元件）
SpeechRecognizer	SpeechRecognizer（語音辨識元件）
TextToSpeech	TextToSpeech（文字轉語音元件）
VideoPlayer	VideoPlayer（播放影片元件）
YandexTranslate	YandexTranslate（翻譯元件）

(4)Drawing and Animation（繪圖及動畫設計元件）	元件說明
Drawing and Animation	
Ball	Ball（球體元件）
Canvas	Canvas（畫布元件）
ImageSprite	ImageSprite（圖片精靈元件）

(5)Sensors（感測器元件）	元件說明
Sensors	
AccelerometerSensor	AccelerometerSensor（加速感測器）
BarcodeScanner	BarcodeSensor（條碼感測器）
Clock	Clock（時鐘元件）
LocationSensor	LocationSensor（定位感測器）
NearField	Nearfield（周邊通訊）
OrientationSensor	OrientationSensor（方向感測器）

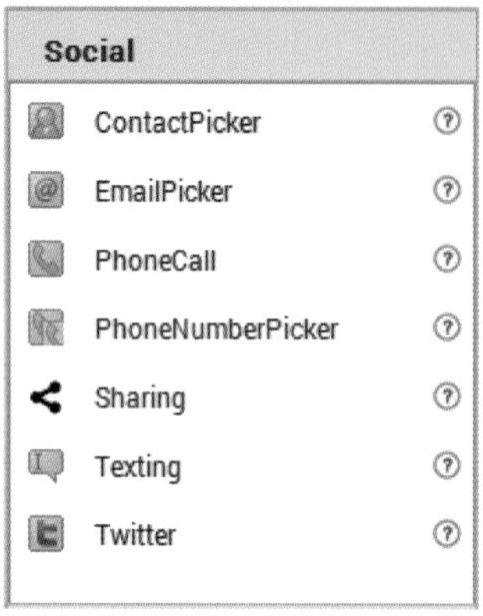

(6)Social（社交元件）	元件說明
Social	
ContactPicker	ContactPicker（聯絡人選擇器元件）
EmailPicker	EmailPicker（電子郵件選擇器元件）
PhoneCall	PhoneCall（打電話元件）
PhoneNumberPicker	PhoneNumberPicker（電話號碼元件）
Sharing	Sharing（資源分享元件）
Texting	Texting（簡訊元件）
Twitter	Twitter（推特元件）

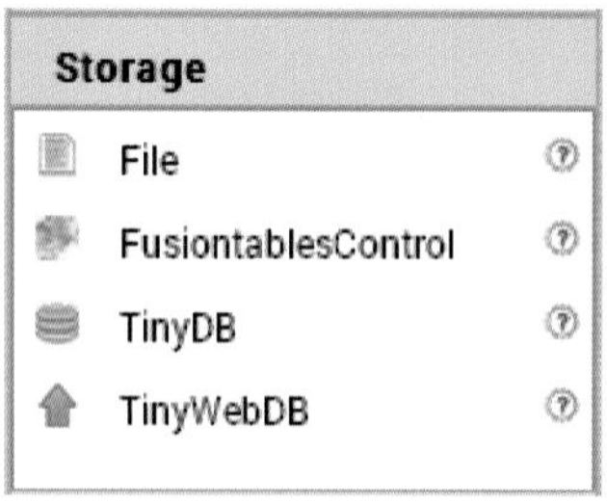

(7)Storage（儲存元件）	元件說明
Storage	
File	File（檔案存取元件）
FusiontablesControl	FusiontablesControl（表格視覺化元件）
TinyDB	TinyDB（微型資料庫元件）
TinyWebDB	TinyWebDB（網路微型資料庫元件）

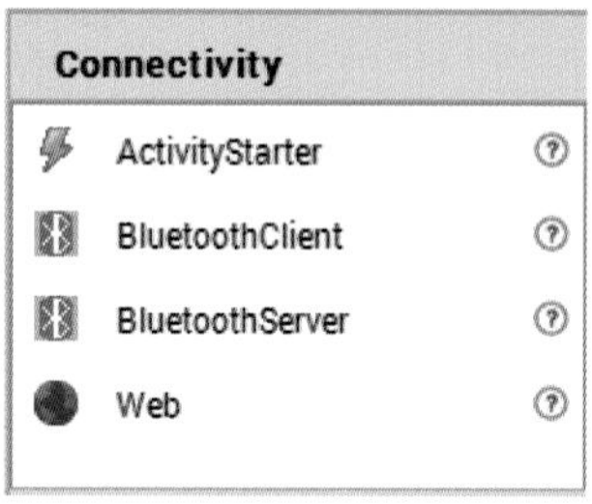

(8)Connectivity（連接元件）	元件說明
Connectivity	
ActivityStarter	ActivityStarter（活動啓動器元件）
BluetoothClient	BluetoothClient（藍牙用戶端元件）
BluetoothServer	BlueToothServer（藍牙伺服端元件）
Web	Web（網頁元件）

(9)LEGO®MINDSTORMS®（控制樂高機器元件）	元件說明
NxtDrive	NxtDrive（馬達元件）
NxtColorSensor	NxtColorSensor（顏色感測器元件）
NxtLightSensor	NxtLightSensor（光源感測器元件）
NxtSoundSensor	NxtSoundSensor（聲音感測器元件）
NxtTouchSensor	NxtTouchSensor（觸碰感測器元件）
NxtUltrasonicSensor	NxtUltrasonicSensor（超音波感測器元件）
NxtDirectCommands	NxtDirectCommands（直接控制指令元件）
Ev3Motors	Ev3Motors（馬達元件）
Ev3ColorSensor	Ev3ColorSensor（顏色感測器元件）
Ev3GyroSensor	Ev3GyroSensor（陀螺儀感測器元件）
Ev3TouchSensor	Ev3TouchSensor（觸碰感測器元件）
Ev3UltrasonicSensor	Ev3UltrasonicSensor（超音波感測器元件）
Ev3Sound	Ev3Sound（音效播放元件）
Ev3UI	Ev3UI（螢幕顯示元件）
Ev3Commands	Ev3Commands（直接控制指令元件）

2. Viewer（手機畫面配置區）

用來設計使用者手機端操作介面。

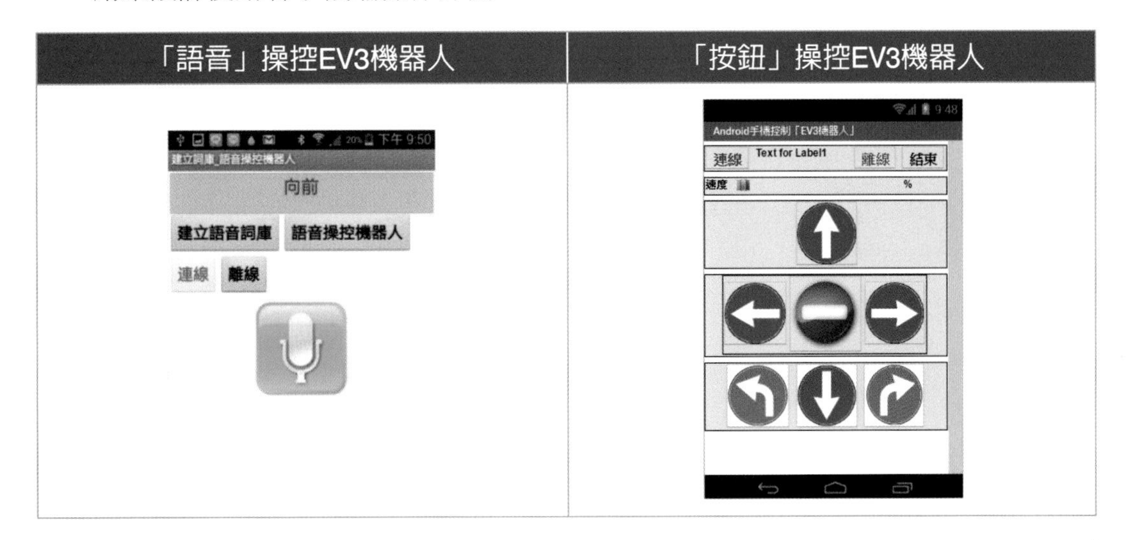

3. Components（專案所用的元件區）

在本專案中，使用者手機端操作介面之所有元件，包含可視元件（例如：Button）及不可視元件（例如：Sound）。

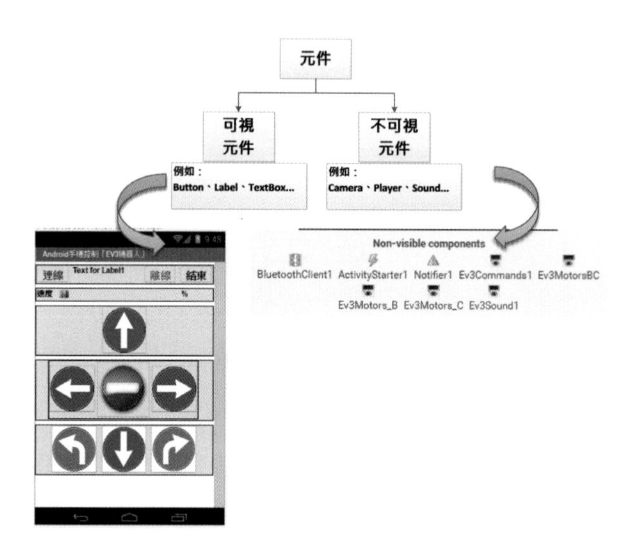

4. Properties（元件屬性區）

用來設定Viewer中，某一元件的屬性，並且不同的元件會有不同的屬性。

Screen1元件的屬性區	Button元件的屬性區
Properties Screen1 AboutScreen AlignHorizontal Left AlignVertical Top BackgroundColor White BackgroundImage None... CloseScreenAnimation Default Icon images.jpg... ...	Properties Button_Forward BackgroundColor Default Enabled FontBold FontItalic FontSize 40 FontTypeface default Image Forward.png... ...

 撰寫第一支App Inventor 2程式

由於App Inventor 2是一種「視覺化」的開發工具，也就是說，App Inventor程式所設計出來的畫面，使用者可以在手機上輕鬆操作所需要的功能。

App Inventor 2 開發環境架構

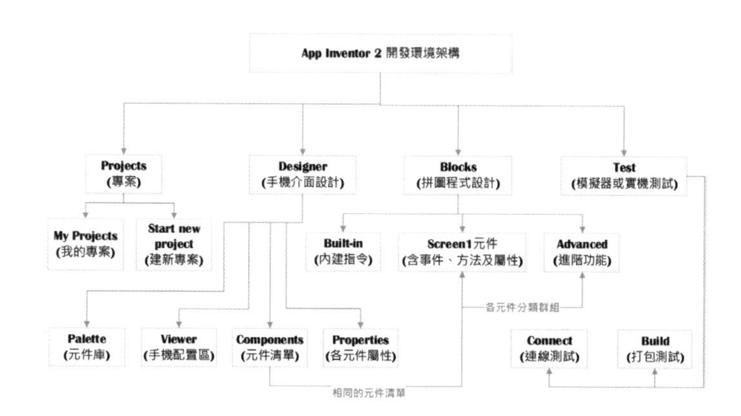

開發流程

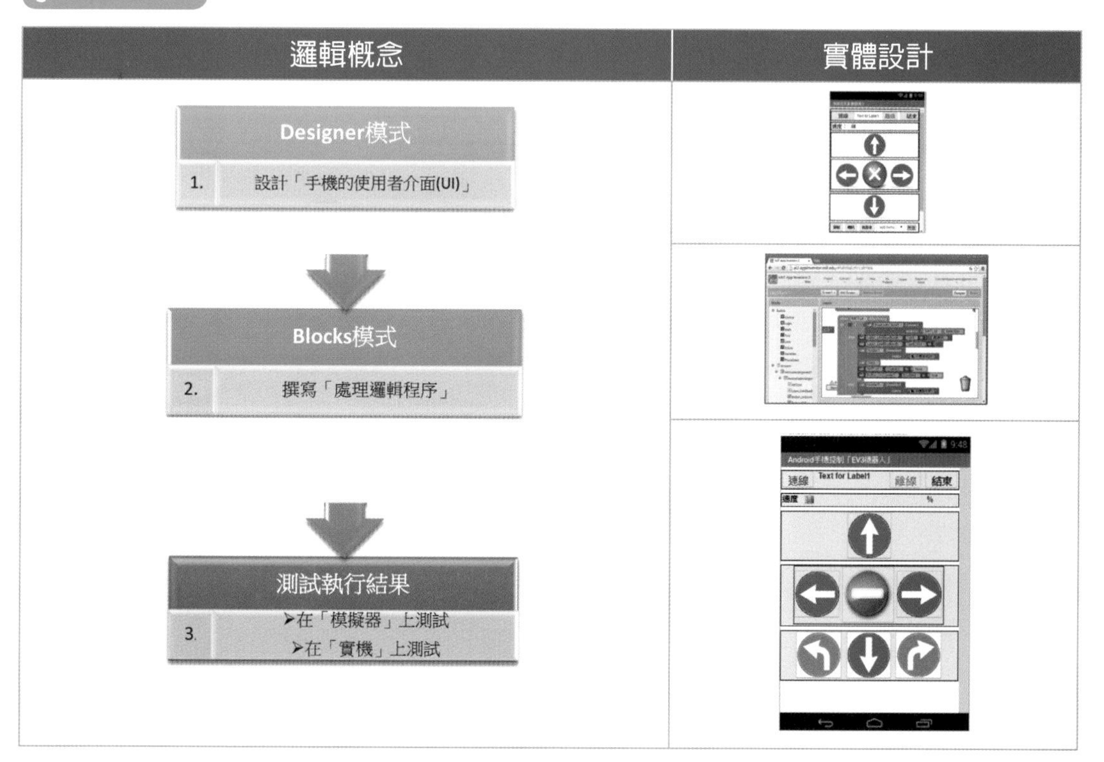

說明

我們在撰寫手機程式之前，必須要先了解每一支App Inventor程式都是由兩個部份組合而成，分別為「介面」及「程式」。因此，必須要完成以下五大步驟：

Designer模式（介面設計）	步驟一：從「元件群組區」加入元件到「手機畫面配置區」
	步驟二：在「專案所用的元件區」修改「選取元件」的元件名稱
	步驟三：在「元件屬性區」設定「選取元件」的屬性之屬性值
Blocks模式（程式設計）	步驟四：撰寫拼圖程式
	步驟五：測試執行結果（Android模擬器測試及實機測試）

Blocks模式 撰寫拼圖程式

在撰寫拼圖程式的環境中，左側共有三大項目，分別為：

1. Built-in（內建指令）：是指App Inventor 2軟體中內建的全部指令。

Control（流程控制）	Logic（邏輯運算）	Math（數值運算）	Text（字串處理）
if then for each number from 1 to 5 by 1 do for each item in list do while test do	true false not = and or	0 = + - × / ^	join length is empty compare texts < trim upcase starts at text piece
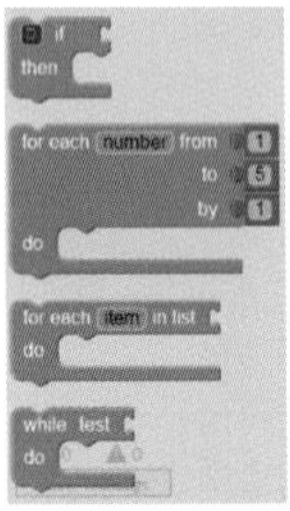 ……more		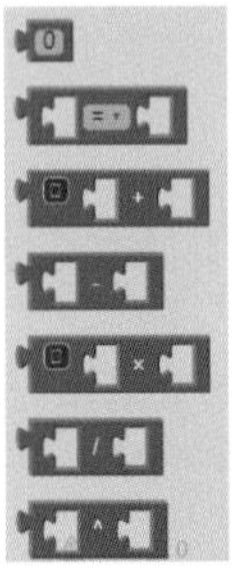 ……more	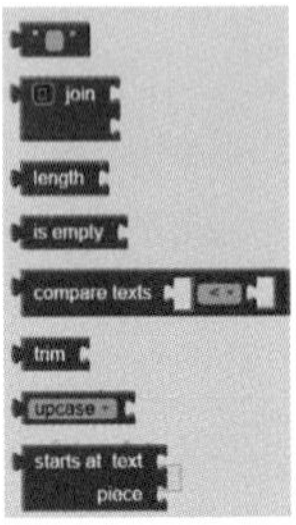 ……more
Lists（清單陣列）	**Colors（設定顏色）**	**Variables（宣告變數）**	**Procedures（副程式）**
create empty list make a list add items to list list item is in list? thing list length of list list is list empty? list pick a random item list		initialize global name to get set to initialize local name to in initialize local name to in	to procedure do to procedure result
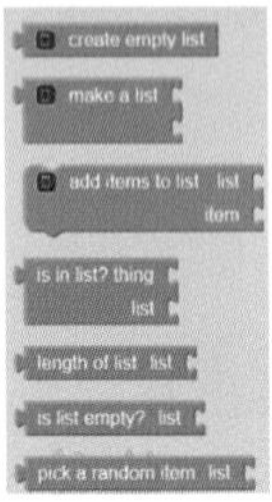 ……more	 ……more	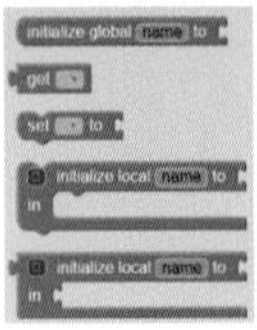	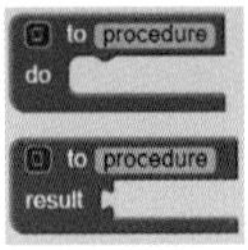

2. MyBlocks（Screen頁面元件）：是指設計者在Screen頁面中佈置的元件，它會自動載入相關的觸發事件、方法及屬性的拼圖，以便讓設計者可以直接透過「拖、拉、放」來撰寫拼圖程式。

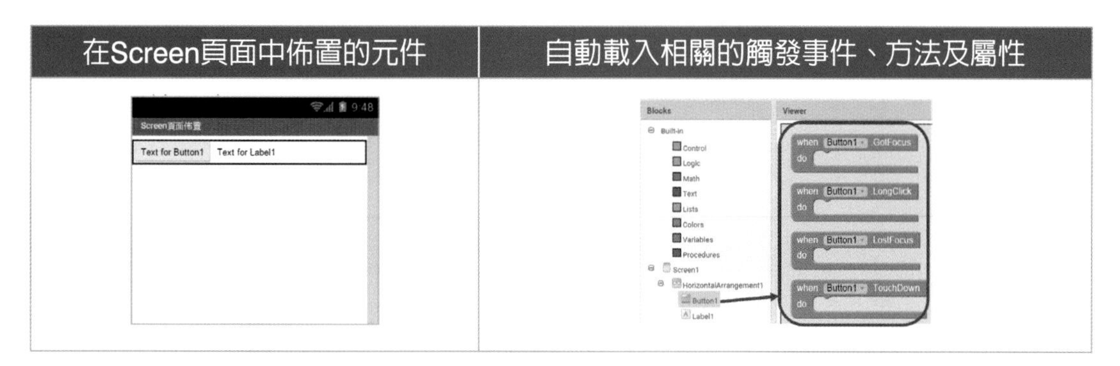

3. Advanced（進階功能）：是指設計者在Screen頁面中佈置的元件，也會自動產生對映的進階功能的拼圖，以便讓設計者設定同類元件的共同屬性。
例如：同時設定Button1與Button2兩個元件的大小、顏色及字體等屬性。

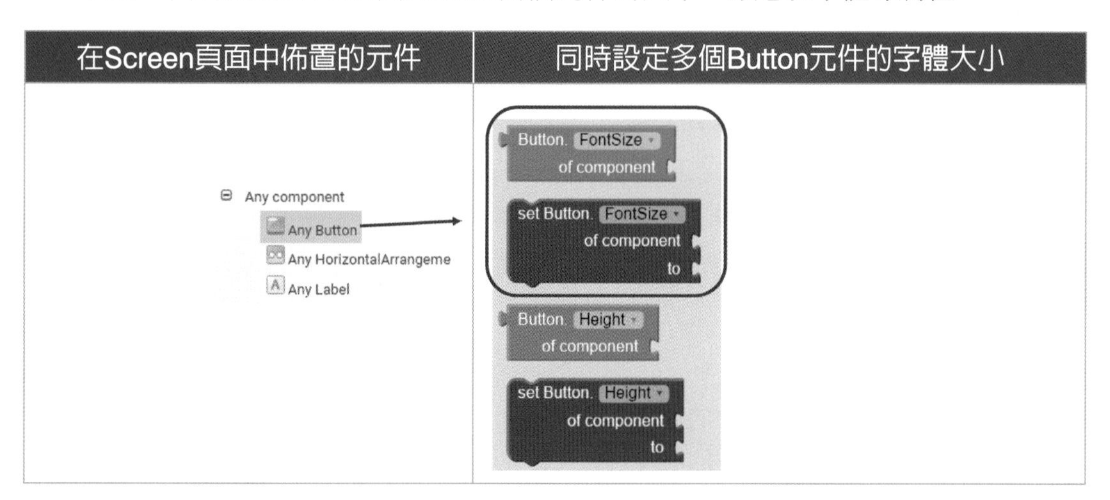

實例

請設計一個介面，可以讓使用者按下「Button」鈕，顯示「我的第一支手機APP程式」訊息的程式。

步驟一　從「元件群組區中的User Interface」拖曳元件到「手機畫面配置區」

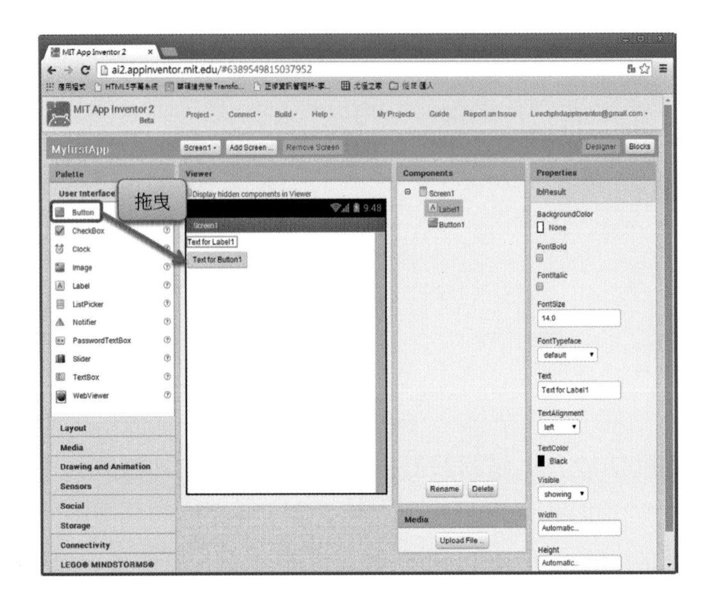

說明　請加入「Label1與Button1」兩個元件。

步驟二　在「專案所用的元件區」修改「選取元件」的元件名稱

元件名稱	屬性	屬性值
Label1	Name	Label_Result
Button1	Name	Button_Run

註　修改元件名稱的原則：

1. 底線的「前面」保留元件的類別名稱。
2. 底線的「後面」改為元件的功能名稱。

例如：**Label_Result**

類別名稱　　功能名稱

（代表標籤元件）（代表用來顯示結果）

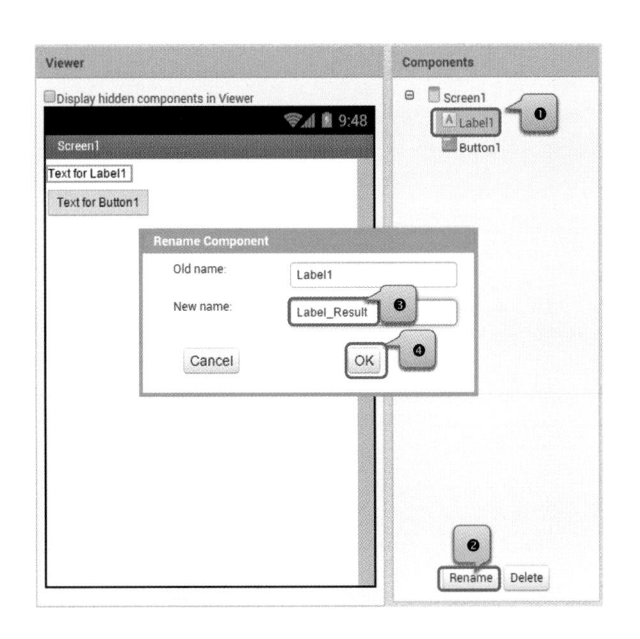

說明 相同的方法，再將Button1更名爲「Button_Run」。

步驟三 設定元件的屬性之屬性值

物件名稱	屬性	屬性值
Button_Run	Text	請按我

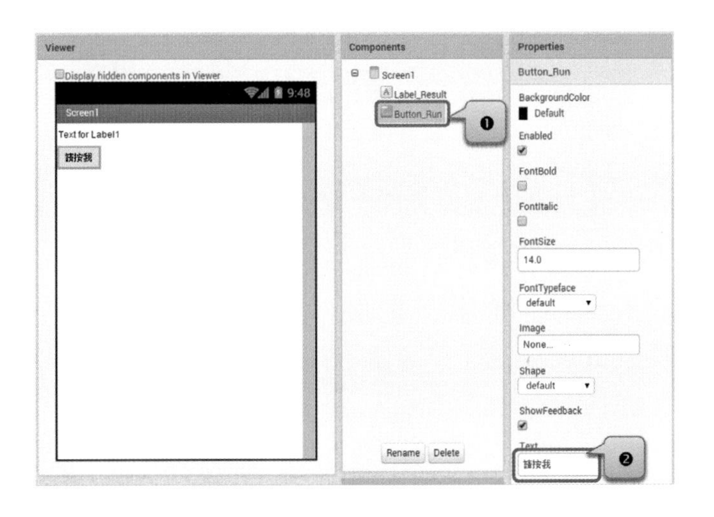

說明 每一個元件的相關屬性的詳細介紹，請參考第二章。

步驟四 撰寫拼圖程式

（一）加入Button_Run元件的程式拼圖

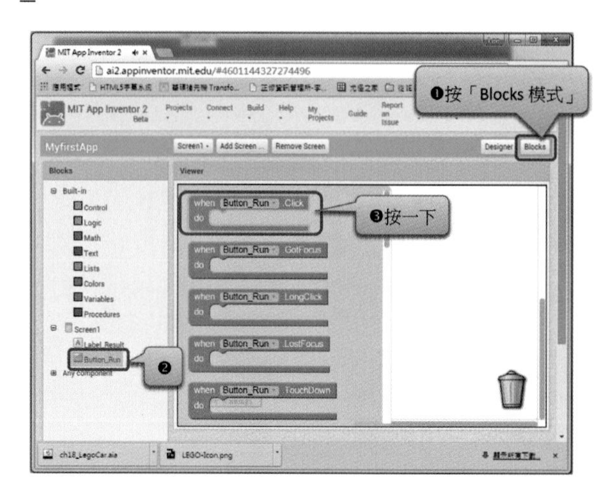

說明　選擇元件需使用的「事件」，在本例子中，使用「Click」事件。

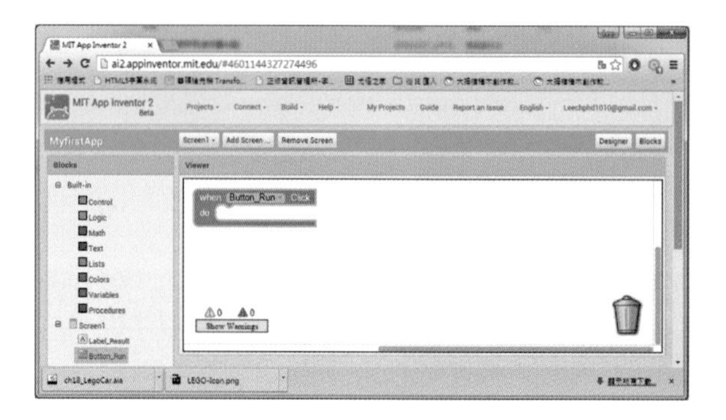

說明　在上圖中，呈現您剛才選擇元件之事件。它代表當「Button_Run」按鈕，被按下時，執行所包含的動作。

（二）加入Label_Result元件的程式拼圖

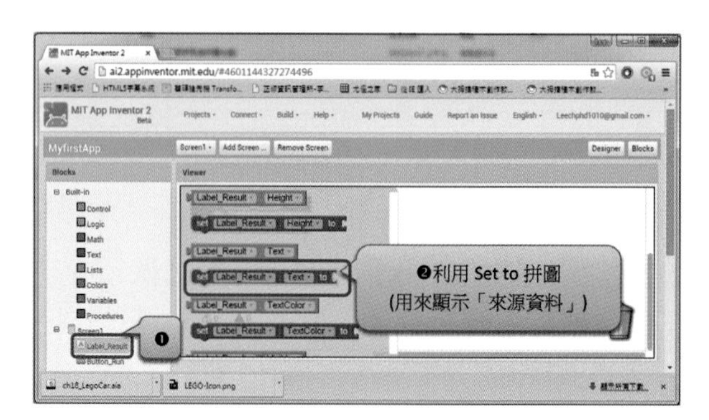

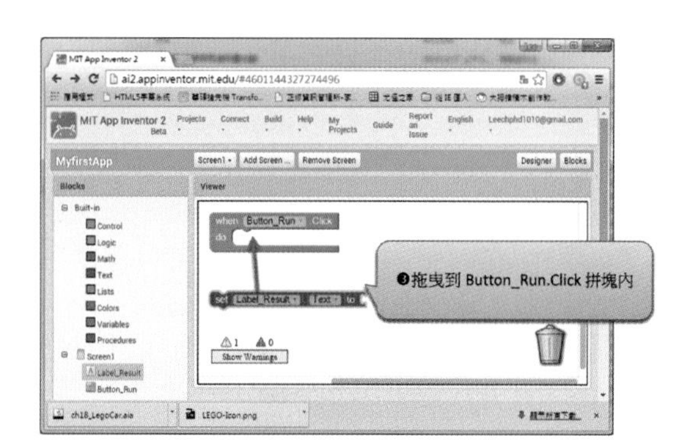

說明　當Label_Result.Text拼塊的凹口與Button_Run.Click拼塊的凸口處有接合時，則會發出「咔」一聲，代表兩個拼塊正確接合。如下圖所示：

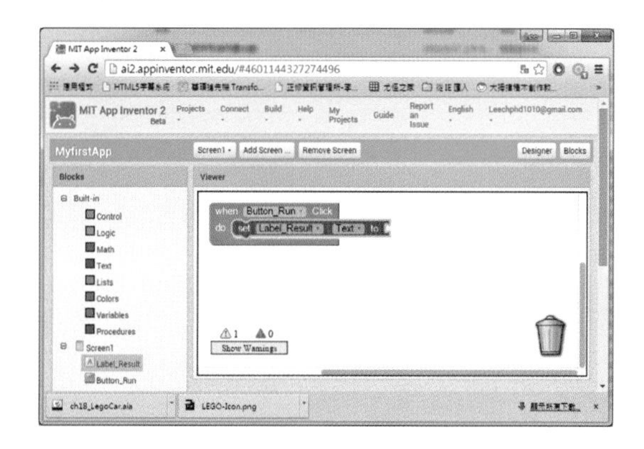

說明　代表設定「Label_Result」標籤元件的文字（Text）內容爲本指令右方插槽中的參數。

（三）加入「來源字串資料」的程式拼圖

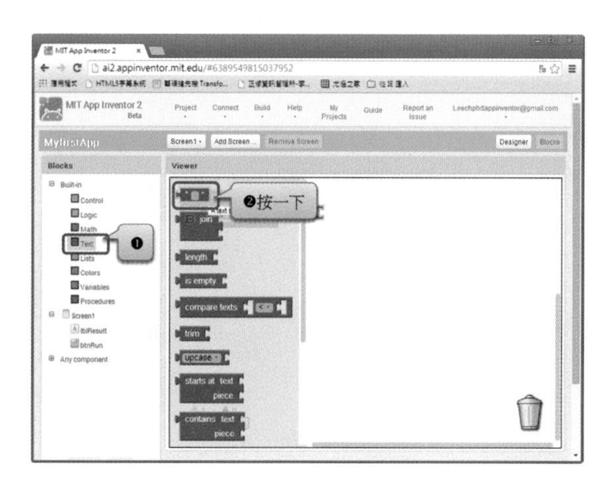

❸拖曳到 Label_Result.Text 拼塊凹口處
when Button_Run .Click
do set Label_Result . Text to

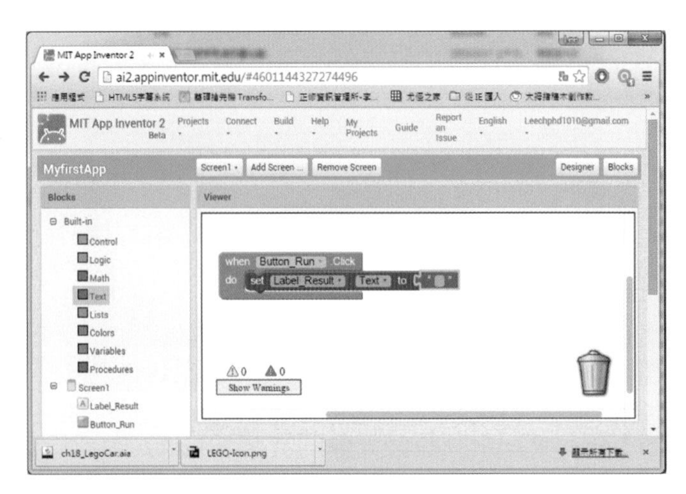
when Button_Run .Click
do set Label_Result . Text to

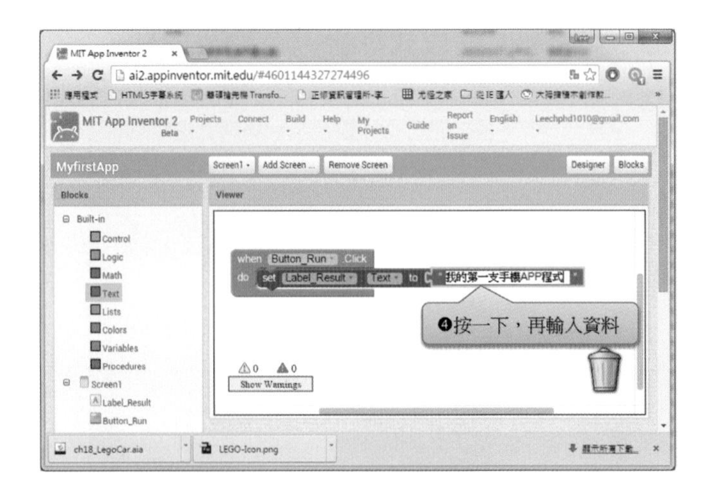
when Button_Run .Click
do set Label_Result . Text to 我的第一支手機APP程式
❹按一下，再輸入資料

說明 將其內容改爲「我的第一支手機App程式」

步驟五 測試執行結果（模擬器測試）

在我們利用App Inventor程式中的「Designer模式（手機介面設計）」及「Blocks模式（拼圖程式設計）」之後，接下來，就可以利用「模擬器」來進行測試。

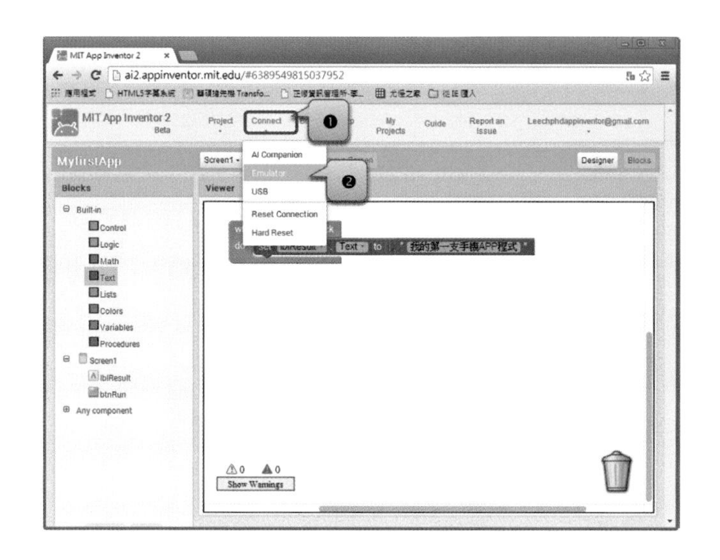

注意 在進行「模擬器」測試時，必須要先啓動aiStarter，及在模擬器上安裝MIT AI2 Companion。其程序如下：

（一）啓動aiStarter

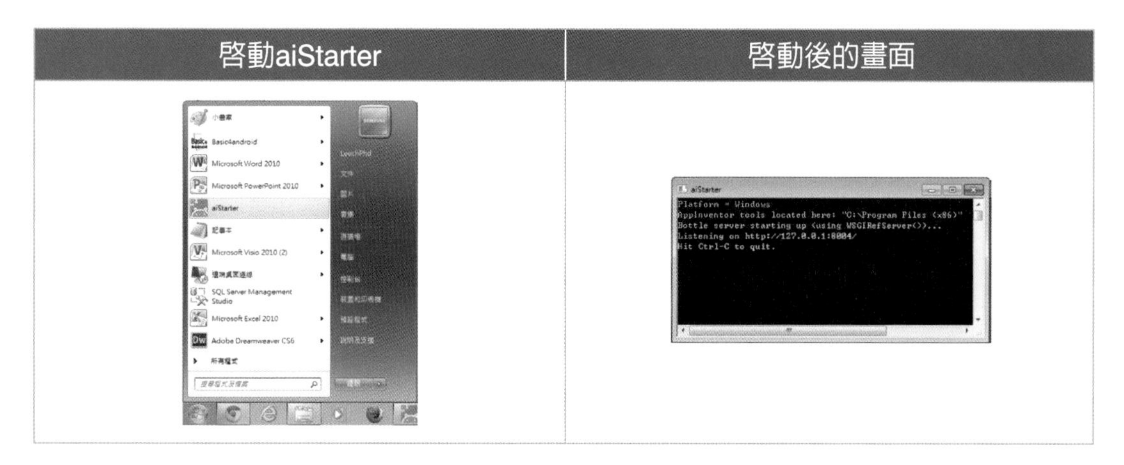

aiStarter儲存目錄

如果在你啓動「模擬器」時，尚未先啓動aiStarter程式，則會顯示以下的訊息方塊。此時，請按「OK」鈕即可。

當你啓動aiStarter，並執行「Connect/Emulator（模擬器）」時，此時，畫面上就會出現「模擬器」，請您將鎖頭往右移動，即可解鎖。

在過數十秒後，系統自動啓動「模擬器」，但是，還是無法順利執行App Inventor程式。因此，還必須要在模擬器上安裝MIT AI2 Companion元件程式，則會顯示以下的訊息方塊。此時，請按「OK」鈕即可。

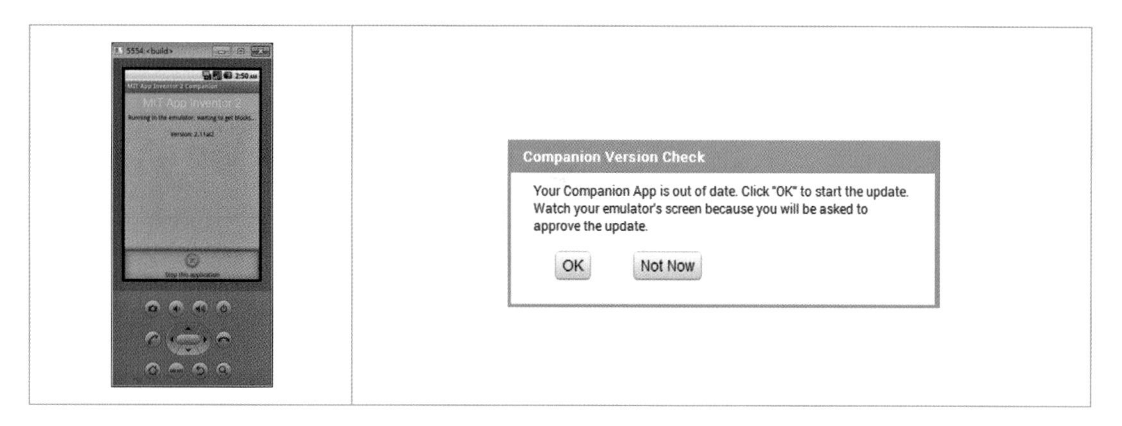

（二）在模擬器上安裝MIT AI2 Companion

在上圖中按下「OK」鈕之後，此時，就會出現「軟體更新」的對話方塊，請您按「Got it」即可。

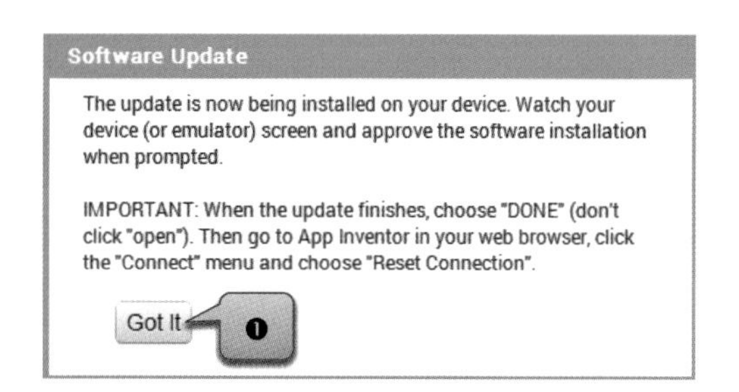

（三）接下來，在「模擬器」上就會出現「Replace application」對話方塊，請按「OK」鈕，再按「Install」鈕。此時，就會開始安裝「MIT AI2 Companion」。

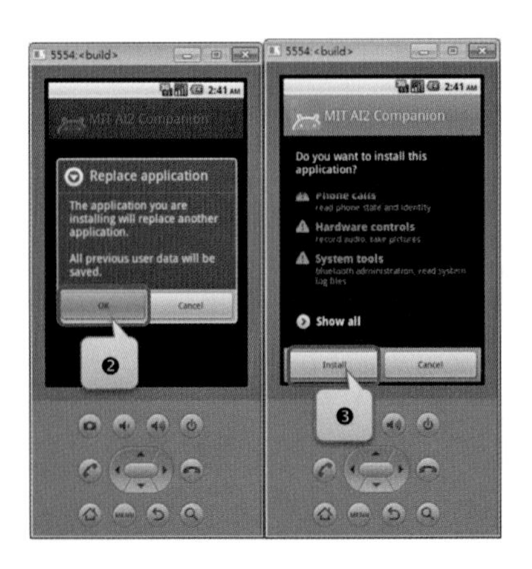

最後，再安裝完成之後，再按「Done」即可。此時，「模擬器」的桌面上就會出現「MIT AI2 Companion」圖示。

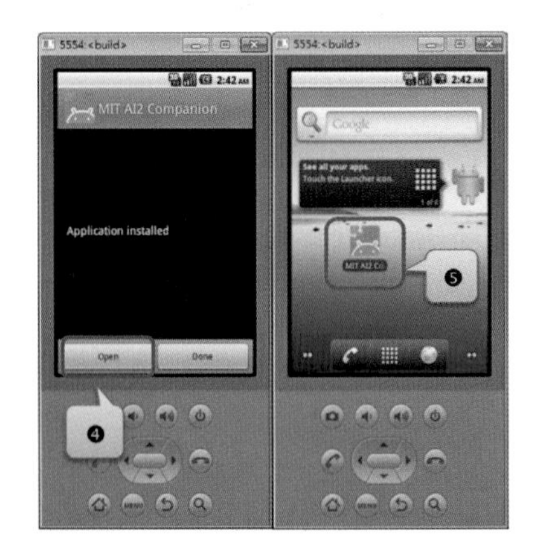

（四）在模擬器測試

此時，請你再重新執行一次「Emulator」，但是，如果無法選擇此項目時，請先按「Reset Connection」來重新連線。

MIT App Inventor 2
ai2.appinventor.mit.edu/#6389549815037952
Project
Connect
Build
Help
MyfirstApp
Screen1
AI Companion
Emulator
USB
Reset Connection
Hard Reset
❶
Palette
Viewer
User Interface
Button
CheckBox
Clock
Image
Label
ListPicker
Text for Label1
請按我

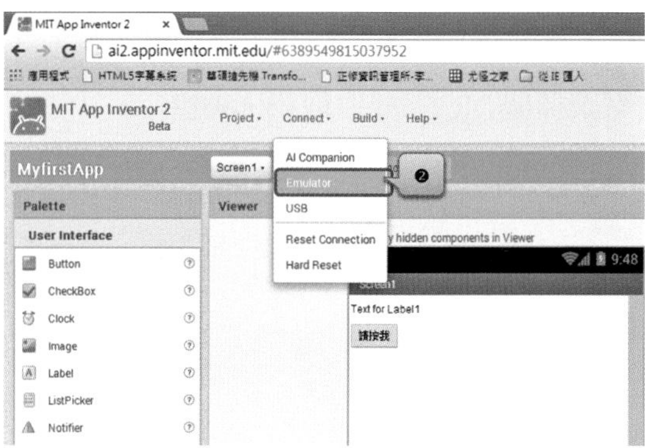
MIT App Inventor 2
ai2.appinventor.mit.edu/#6389549815037952
Project
Connect
Build
Help
MyfirstApp
Screen1
AI Companion
Emulator
USB
Reset Connection
Hard Reset
❷
Palette
Viewer
User Interface
Button
CheckBox
Clock
Image
Label
ListPicker
Notifier
Text for Label1
請按我

執行畫面

模擬器測試
aiStarter程式Emulator-5554
5554:<build>
Screen1
我的第一支手機APP程式
請按我
❸按一下
aiStarter
Device = emulator-5554
aiStarter 程式執行設備可以看到「Emulator-5554」

建議 盡量使用實機進行測試，因爲模擬器的啓動必須花費較長的時間，並且有些功能無法模擬，例如：照像機、感測器……等

3-5 App Inventor程式的執行模式

1. Emulator（利用模擬器測試）
2. USB（利用USB線來連接到手機測試）
3. AI Companion（利用WiFi連接到手機測試）
4. App（provide QR code for .apk）
   利用QuickMark軟體來掃瞄QR Code以取得.apk檔
5. App（save .asp to my computer）
   直接儲存到你的電腦之下載目錄中。

3-5-1 利用模擬器（Emulator）

在前一單元中，我們已經利用「模擬器（Emulator）」來執行「App Inventor 2」程式，但是，你是否發現利用「模擬器（Emulator）」來執行時，等待時間較長，並且它無法模擬感測器（例如：溫度、聲量、亮度……）。

適用時機 沒有購買智慧型手機的初學者，亦即沒有實機也可以撰寫Android App。

優點

1. 方便
2. 無需購買智慧型手機

缺點

1. 執行時，等待時間較長
2. 無法模擬感測器、照相機……

操作方式 Connect / Emulator

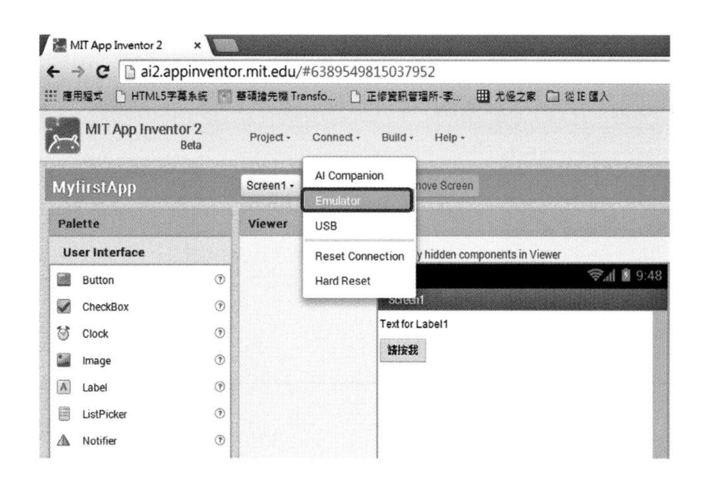

3-5-2 USB連接手機

雖然，利用模擬器（Emulator）可以讓沒有購買智慧型手機的初學者也可以撰寫Android App，但是，當初學者開發App必須要使用感測器時，則無法測試其功能。因此，就必須要購買智慧型手機透過USB與電腦連接進行測試。

適用時機 沒有WiFi及3G的環境中。

優點 可以眞實模擬感測器、照相機等功能。

缺點

1. 必須購買智慧型手機
2. 必須要有手機的驅動程式
3. 必須要有USB傳輸線
4. 必須要在手機上設定安全性及開發人員選項
5. 並非每一台實機（智慧型手機）都可以與電腦連接成功，部份智慧型手機無法順利連線。

設定 / 安全性 / 未知的來源（勾選）	設定 / 開發人員選項 / USB偵錯（勾選）

操作方式　Connect / USB

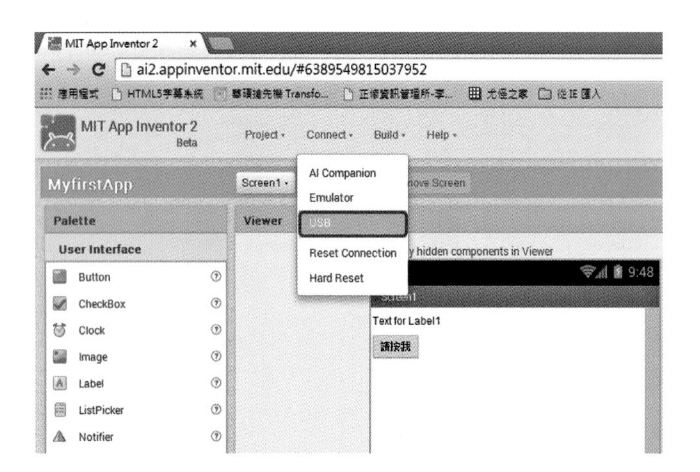

執行畫面

3-5-3 WiFi連接到手機

在前面已經介紹過兩種方法，分別利用「模擬器（Emulator）」及「USB連接的手機」來測試執行結果之外，其實最方便的方法就是利用WiFi連線，也就是說，你的手機可以直接透過WiFi連線就可以測試程式。

優點

1. 快速又方便。
2. 無線同步。

缺點

1. 在學校的電腦教室中，必須要同一個網段。
2. 如果在WiFi不隱定的環境中，無法順利測試程式。

注意

1. 在家中，您的手機與電腦必須要同時連結到同一個WiFi設備，否則，無法順利連線。
2. MIT AI2 Companion軟體建議更新到最新版本。
3. 在學校或公共場所的WiFi環境，可能會有安全性考量，無法順利連線。

解決方法

1. 架設可攜式Wifi無線基地台
2. 透過3G無線網路（下一單元3-5.4，取得封裝檔（.apk）安裝到手機）

方法 MIT AI2 Companion

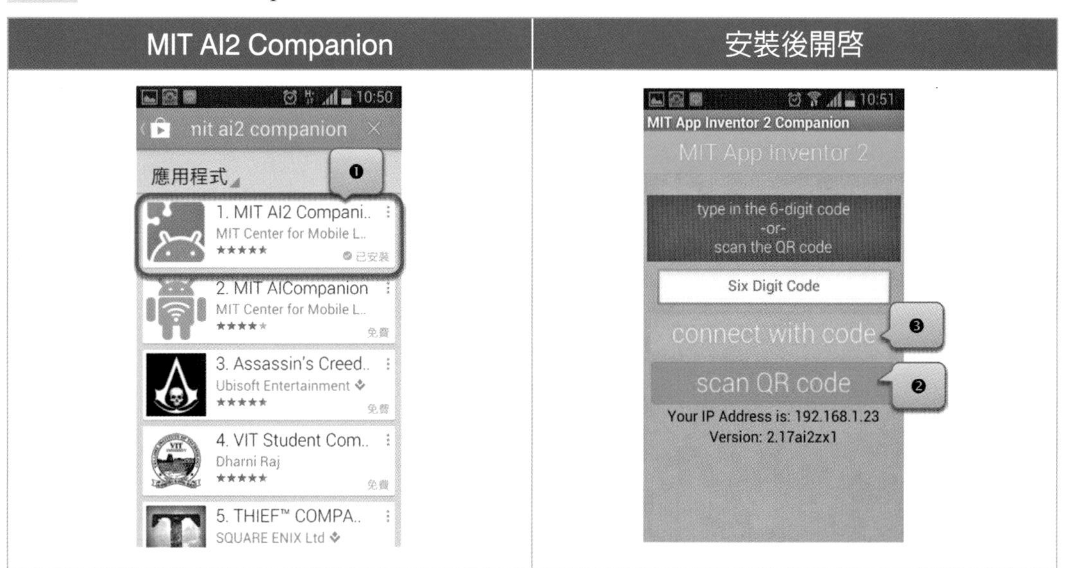

操作方式

步驟一：您的手機連上WiFi

步驟二：您的手機開啓MIT AI2 Companion

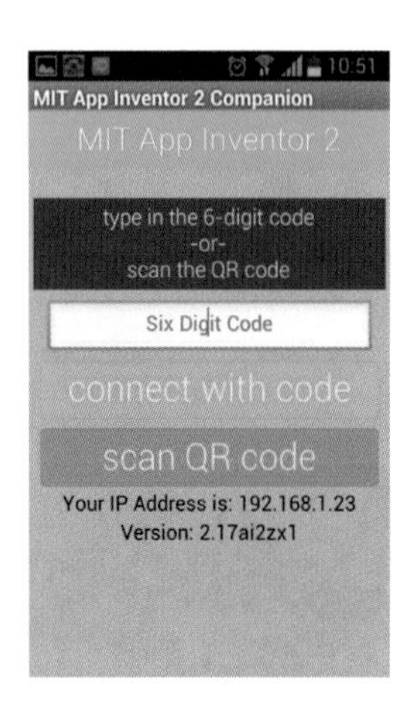

步驟三：Connect / AI Companion

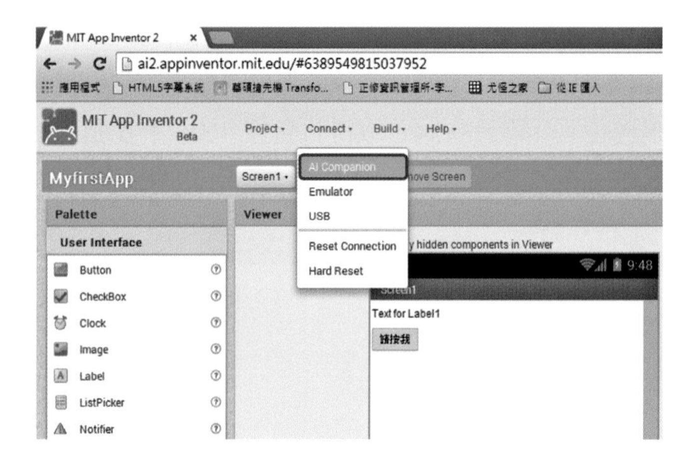

步驟四：利用您的手機「MIT AI2 Companion」程式掃瞄步驟三的QR code。

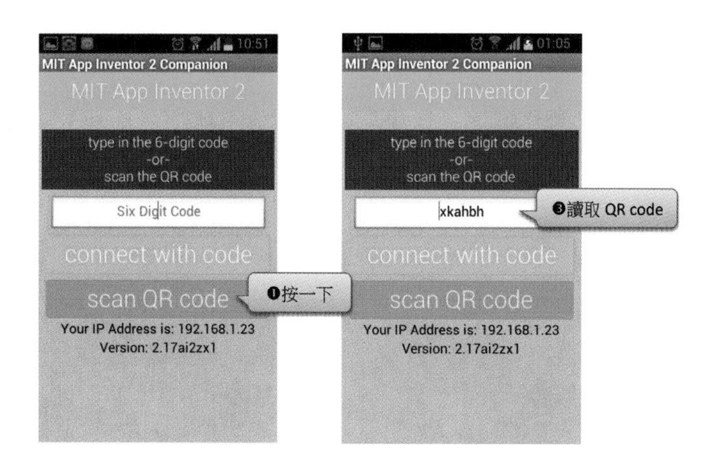

執行畫面

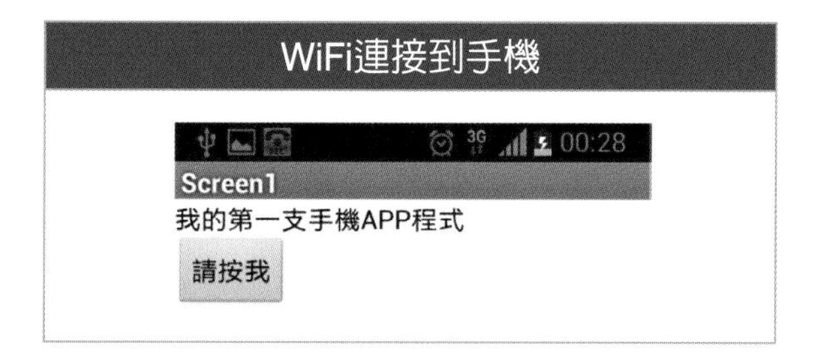

3-5-4 取得封裝檔（.apk）安裝到手機

在前面介紹三種方法中，除了Emulator方法在「模擬器」上執行外，其他兩種WiFi及USB連接手機，皆是把手機當作「顯示器」來顯示執行結果，並沒有眞正將封裝檔（.apk）安裝到手機中，因此，如果想將完成的作品在手機上執行時，則必須要使用此方法（App（provide QR code for .apk））。

適用時機

1. 沒有WiFi，而有3G的環境
2. 完成的作品在手機上執行

優點 眞正將封裝檔（.apk）安裝到手機

缺點 必須要先下載再安裝，所以，處理時間較「WiFi連接到手機」方式久。

方法　利用QuickMark軟體來掃瞄QR Code以取得.apk檔

操作方式　Build / App（provide QR code for .apk）

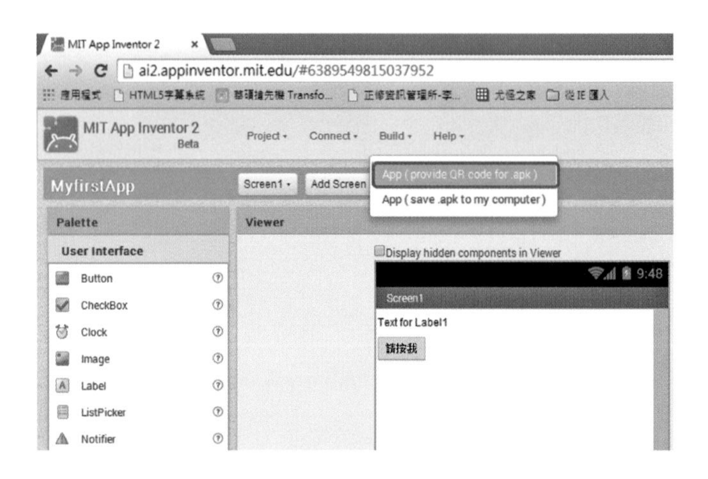

3-5-5 下載封裝檔（.apk）到電腦

當我們好不容易開發一套非常好用、又好玩的App時，往往都會想分享給好朋友，此時，你可以先利用「下載封裝檔（.apk）到電腦」方式，再轉換給其他人。

適用時機

1. 分享App給他人
2. 欲上架到Google Play商店

優點 可以讓多人下載、安裝及使用

方法 直接儲存到你的電腦之下載目錄中。

操作方式 Build / App（save .asp to my computer）

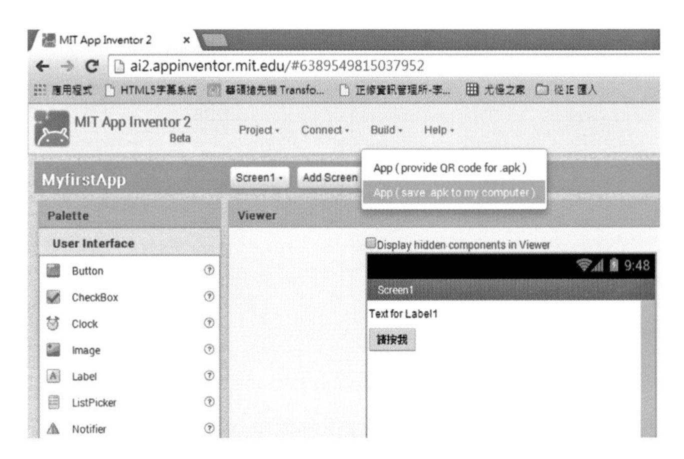

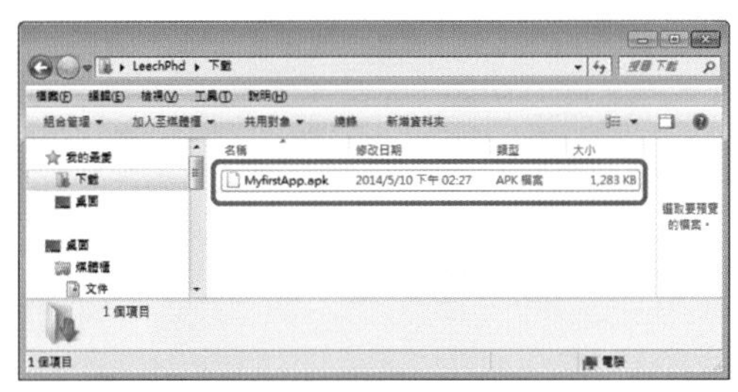

預設的下載路徑：C:\使用者\電腦名稱\下載\目錄下。

3-6 管理自己的App Inventor專案

當我們利用App Inventor程式開發許多Android App時，往往都必須要進行各種管理，例如：「新增」專案、「刪除」專案、「複製」專案、「匯入」原始檔及「匯出」原始檔等。

3-6-1 新增專案

在前面的單元中（ch3-3）已經學會如何「新增專案」（New Project），其實它的作法有兩種：

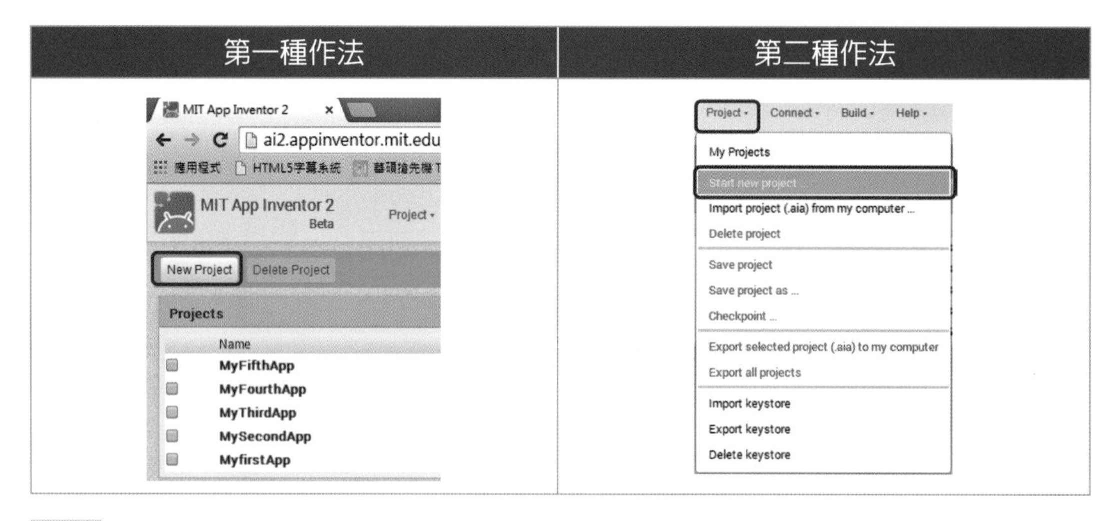

說明　當我們要撰寫每一支App Inventor程式時，第一個工作就是「新增」專案。

3-6-2 刪除專案

當我們在撰寫一套功能完整的程式時，往往在這個過程中，會製作多個測試版的專案，等真正開發完成（最後一個版本）時，在「My Projects」我的專案畫面中，就可以刪除非必要的測試版本專案。

操作方式

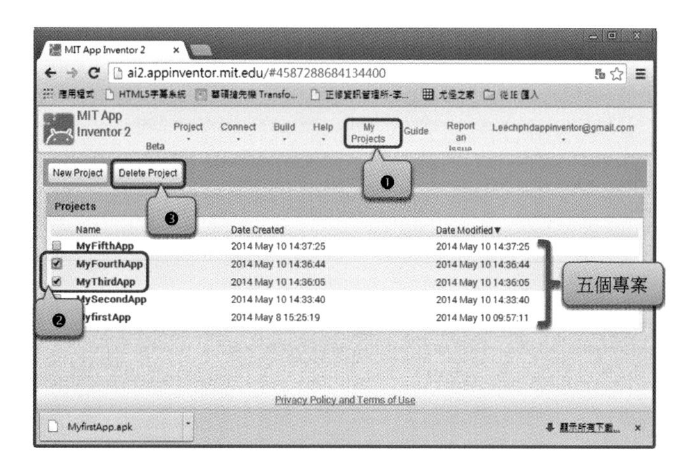

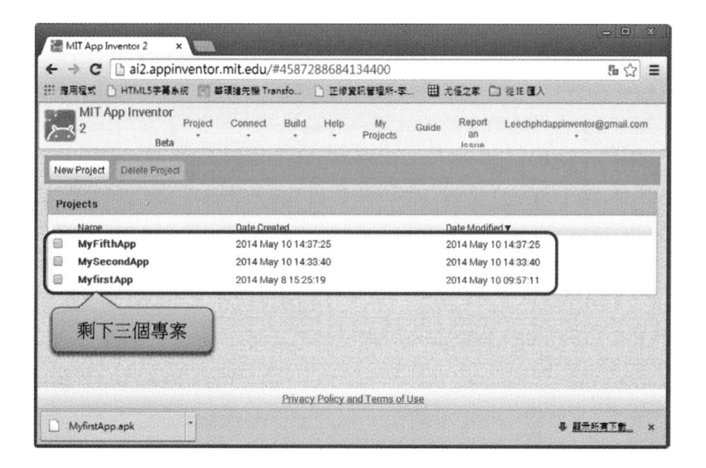

3-6-3 複製專案

當我們在撰寫一套功能完整的程式時，往往要定時備份目前完成的專案，以備不時之需，因此，我們選擇「Project / Save project as…」功能來進行複製專案。

操作方式

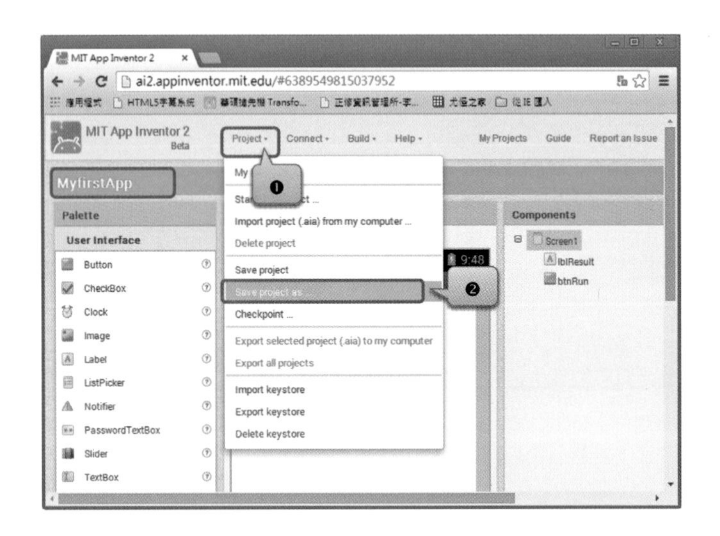

注意

在進行「複製專案」時，務必要在「Designer模式」下進行，而不得在「My Projects」的專案畫面。

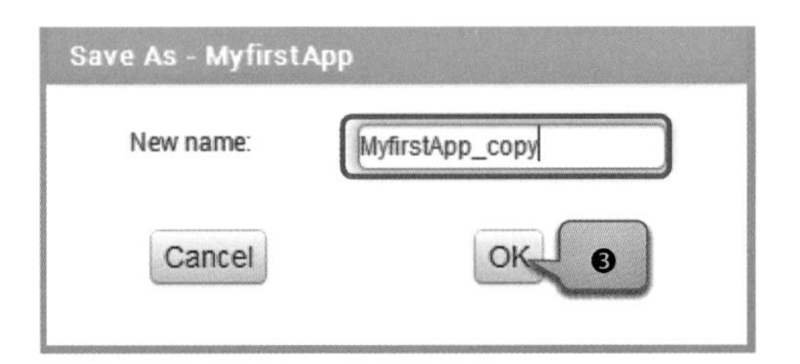

請再回到「My Projects」我的專案畫面中，此時，就可以看到備份的「MyfirstApp_copy」專案了。

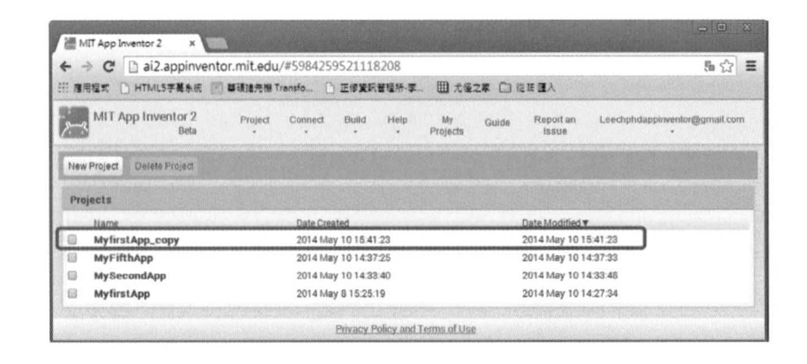

3-6-4 匯出原始檔

當我們利用App Inventor程式開發Android App時，如果想要備份原始檔，或將原始檔提供給其他同學修改時，此時，就必須要「匯出原始檔（.aia）」的功能。

操作方式

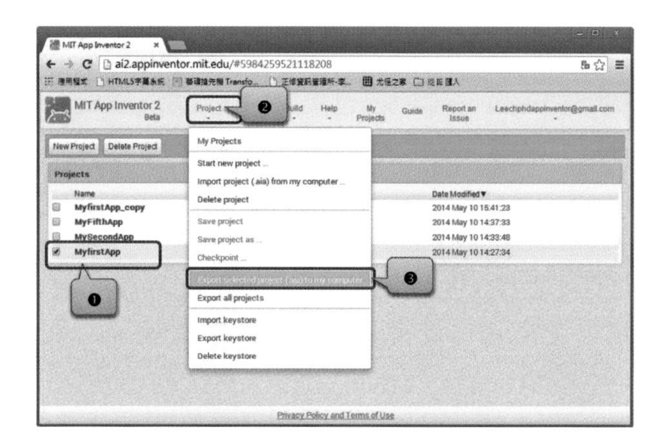

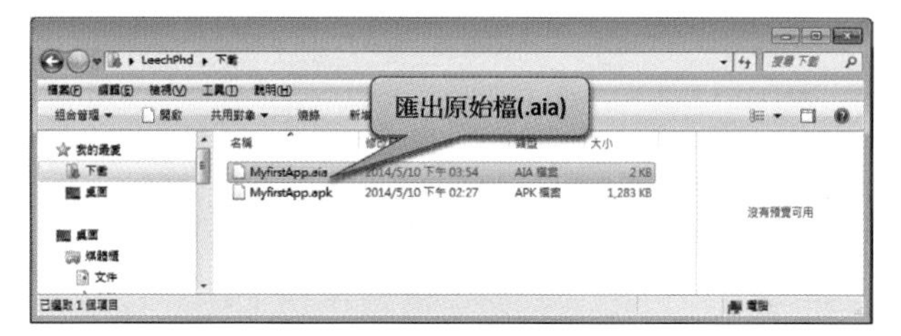

3-6-5 匯入原始檔

相同的，當我們想要載入以前備份原始檔，或取得其他同學修改後的原始檔時，此時，就必須要「匯入原始檔（.aia）」的功能。

操作方式

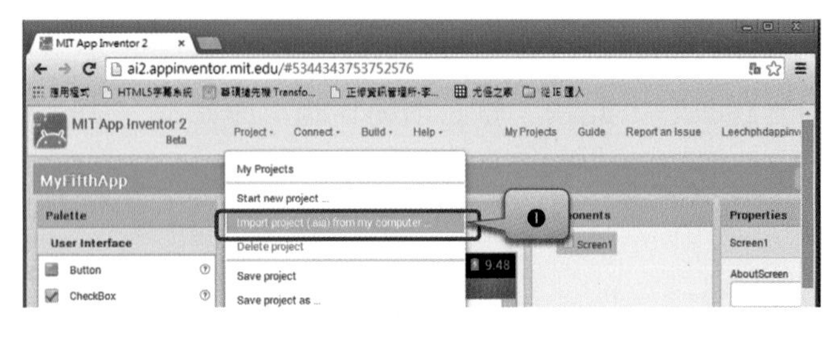

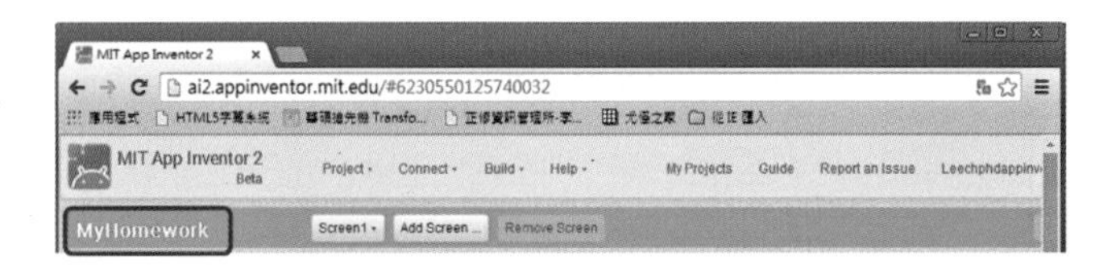

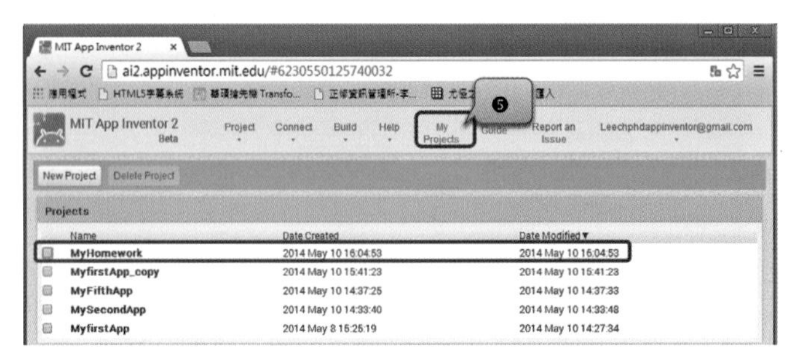

章後評量

1. 請列出目前常用的三種瀏覽？
2. 請寫出撰寫AppInventor拼圖程式時，兩大模式及對映五個步驟。
3. 請列出App Inventor拼圖程式的五種執行模式。

App Inventor 2 使用者基本介面設計

本章學習目標

1. 讓讀者瞭解在App Inventor 2開發環境中「使用者基本介面設計」物件種類及各物件的主要與共同屬性。
2. 讓讀者瞭解App Inventor 2開發環境中「使用者基本介面設計」物件的使用方法與應用。

本章內容

4-1 App Inventor的「使用者介面」設計工具

功能　可以讓設計者在「設計介面」的同時，可以看到「呈現方式」。

使用群組元件

User Interface（使用者介面）	Layout（版面配置）
User Interface Button CheckBox DatePicker Image Label ListPicker ListView Notifier PasswordTextBox Slider Spinner TextBox TimePicker WebViewer	Layout HorizontalArrangement TableArrangement VerticalArrangement

常見基本元件與進階元件

「基本」使用者介面元件	「進階」使用者介面元件
1.標籤元件（Label）	1.下拉式清單元件（ListPicker）
2.輸入方塊元件（TextBox）	2.清單選項元件（ListView）
3.輸入密碼元件（PasswordTextBox）	3.日期選項元件（DatePicker）
4.命令按鈕元件（Button）	4.時間選項元件（TimePicker）
5.顯示圖片元件（Image）	5.網頁元件（WebViewer）
6.核取方塊元件（CheckBox）	
7.下拉式元件（Spinner）	
8.顯示訊息元件（Notifier）	
9.滑桿元件（Slider）	

註　以上的元件可以搭配Layout（版面配置）元件來使用。

4-2 標籤元件（Label）

定義 是一種用來提示使用者在輸入或輸出資料時的說明。

元件位置 Palette / User Interface / Label

設定屬性值

第一種：靜態設定（利用屬性表來設定）

「手機畫面配置區」中的Label1標籤元件其內容是要透過「屬性表」的設定。

方法 元件名稱．屬性 = 屬性值

第二種：動態設定（利用撰寫拼圖程式方式）

Label1.Text = "請輸入帳號"

元件名稱．屬性 = 屬性值

切換到「Blocks」拼圖模式

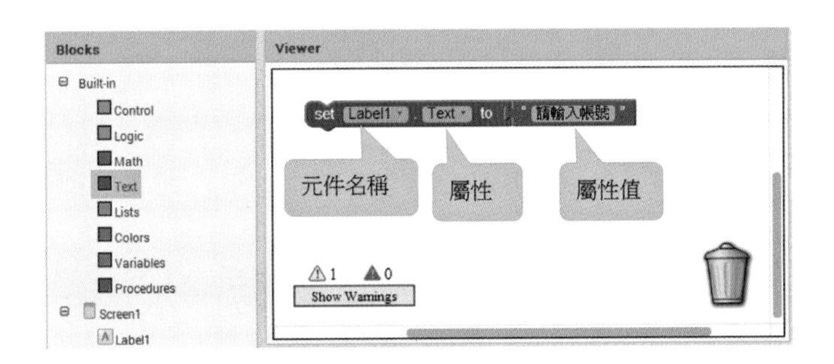

說明 用來設定「Label1」標籤元件的文字（Text）內容為右方插槽中的字串資料。

注意 以上的「拼圖程式」必須要嵌在「事件程序內」才能被執行。

標籤元件（Label）的相關屬性

屬性	說明	靜態（屬性表）	動態（拼圖）
BackgroundColor	設定背景顏色	✓	✓
FontBold	設定文字粗體	✓	
FontItalic	設定文字斜體	✓	
FontSize	文字字體大小，預設值為「14」	✓	✓
FontTypeface	設定文字字形	✓	

屬性	說明	靜態（屬性表）	動態（拼圖）
Height	元件高度（y軸像素）	✓	✓
Width	元件寬度（x軸像素）	✓	✓
Text	設定顯示文字	✓	✓
TextAlignment	設定對齊方式（左、中、右）	✓	
TextColor	設定文字的顏色	✓	✓
Visible	設定本元件是否顯示於螢幕上	✓	✓

註 動態（拼圖）：是指可以讓設計者利用「Blocks」拼圖模式來動態指定屬性值。

4-3 輸入方塊元件（TextBox）

定義 是指用來讓使用者輸入或修改文字內容。

元件位置 Palette / User Interface / TextBox

作法

1. 從「Layout」中，拖曳「HorizontalArrangement元件」到「手機畫面配置區」。

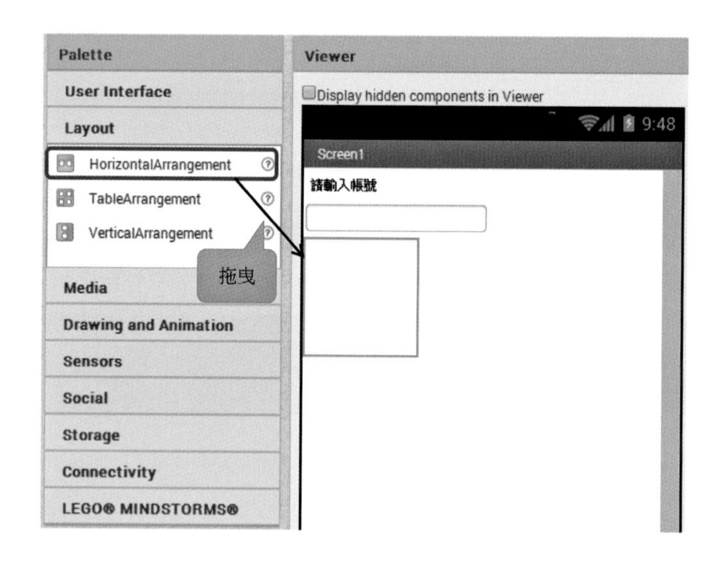

2. 再將原先的「Label1元件」與「TextBox1元件」拖曳「HorizontalArrangement元件」中。

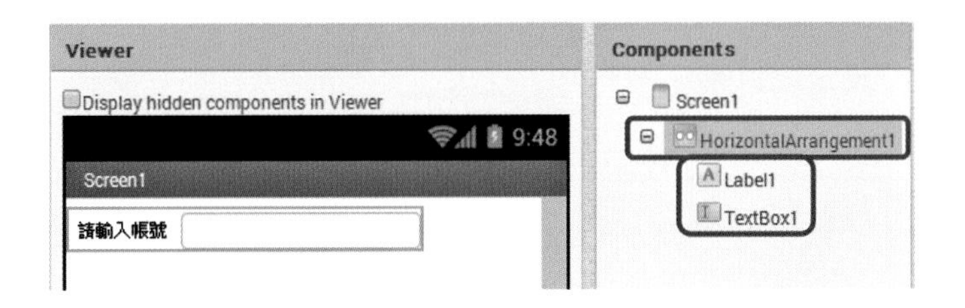

3. 此時，在Components（專案所用的元件區）中，你可以看到「Label1元件」與「TextBox1元件」附屬在「HorizontalArrangement元件」的下一層了。如上圖右邊所示。

延伸學習　「Layout」元件有三種不同的排列方式

HorizontalArrangement 水平布局（登入介面）	VerticalArrangement 垂直布局（遊戲介面）	TableArrangement 表格布局（井字遊戲）

註 在上面的三種排列中，其中「表格布局」方式必須要再設定「列數」與「行數」。

輸入方塊元件（TextBox）的相關屬性

屬性	說明	靜態（屬性表）	動態（拼圖）
BackgroundColor	設定背景顏色	✓	✓
Enabled	設定元件是否可被使用	✓	✓
FontBold	設定文字粗體	✓	
FontItalic	設定文字斜體	✓	
FontSize	文字字體大小，預設值為「14」	✓	✓
FontTypeface	設定文字字形。	✓	

屬性	說明	靜態（屬性表）	動態（拼圖）
Hint	設定提示文字（提醒使用者輸入資料）	✓	✓
MultiLine	設定可以輸入多行	✓	✓
NumbersOnly	設定只能輸入數字	✓	✓
Text	設定顯示文字	✓	✓
TextAlignment	設定對齊方式（左、中、右）	✓	
TextColor	設定文字的顏色	✓	✓
Visible	設定本元件是否顯示於螢幕上	✓	✓
Height	元件高度（y軸像素）	✓	✓
Width	元件寬度（x軸像素）	✓	✓

註 動態（拼圖）：是指可以讓設計者利用「Blocks」拼圖模式來動態指定屬性值。

輸入方塊元件（TextBox）的事件

事件	說明
when TextBox1 .GotFocus do	當使用者「手指移到」按鈕上時，就會執行 do 區塊中的指令。
when TextBox1 .LostFocus do	當使用者「手指移出」按鈕時，就會執行 do 區塊中的指令。

輸入方塊元件（TextBox）的方法

方法	說明
call TextBox1 .HideKeyboard	隱藏螢幕鍵盤（只能在多行內容的情況下使用）。

4-4 密碼文字方塊元件（PasswordTextBox）

目的 保護個人的隱私及資料安全。

元件位置 Palette / User Interface / PasswordTextBox

密碼文字方塊元件（PasswordTextBox）與文字方塊元件（TextBox）不同之處

密碼文字方塊元件缺少了兩個屬性：

1. MultiLine屬性：用來設定輸入多行文字內容。
2. NumbersOnly屬性：用來設定只能輸入數字內容。

原因 輸入密碼時，只須單行，並且最好搭配「字母+數字+特殊符號字元」，以提高安全性。

密碼文字方塊元件（PasswordTextBox）的事件

事件	說明
when PasswordTextBox1 .GotFocus do	當使用者「手指移到」按鈕上時，就會執行 do 區塊中的指令。
when PasswordTextBox1 .LostFocus do	當使用者「手指移出」按鈕時，就會執行 do 區塊中的指令。

4-5 命令按鈕元件（Button）

定義 是指用來執行某一事件被觸發時，所執行的「事件程序」。

目的 專門來「處理」使用者輸入的原始資料。

使用時機 命令程式碼

圖解說明

1. 使用者按下按「登入」鈕。
2. 按鈕就會觸發「Click事件」。
3. 自動執行「事件處理程序」。

範例 命令按鈕元件（Button）的實作步驟如下所示：

①從「元件區」拖曳元件	②到「手機畫面配置區」

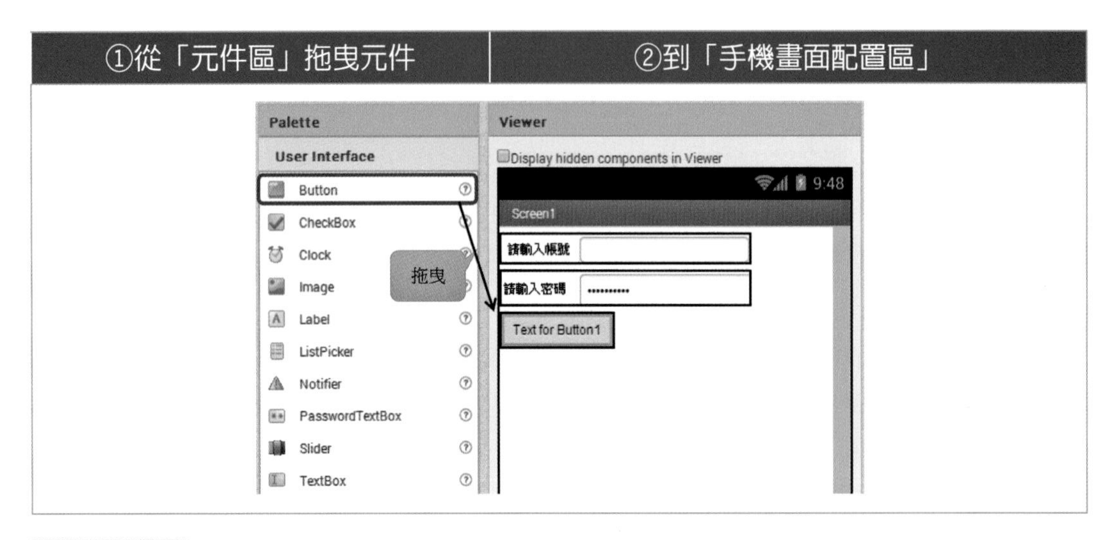

設定屬性值

元件名稱	屬性	屬性值
Buton1	FontBold	勾選
Buton1	FontSize	20
Buton1	Text	登入
Buton1	Width	Fill parent
HorizontalArrangement3	Width	Fill parent

設定後的結果　ch4_5.aia

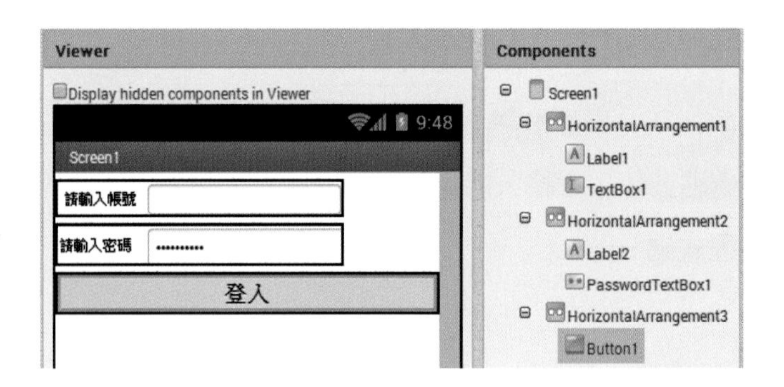

命令按鈕元件（Button）的相關屬性

屬性	說明	靜態（屬性表）	動態（拼圖）
BackgroundColor	設定背景顏色	✓	✓
Enabled	設定元件是否可被使用	✓	✓
FontBold	設定文字粗體	✓	
FontItalic	設定文字斜體	✓	
FontSize	文字字體大小，預設值爲「14」	✓	✓
FontTypeface	設定文字字形。	✓	
Image	設定按鈕的底圖	✓	✓
Shape	設定按鈕的形狀	✓	
ShowFeedback	設定按鈕在被按下時，產生閃動	✓	✓
Text	設定顯示文字	✓	✓
TextAlignment	設定對齊方式（左、中、右）	✓	
TextColor	設定文字的顏色	✓	✓
Visible	設定本元件是否顯示於螢幕上	✓	✓
Height	元件高度（y軸像素）	✓	✓
Width	元件寬度（x軸像素）	✓	✓

註 動態（拼圖）：是指可以讓設計者利用「Blocks」拼圖模式來動態指定屬性值。

命令按鈕元件（Button）常用的事件

事件	說明
when Button1 .Click do	當使用者「按一下」按鈕時，就會執行 do 區塊中的指令。
when Button1 .LongClick do	當使用者「長按」按鈕時，就會執行 do 區塊中的指令。
when Button1 .TouchDown do	當使用者「按住」按鈕時，就會執行 do 區塊中的指令。

事件	說明
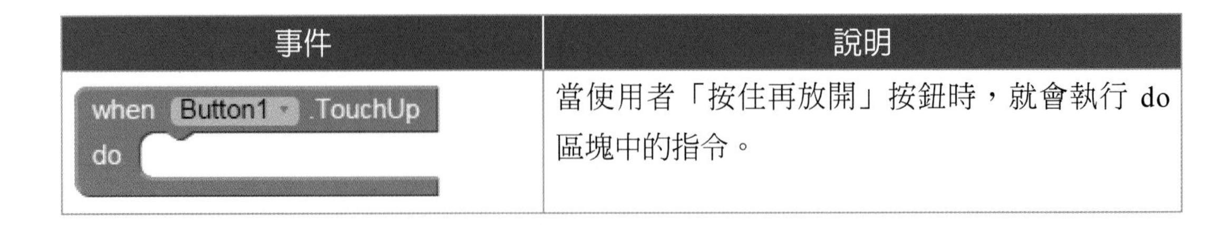 when Button1 .TouchUp do	當使用者「按住再放開」按鈕時，就會執行 do 區塊中的指令。

物件、事件及處理程序

1. 物件：是指元件名稱。例如：Button、Label、TextBox等。
2. 事件：是指被觸發的情況。例如：Click、LongClick等
3. 處理程序：是指某一物件被觸發時，所要執行的指令。

圖解說明

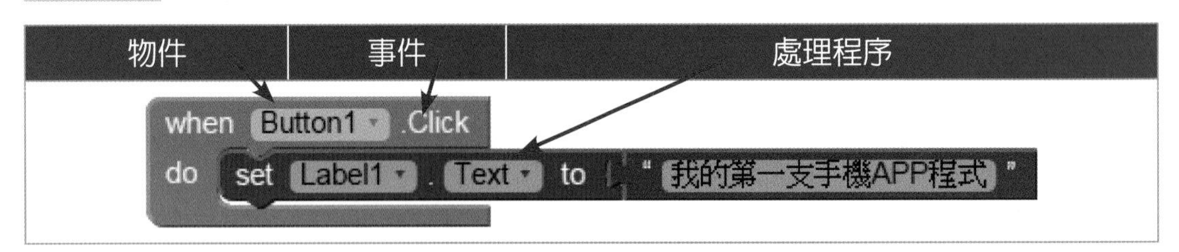

實例　操作樂高機器人的介面設計

1. 物件：前、後、左、右及停止……等按鈕。例如：Button。
2. 事件：「按住」某一方向鈕。例如：TouchDown。
3. 處理程序：可以讓機器人前進、後退、向左、向右及停止等。

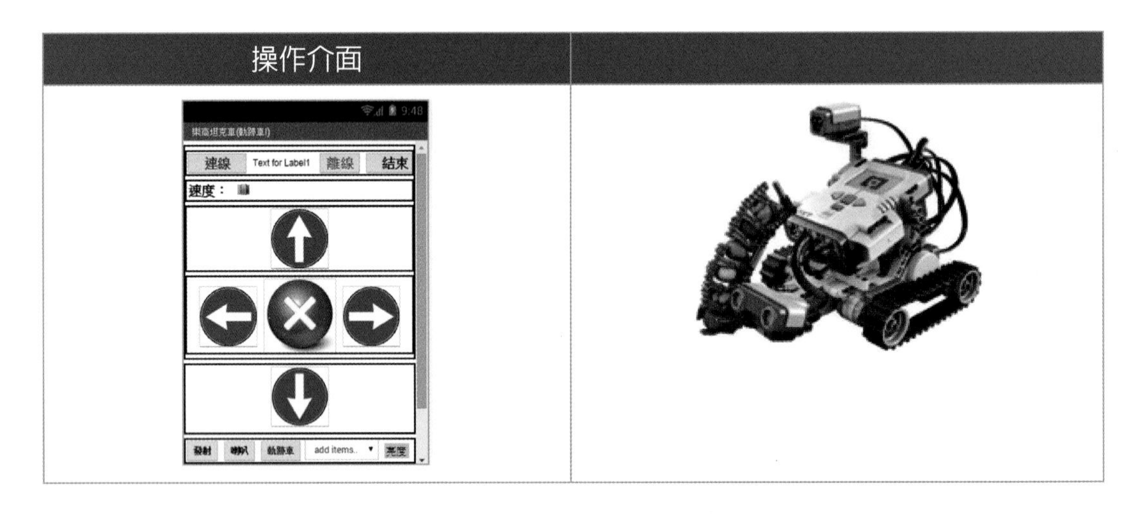

綜合練習1　請設計一個使用者登入介面，並且可以讓使用者留言版（多行）

目的 可以完整顯示「文章式」的內容。

使用時機 資料量較多時。例如：討論區與留言板。

程式 ch4_5_EX1.aia

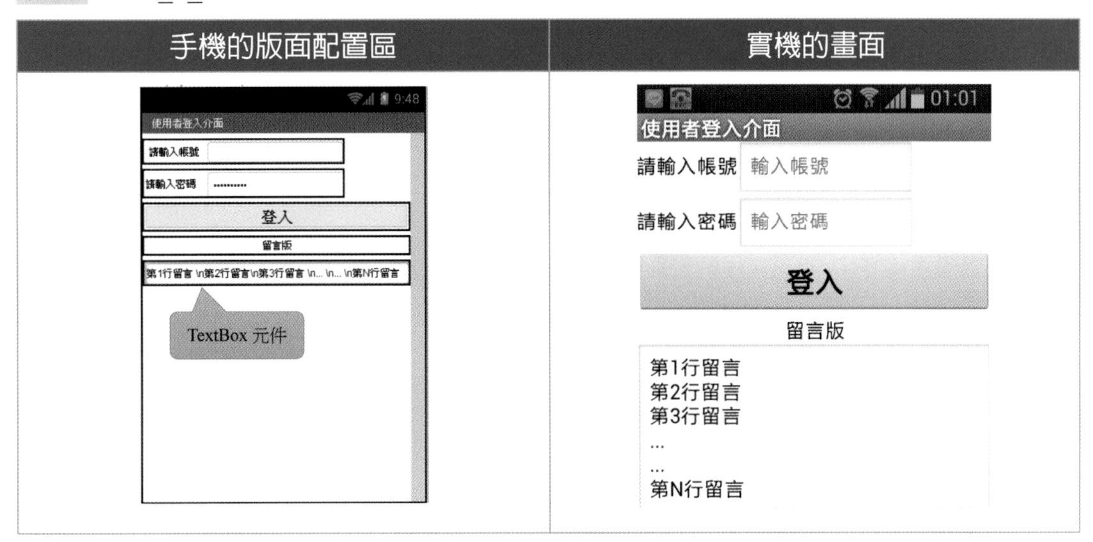

注意

1. TextBox文字框元件的MultiLine屬性要勾取。
2. 當你在Text屬性中輸入「第1行留言 \n第2行留言\n第3行留言 \n... \n... \n第N行留言」時，其中「\n」換行符號在「手機的版面配置區」沒有作用。
3. MultiLine屬性的多行內容必須要透過「模擬器」或「實機」執行時，才能看得到效果。

綜合練習2

承上一題，當使用者輸入「帳號及密碼」之後，再按下「登入」鈕，會將「密碼」資料顯示在「留言版」中。

參考解答

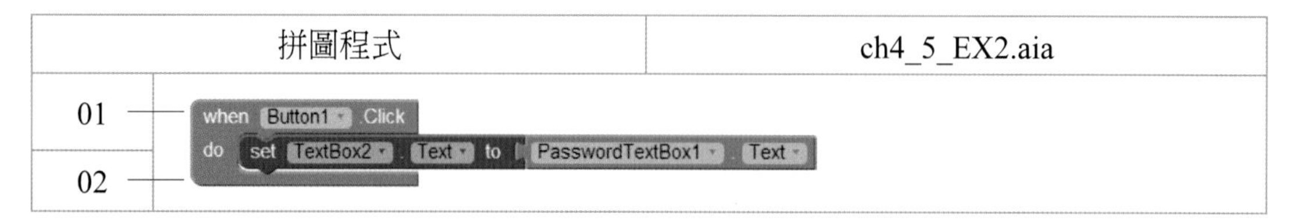

說明1

行號01：當使用者「按一下」按鈕時，就會觸發Click事件。

行號02：顯示您輸入的密碼到Label元件上。

說明2 在上面的「事件處理程序」之程式碼，等同於VB程式：

```
Private Sub Button1.Click ()
 TextBox2.Text=PasswordTextBox1.Text
End Sub
```

綜合練習3

請設計一個使用者登入介面程式，當使用者輸入帳號及密碼之後，再按下「登入」鈕，它會去檢查「帳號及密碼」是否同時正確。假設：

帳號：LeechPhd　　密碼：123456

介面設計與執行結果

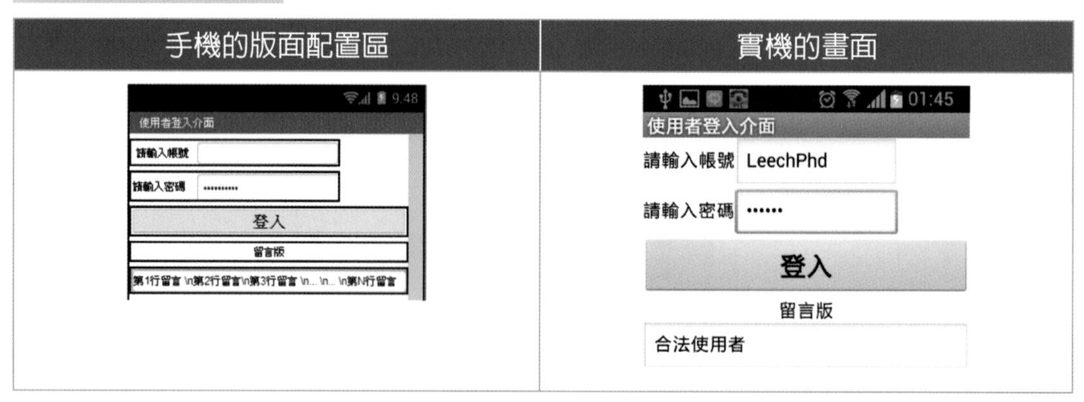

參考解答

拼圖程式	ch4_5_EX3.aia

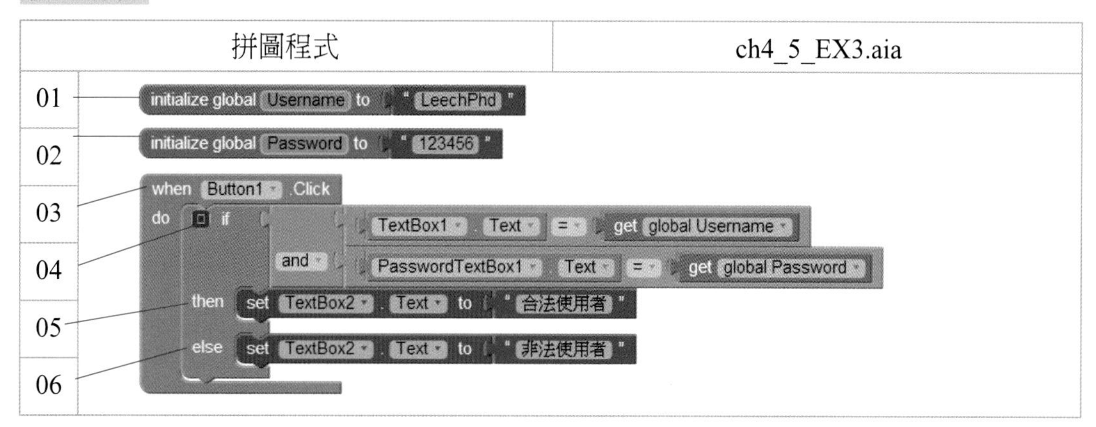

說明

行號01~02：宣告兩個全域性變數，分別爲：Username與Password。

行號03：當使用者按一下「Button命令控制項」時，馬上就會觸發「Click事件」，並且執行對映的「事件處理程序」。

行號04：檢查使用者輸入的「帳號與密碼」與預先設定的Username與Password是否相同。

行號05：如果相同時，則顯示「合法使用者」。

行號06：否則，顯示「非法使用者」。

註 ①在上面的拼圖程式中，「全域性變數」的宣告會在第四章詳細介紹。
②在上面的拼圖程式中，「if判斷式」的結構會在第六章詳細介紹。

4-6 顯示圖片元件（Image）

定義 是指可以讓使用者載入圖片的物件。

目的

1. 靜態呈現圖片（貼圖）
2. 動態呈現圖片（動畫效果）

使用時機 設計多媒體效果的APP程式

範例 顯示圖片元件（Image）的實作步驟如下所示：

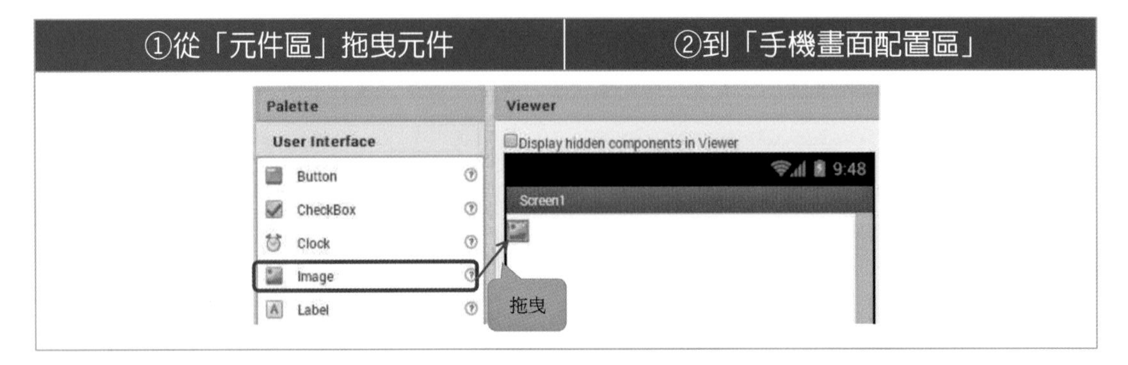

設定屬性值

元件名稱	屬性	屬性值
Image1	Picture	上傳一張照片檔（TableTennis1.png）

上傳檔案的步驟

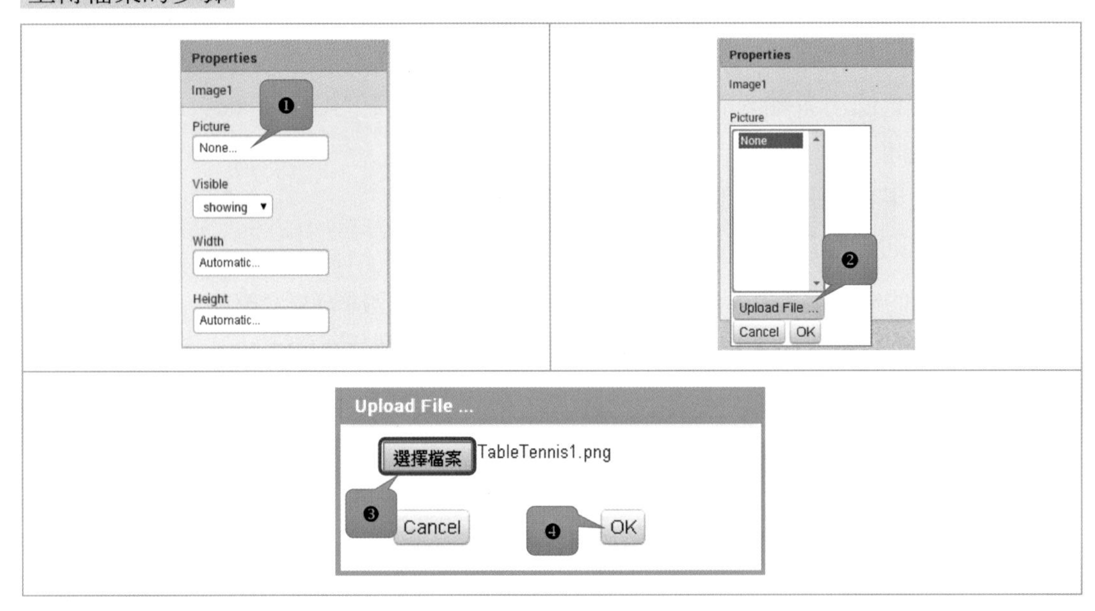

設定後的結果

顯示圖片元件（Image）的相關屬性

屬性	說明	靜態（屬性表）	動態（拼圖）
Picture	設定圖檔	✓	✓
Visible	設定本元件是否顯示於螢幕上	✓	✓
Height	設定元件高度（y軸像素）	✓	✓
Width	設定元件寬度（x軸像素）	✓	✓

註 動態（拼圖）：是指可以讓設計者利用「Blocks」拼圖模式來動態指定屬性值。

實作練習

請準備兩張照片並上傳，先載入「長距離拍照」的照片，當使用者「按一下」時，可以「拉長鏡頭」，亦即主要的人物放大，而當使用者「長按」時可還原。

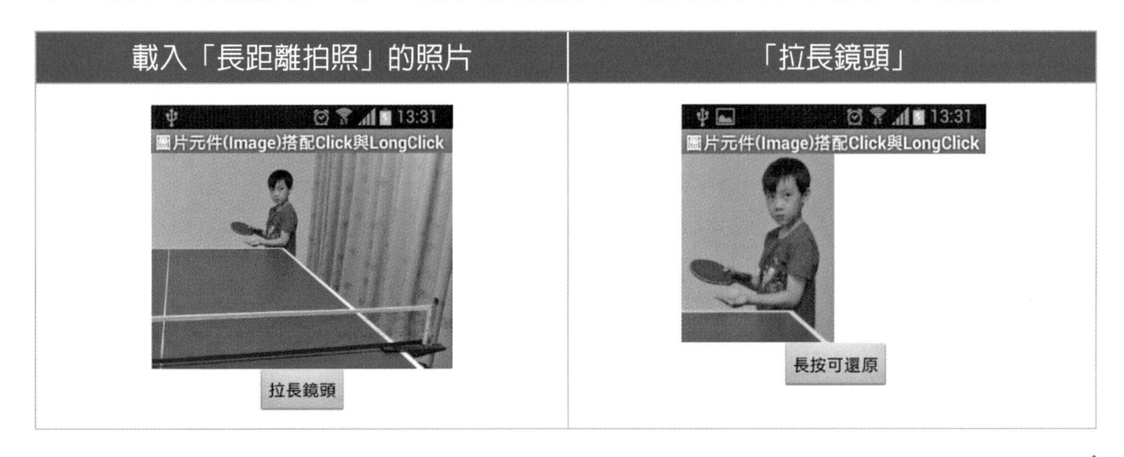

註 第一張照片：長距離拍照
第二張照片：短距離拍照

參考解答

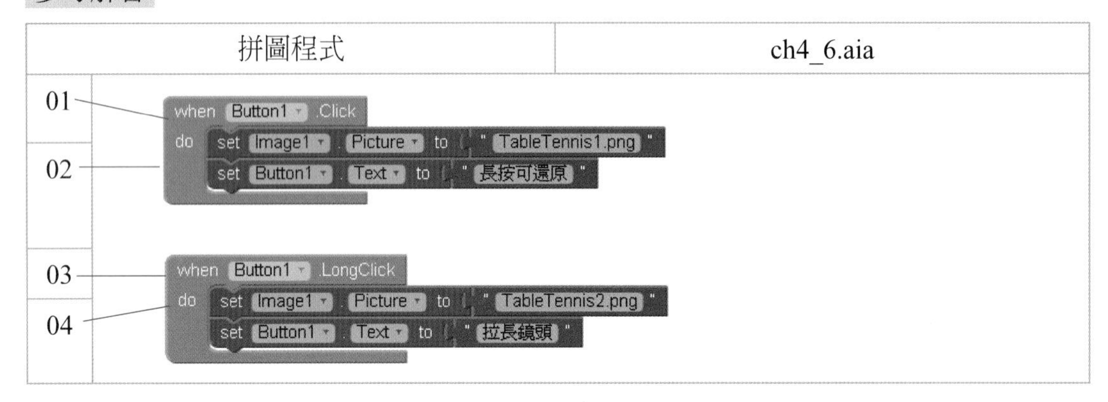

說明

行號01：當使用者在「Button1按鈕上」短按時，就會觸發「Click事件」。
行號02：顯示「長按可還原」。
行號03：當使用者在「Button1按鈕上」長按時，就會觸發「LongClick事件」。
行號04：顯示「拉長鏡頭」。

4-7 複選鈕元件（CheckBox）

定義 是指用來讓使用者同時輸入多個「封閉式」資料的介面。
目的 利用「勾選方式」來輸入程式所需處理的原始資料。
優點 確保資料的一致性與正確性。
缺點 無法讓使用者填入「開放式」資料。
使用時機 輸入的資料項目三個或以上時。

問卷調查表	學生的選課作業
請勾選您的興趣 ☑ 打桌球 ☑ 寫程式 ☐ 畫畫 ☑ 玩樂高機器人	請勾選您選修科目 ☑ 程式設計 ☑ 資料庫系統 ☑ 系統分析 ☐ 多媒體應用

範例 複選鈕元件（CheckBox）的實作步驟如下所示：

①從「元件區」拖曳元件	②到「手機畫面配置區」

複選鈕元件（CheckBox）的相關屬性

屬性	說明	靜態（屬性表）	動態（拼圖）
BackgroundColor	設定背景顏色	✓	✓
Checked	設定是否被勾選	✓	✓
Enabled	設定元件是否可被使用	✓	✓
FontBold	設定文字粗體	✓	
FontItalic	設定文字斜體	✓	
FontSize	文字字體大小，預設值為「14」	✓	✓
FontTypeface	設定文字字形。	✓	
Text	設定顯示文字	✓	✓
TextColor	設定文字的顏色	✓	✓
Visible	設定本元件是否顯示於螢幕上	✓	✓
Height	元件高度（y軸像素）	✓	✓
Width	元件寬度（x軸像素）	✓	✓

重要觀念

先了解CheckBox1如何被點選，其原理：當Checked 屬性的屬性值爲True時，代表被點選了，當Checked 屬性的屬性值爲False時，代表沒有被點選。

實務上的應用：在程式中應該撰寫成 CheckBox1. Checked = True

↑ ↑ ↑

物件名稱 . 屬性 = 屬性值

說明 若要判斷那個CheckBox1控制項的核取方塊是否被選取，只要透過下列敘述即可。

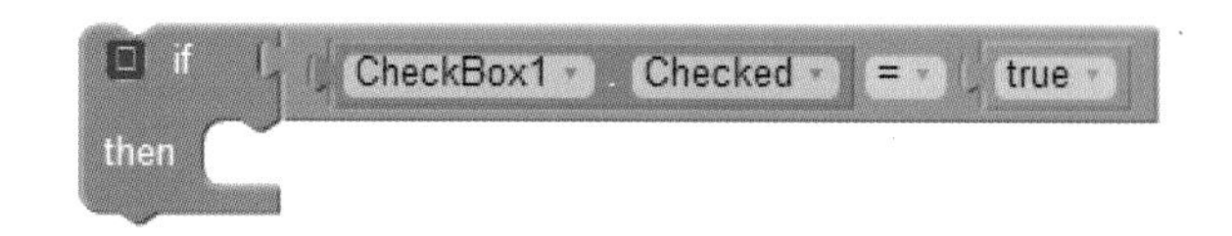

複選鈕元件（CheckBox）的重要的事件

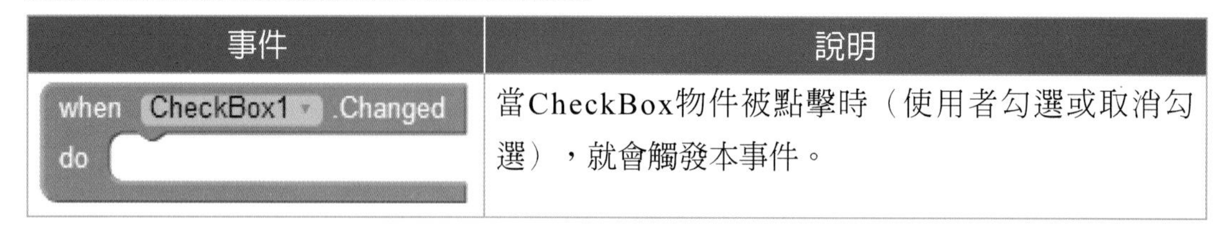

事件	說明
when CheckBox1 .Changed do	當CheckBox物件被點擊時（使用者勾選或取消勾選），就會觸發本事件。

說明 Checked 屬性搭配Changed事件

```
when CheckBox1 .Changed
do  if  CheckBox1 . Checked = true
    then
```

實作練習

請利用「CheckBox」物件來設計介面表單，可以讓學生輸入「姓名」並點選「多門」喜歡的「科目名稱」，最後顯示姓名及所選的科目名稱。

手機的版面配置區
專案所需元件
9:48
可重複加選的功能
請輸入姓名：
李碩崴
請選擇您喜歡的科目(可複選)
程式設計
資料庫系統
資料結構
系統分析
計算機概論
Text for Label3
確定
Components
Screen1
HorizontalArrangement1
Label1
TextBox_StuName
VerticalArrangement1
Label2
CheckBox1
CheckBox2
CheckBox3
CheckBox4
CheckBox5
HorizontalArrangement2
Label_Result
HorizontalArrangement3
Button_Run

參考解答

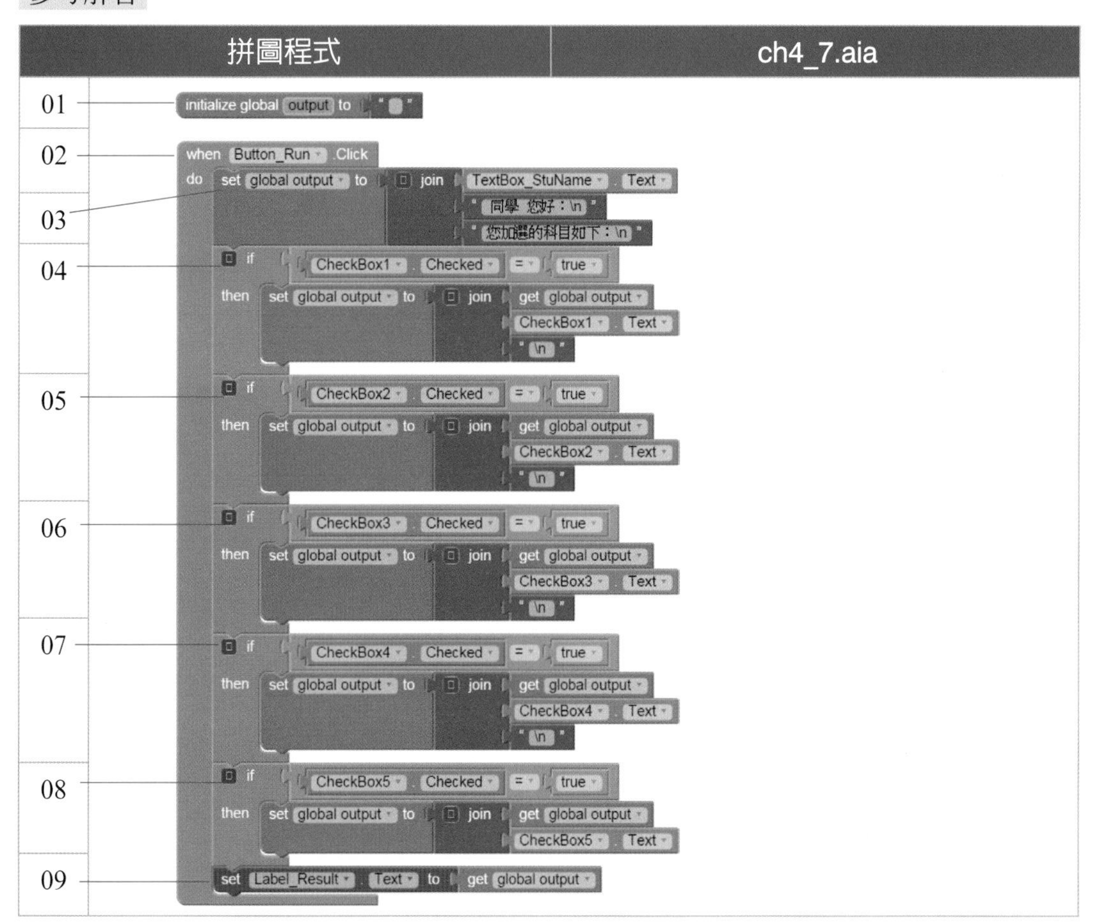
拼圖程式
ch4_7.aia
01
initialize global output to " "
02
when Button_Run .Click
do set global output to join TextBox_StuName . Text
" 同學 您好：\n "
" 您加選的科目如下：\n "
03
04
if CheckBox1 . Checked = true
then set global output to join get global output
CheckBox1 . Text
" \n "
05
if CheckBox2 . Checked = true
then set global output to join get global output
CheckBox2 . Text
" \n "
06
if CheckBox3 . Checked = true
then set global output to join get global output
CheckBox3 . Text
" \n "
07
if CheckBox4 . Checked = true
then set global output to join get global output
CheckBox4 . Text
" \n "
08
if CheckBox5 . Checked = true
then set global output to join get global output
CheckBox5 . Text
09
set Label_Result . Text to get global output

說明

行號01：宣告全域性變數output為「空字串」。

行號02：當使用者按下「確定」鈕之後，就會觸發Click事件。

行號03：指定學生的姓名及相關標頭資料給output變數。它是透過Join字串連結運算子，來連接兩個以上的字串（利用擴充項目圖示）。關於「Join字串連結運算子」的詳細介紹，請參考第四章。

行號04~08：依序判斷使用者是否有勾選某一門課程，如果有，則先將課程名稱指定給output變數。

行號09：最後，顯示姓名及所選的科目名稱。

4-8 對話訊息方塊元件（Notifier）

定義　是指用來讓使用者與正在執行中程式進行互動，並作適時的回覆。

目的　顯示程式執行中的狀態。

使用時機　提醒目前程式執行過程的狀態。

呈現方式

1. 訊息方塊（只提供訊息）
2. 對話方塊（除了提供訊息，也提供對話功能）

例如　確認視窗或錯誤訊息視窗。

圖解說明

範例　對話訊息方塊元件（Notifier）的實作步驟如下所示：

注意　當你從「元件區」拖曳Notifier元件到「手機畫面配置區」時，它不會顯示在「手機畫面配置區」中，而是在最下方。因為它屬於「非視覺化元件」。

對話訊息方塊元件（Notifier）的相關屬性

屬性	說明	靜態（屬性表）	動態（拼圖）
BackgroundColor	設定對話訊息方塊的背景顏色	✓	✓
NotifierLength	設定對話訊息方塊的長度	✓	
TextColor	設定對話訊息方塊的字體顏色	✓	✓

對話訊息方塊元件（Notifier）的事件

事件	說明
when Notifier1 .AfterChoosing choice do	當使用者在「對話方塊」中，按下「按鈕」後，就會觸發此事件。
when Notifier1 .AfterTextInput response do	當使用者在「對話方塊」中「輸入文字」，再按「確定」鈕後，就會觸發此事件。

對話訊息方塊元件（Notifier）常見的方法

事件	說明
call Notifier1 .ShowAlert notice	是指在短時間顯示訊息的方塊，並且它會自動消失
call Notifier1 .ShowMessageDialog message title buttonText	是指彈出顯示訊息方塊，等待使用者按下「確定」鈕後，才會消失
call Notifier1 .ShowChooseDialog message title button1Text button2Text cancelable true	是指彈出顯示對話方塊，等待使用者按下「確定」或「取消」鈕後，才會消失
call Notifier1 .ShowTextDialog message title cancelable true	是指彈出顯示對話方塊，等待使用者「輸入資料」後，再按下「確定」鈕後，才會消失

4-8-1 訊息方塊（ShowAlert方法）

功能 在短時間「顯示訊息」的方塊，用來提醒使用者即將發生的狀況。

拼塊的使用方法

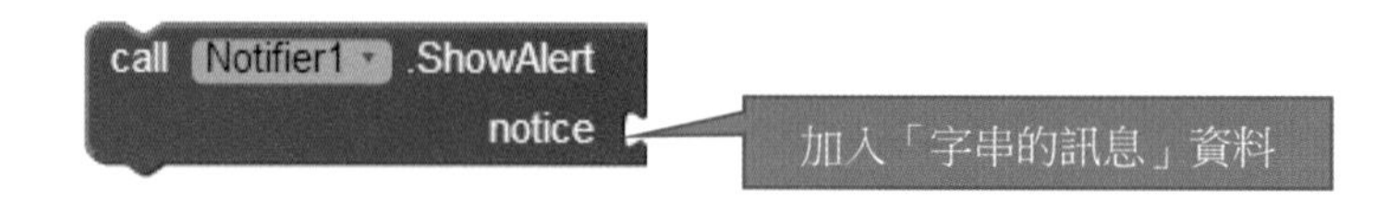

說明　在「notice」後面接「字串的訊息資料」

範例　提醒使用者「您的手機電力剩下15%」

實作　請利用訊息方塊（ShowAlert方法）來讓使用者查詢手機剩下的電力。
例如：您的手機電力剩下15%。

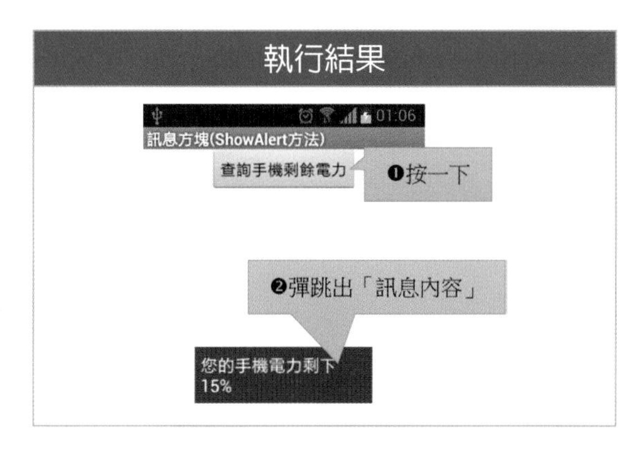

參考解答

拼圖程式	ch4_8.aia

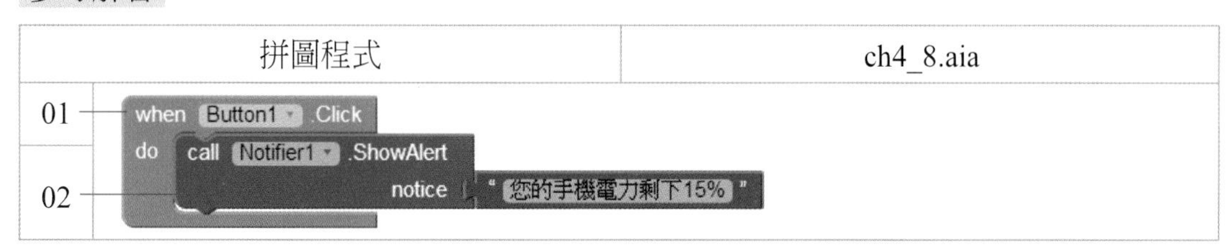

說明

行號01：當使用者按下「Button1」鈕之後，就會觸發Click事件。

行號02：利用Notifier元件中的ShowAlert方法，在「短時間」顯示訊息方塊，並且隨後自動消失。

4-8-2　訊息方塊（ShowMessageDialog方法）

功能　彈出顯示訊息方塊，等待使用者按下「確定」鈕後，才會消失。

目的　確保使用者得知本訊息，並與系統回應。

拼塊的使用方法

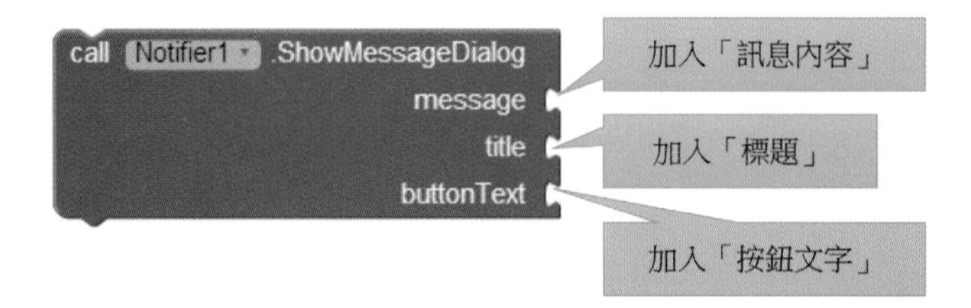

拼圖程式範例　ch4_8.aia

執行結果

 4-8-3　對話方塊（ShowChooseDialog）方法

功能　彈出顯示對話方塊，等待使用者按下「確定」或「取消」鈕後，才會消失。

目的　提供使用者選擇再次「確定」或「取消」的功能。

適用時機　處理重要的命令時。例如：刪除某一重要的文件。

拼塊的使用方法

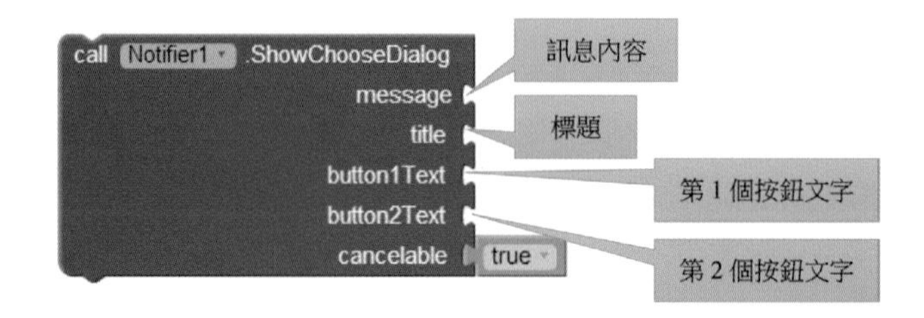

拼圖程式範例　ch4_8.aia

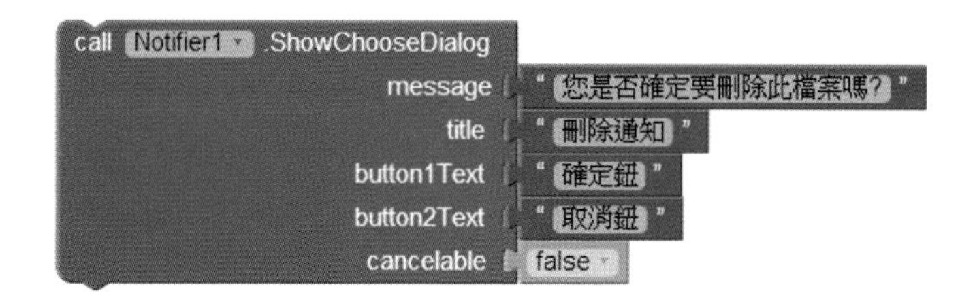

說明　cancelable設定爲「false」，否則會多出一個英文版的「Cancel」鈕。

執行結果

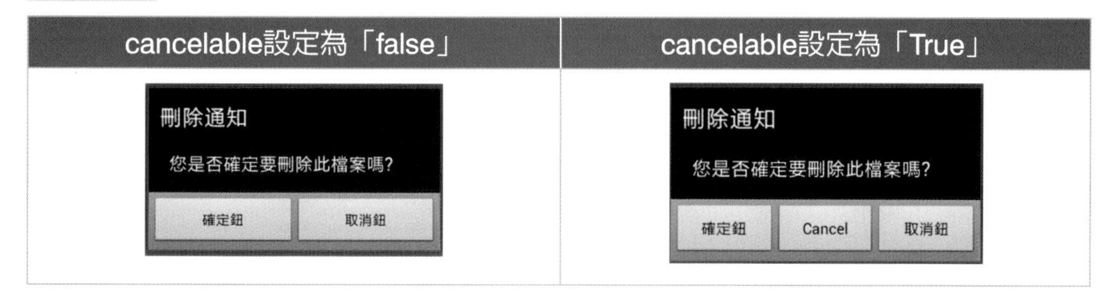

4-8-4　對話方塊（ShowTextDialog）方法

功能　彈出顯示對話方塊，等待使用者「輸入資料」後，再按下「確定鈕」才會消失。

適用時機　需用處理不同的資料。例如：處理全班學業成績或操作成績。

拼塊的使用方法

拼圖程式範例　ch4_8.aia

說明　cancelable設定爲「false」，否則會多出一個英文版的「Cancel」鈕。

執行結果

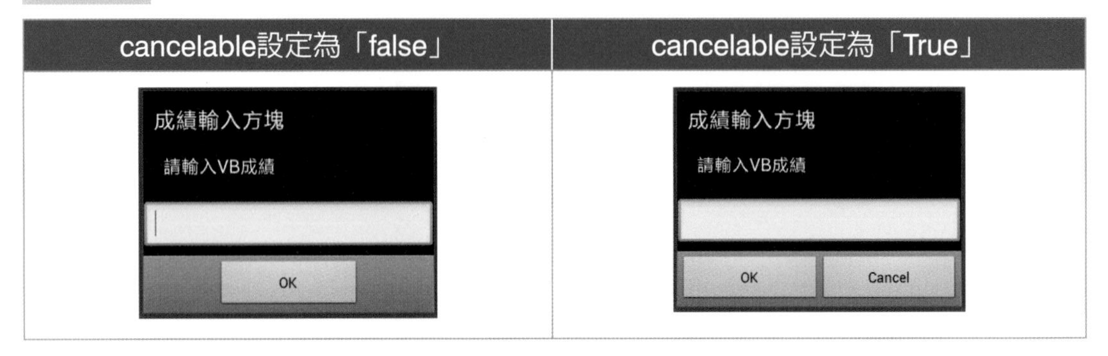

4-9 下拉式元件（Spinner）

定義　是指可以讓使用者從多個選項中「挑選出一項」資料。

目的　提高介面親和力（Friendly）。

使用時機　選項如果超過三項最好使用這種方法。

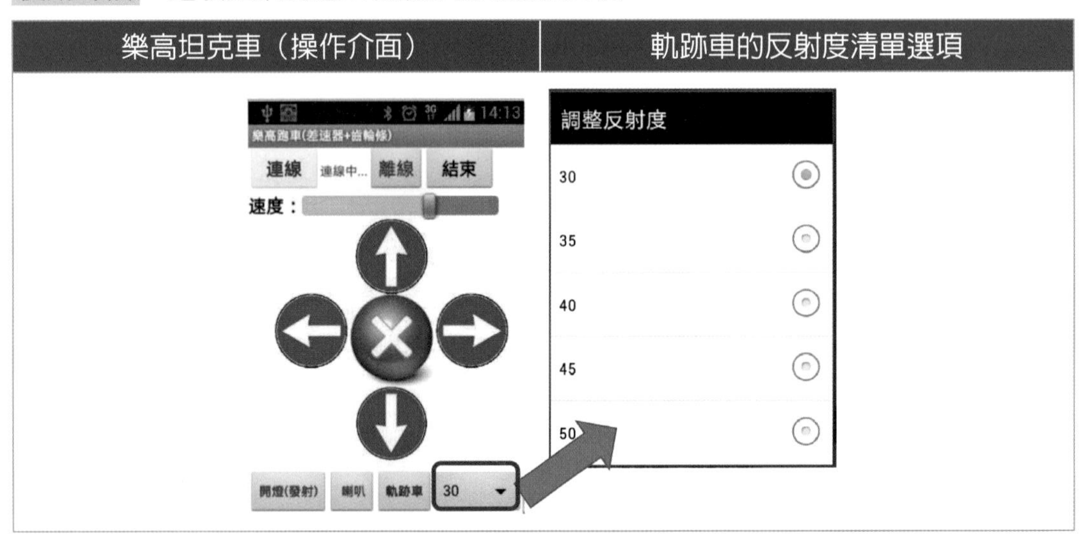

範例　下拉式元件（Spinner）的實作步驟如下所示：

下拉式元件（Spinner）的相關屬性

屬性	說明	靜態（屬性表）	動態（拼圖）
Elements	設定下拉式清單，它在Blocks中撰寫		✓
ElementsFromString	設定下拉式清單中，它在Designer中撰寫	✓	✓
Prompt	設定下拉式清單最上面的標題	✓	✓
Selection	設定下拉式清單的預設選項	✓	✓
SelectionIndex	取得使用者所選擇項目的索引位置代碼	✓	✓
Visible	設定本元件是否顯示於螢幕上	✓	✓
Width	元件寬度（x軸像素）	✓	✓

下拉式元件（Spinner）的1個事件

事件	說明
when Spinner1 .AfterSelecting selection do	當使用者從下拉清單中選擇某個項目之後，就會觸發本事件。

下拉式元件（Spinner）的1種方法

事件	說明
call Spinner1 .DisplayDropdown	是用來顯示下拉式選單，以供使用者選擇。

範例一　設定靜態（屬性表）來新增選項

將選項文字（程式設計，資料庫系統，資料結構，系統分析，計算機概論，數位學習）加入到「ElementsFromString」屬性中。

新增選項到「ElementsFromString」屬性	執行畫面

程式碼　ch4_9_EX1.aia

範例二　承上一題，也可以利用清單（陣列）元件的動態（拼圖）來新增選項

參考解答

拼圖程式	ch4_9_EX2.aia

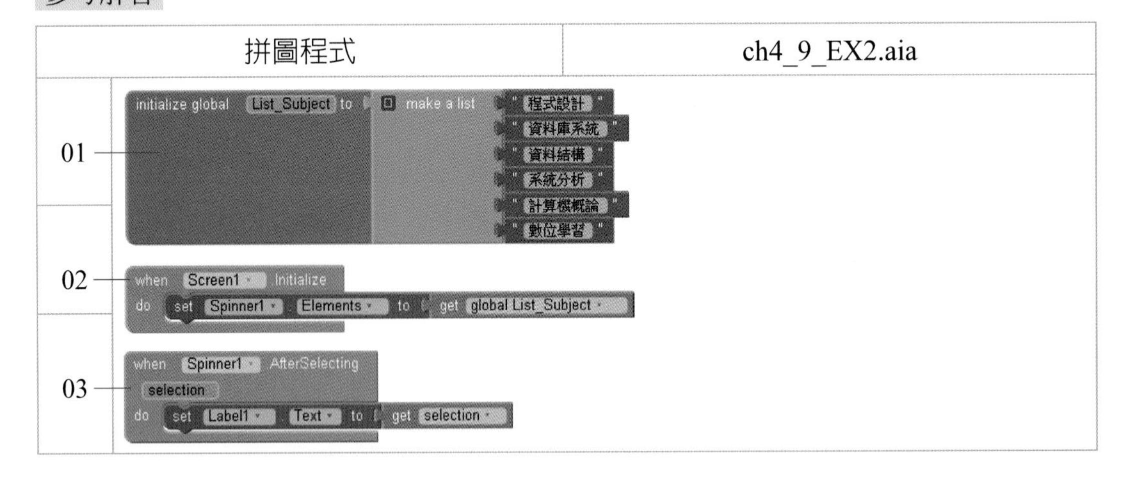

註　範例二的作法，必須要先學會第六章清單（陣列）元件。

說明

行號01：宣告全域性變數List_Subject爲清單元件（又稱陣列），並且初值設定內容爲6門課程名稱之字串資料。

行號02：當Screen1活動頁面被初始化時，此時List_Subject的字串內容會指定給Spinner1。

行號03：當使用者從Spinner1下拉清單中選擇某一門課程之後，就會觸發AfterSelecting事件。並且將選擇的課程名稱顯示出來。

4-10 滑桿元件（Slider）

定義 是指滑桿元件來了解目前的進度；亦即透過滑動來改變其數字內容。

原理 此元件在滑動時將會觸發「PositionChanged」事件，並回傳目前所在滑桿的所在位置。

使用時機 設定速度、馬力、大小等數值資料。

範例 滑桿元件（Slider）的實作步驟如下所示：

①從「元件區」拖曳元件	②到「手機畫面配置區」

滑桿元件（Slider）的相關屬性

屬性	說明	靜態（屬性表）	動態（拼圖）
ColorLeft	設定滑桿左邊的顏色	✓	✓
ColorRight	設定滑桿右邊的顏色	✓	✓

屬性	說明	靜態 （屬性表）	動態 （拼圖）
MaxValue	設定滑桿的最大值	✓	✓
MinValue	設定滑桿的最小值	✓	✓
ThumbPosition	設定滑桿目前移動的位置	✓	✓
Visible	設定本元件是否顯示於螢幕上	✓	✓
Width	設定元件寬度（x軸像素）	✓	✓

圖解說明

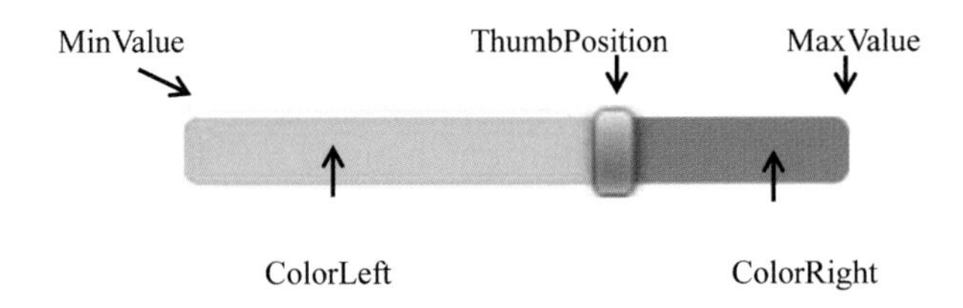

滑桿元件（Slider）的1個事件

事件	說明
when Slider1 .PositionChanged thumbPosition do	當滑桿元件被滑動時，則會觸發「PositionChanged」事件，此時，可以利用thumbPosition參數來回傳目前所在滑桿的所在位置。

隨堂練習

請利用滑桿元件（Slider）來控制照片的大小。

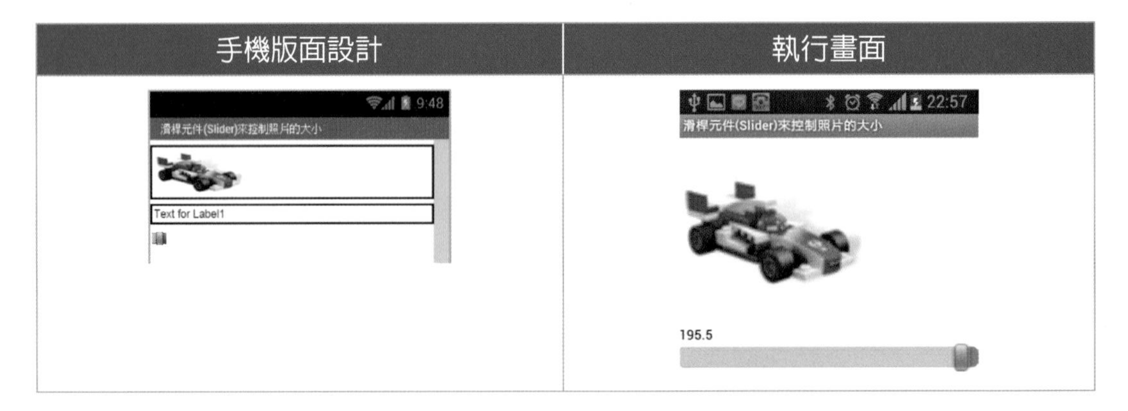

參考解答

拼圖程式	ch4_10.aia
01 02 03	when Slider1 .PositionChanged thumbPosition do set Label_PicSize . Text to get thumbPosition set Image1 . Width to get thumbPosition set Image1 . Height to get thumbPosition

說明

行號01：當Slider1元件被滑動時，則會觸發「PositionChanged」事件。

行號02：利用thumbPosition參數來回傳目前所在滑桿的所在位置。

行號03：顯示目前滑桿的所在位置，並且將此位置的值指定給照片的Width與Height，以便控制照片的大小。

4-11 清單選取元件（ListPicker）

定義　是指可以讓使用者從多個選項中「挑選出某一項目」資料。

圖解說明

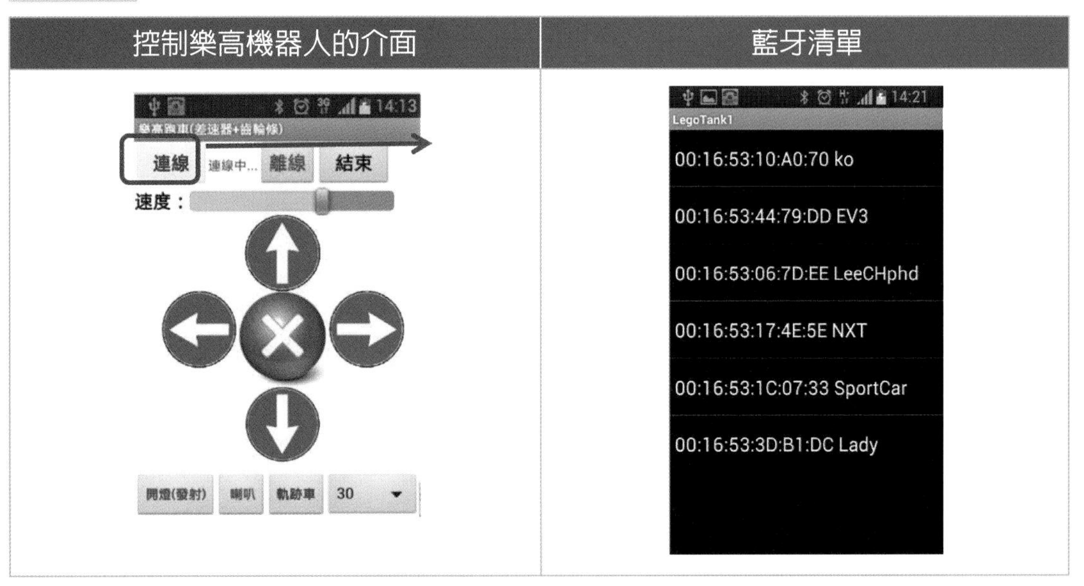

範例　清單選取元件（ListPicker）的實作步驟如下所示：

①從「元件區」拖曳元件	②到「手機畫面配置區」

清單選取元件（ListPicker）的相關屬性

屬性	說明	靜態（屬性表）	動態（拼圖）
BackgroundColor	設定背景顏色。	✓	✓
Elements	將清單內容指定給ListPicker元件。	✓	✓
ElementsFromString	將清單內容指定爲ListPicker元件的項目。	✓	✓
Enabled	本項需設定爲眞，才可使用本元件。	✓	✓
FontBold	設定文字粗體。	✓	✓
FontItalic	設定文字斜體。	✓	✓
FontSize	設定文字大小。	✓	✓
FontTypeface	設定文字字形。	✓	✓
Image	設定圖片	✓	✓
Selection	傳回選定的清單元素。	✓	✓
SelectionIndex	傳回選定的清單索引值。		✓
ShowFeedback	設定按鈕在被按下時，產生閃動	✓	✓

屬性	說明	靜態（屬性表）	動態（拼圖）
ShowFilterBar	設定ShowFilterBar是否可視。True則可視，False則隱藏。	✓	✓
Text	設定顯示文字	✓	✓
TextAlignment	文字對齊方式（左、中、右）。	✓	
TextColor	設定文字顏色。	✓	✓
Title	設定標題文字	✓	✓
Visible	項需設爲眞，才能在螢幕上看到本元件。	✓	✓
Width	元件寬度（x軸像素）	✓	✓
Height	元件高度（y軸像素）。	✓	✓

清單選取元件（ListPicker）的4個常用事件

事件	說明
when ListPicker1 .AfterPicking do	當使用者點選ListPicker元件之後，就會呼叫本事件。
when ListPicker1 .BeforePicking do	當使用者點選ListPicker元件之前，就會呼叫本事件。
when ListPicker1 .TouchDown do	當使用者「按住」ListPicker1鈕時，就會執行 do 區塊中的指令。
when ListPicker1 .TouchUp do	當使用者「按住再放開」ListPicker1鈕時，就會執行 do 區塊中的指令。

清單選取元件（ListPicker）的1種方法

方法	說明
call ListPicker1 .Open	呼叫開啓清單選取（ListPicker）視窗，提供使用者點選

範例一　設定靜態（屬性表）來新增選項

將選項文字（程式設計，資料庫系統，資料結構，系統分析，計算機概論，數位學習）加入到「ElementsFromString」屬性中，並將您點選的課程顯示出來。

參考解答

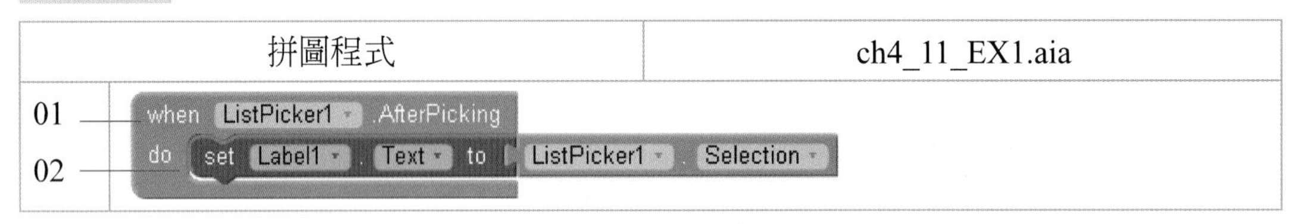

說明

行號01：當使用者點選ListPicker元件之後，就會觸發本事件。

行號02：顯示您點選的課程名稱。

範例二　承上一題，也可以利用清單（陣列）元件的動態（拼圖）來新增選項

參考解答

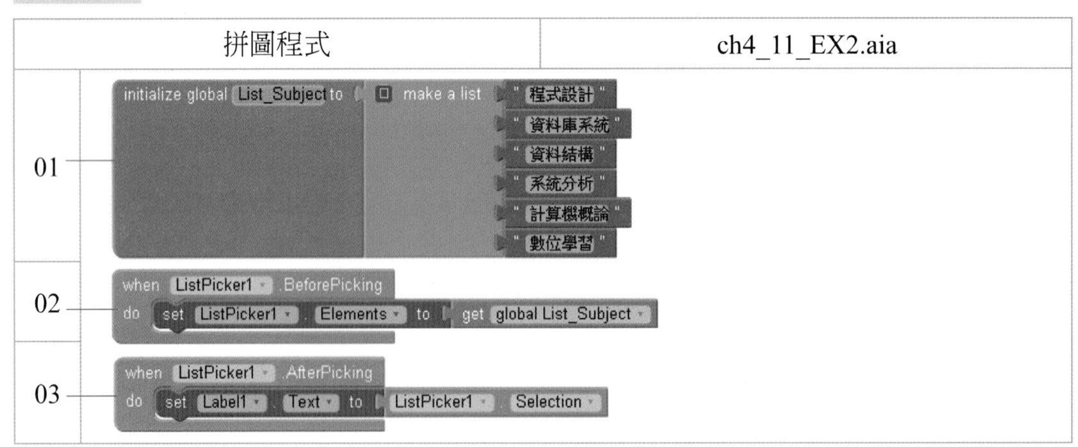

註　範例二的作法，必須要先學會第六章清單（陣列）元件。

說明

行號01：宣告全域性變數List_Subject爲清單元件（又稱陣列），並且初值設定內容爲6門課程名稱之字串資料。

行號02：當使用者點選ListPicker元件之前，就會將List_Subject的字串內容會指定給ListPicker。

行號03：當使用者點選ListPicker元件之後，就會觸發AfterSelecting事件。並且將選擇的課程名稱顯示出來。

4-12 日期選項元件（DatePicker）

定義　是指可讓使用者選擇日期的快顯視窗。

目的　提供親和力的操作介面。

範例　日期選項元件（DatePicker）的實作步驟如下所示：

日期選項元件（DatePicker）的相關屬性

屬性	說明	靜態（屬性表）	動態（拼圖）
BackgroundColor	設定背景顏色。	✓	✓
Enabled	本項需設定爲眞，才可使用本元件。	✓	✓
FontBold	設定文字粗體。	✓	✓
FontItalic	設定文字斜體。	✓	✓
FontSize	設定文字大小。	✓	✓
FontTypeface	設定文字字形。	✓	
Image	設定圖片。	✓	✓
Shape	設定按鈕的形狀（默認，圓形，矩形，橢圓形）。如果有顯示圖片則形狀不會被顯示。	✓	
ShowFeedback	設定當按下按鈕時，是否會有視覺性回饋效果（背景圖案）。	✓	✓
Text	設定顯示文字。	✓	✓
TextAlignment	文字對齊方式（左、中、右）。	✓	
TextColor	設定文字顏色。	✓	✓

屬性	說明	靜態（屬性表）	動態（拼圖）
Visible	本項需設為真，才能在螢幕上看到本元件。	✓	✓
Width	元件寬度（x軸像素）。	✓	✓
Height	元件高度（y軸像素）。	✓	✓

日期選項元件（DatePicker）的事件

事件	說明
when DatePicker1 .AfterDateSet do	當使用者在對話框中選定某個日期之後，就會觸發本事件。
when DatePicker1 .TouchDown do	當使用者「按住」DataPicker1鈕時，就會執行 do 區塊中的指令。
when DatePicker1 .TouchUp do	當使用者「按住再放開」DataPicker1鈕時，就會執行 do 區塊中的指令。

日期選項元件（DatePicker）的方法

事件	說明
call DatePicker1 .LaunchPicker	啓動 DatePicker 快顯視窗。
call DatePicker1 .SetDateToDisplay year month day	讓使用者設定DataPicker 提供的選項介面。包括項目如下： month 欄位可輸入1-12 day 欄位則是 1-31。

實作一　請利用日期選項元件（DatePicker）來撰寫一程式，可以讓使用者選擇某一日期，並顯示在螢幕上。

參考解答

拼圖程式	ch4_12_EX1.aia

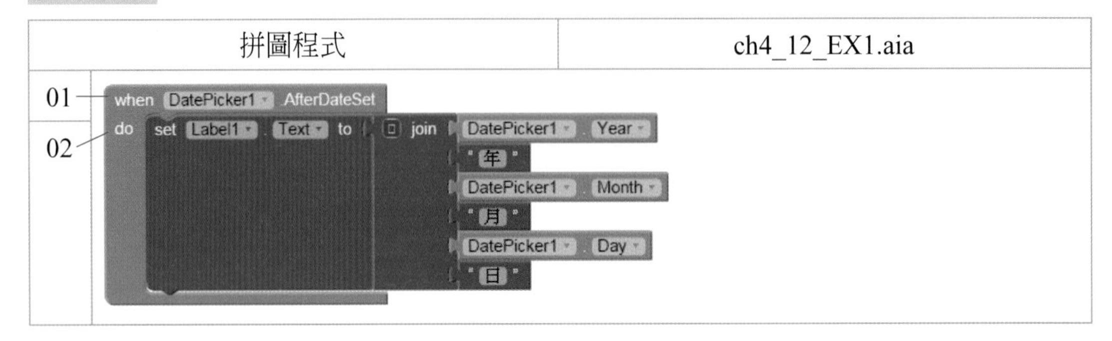

說明

行號01：當使用者點選日期選項元件（DatePicker）之後，就會觸發本事件。

行號02：顯示您設定的年、月及日資料到螢幕上。

4-13 時間選項元件（TimePicker）

定義　是指可讓使用者選擇時間的快顯視窗。

目的　提供親和力的操作介面。

範例 時間選項元件（TimePicker）的實作步驟如下所示：

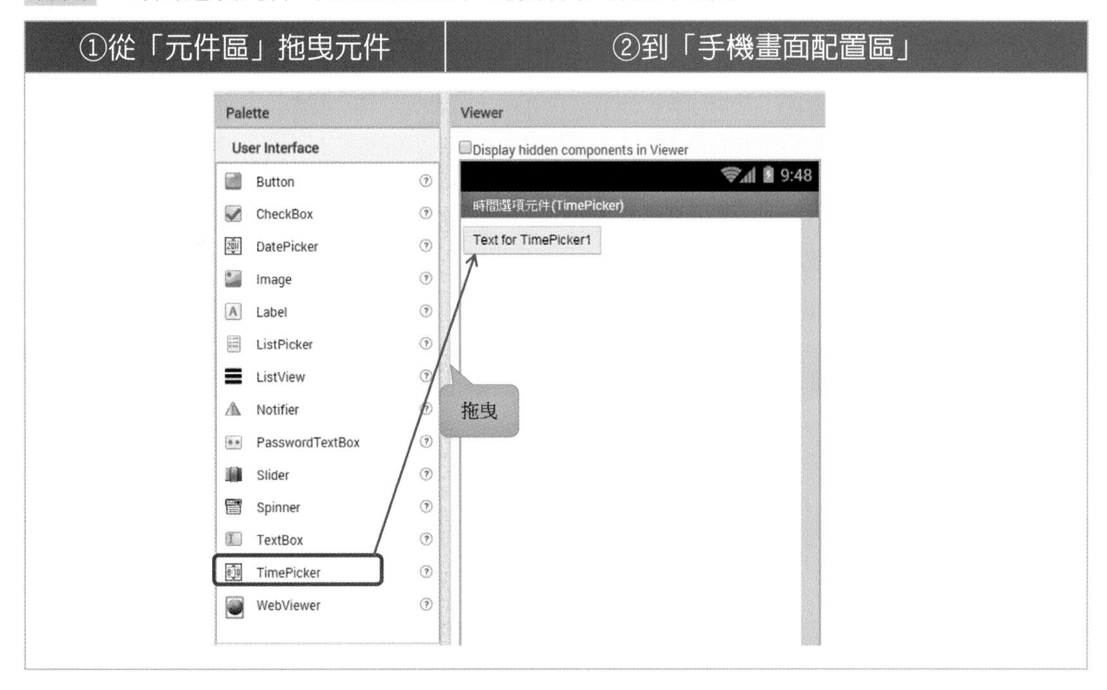

時間選項元件（TimePicker）的相關屬性

與日期選項元件（DatePicker）相同。

時間選項元件（TimePicker）的事件

事件	說明
when TimePicker1 .AfterTimeSet do	當使用者在對話框中選定某個時間之後，就會觸發本事件。
when TimePicker1 .TouchDown do	當使用者「按住」TimePicker1鈕時，就會執行 do 區塊中的指令。
when TimePicker1 .TouchUp do	當使用者「按住再放開」TimePicker1鈕時，就會執行 do 區塊中的指令。

時間選項元件（TimePicker）的方法

事件	說明
call TimePicker1 .LaunchPicker	啓動 TimePicker 快顯視窗。

事件	說明
call TimePicker1 .SetTimeToDisplay hour minute	讓使用者設定TimePicker 提供的選項介面。包括項目如下： hour 欄位可輸入1-12 minute 欄位則是 00-59。

實作一　請利用時間選項元件（TimePicker）來撰寫一程式，可以讓使用者選擇某一時間，並顯示在螢幕上。

目的　提供親和力的操作介面。

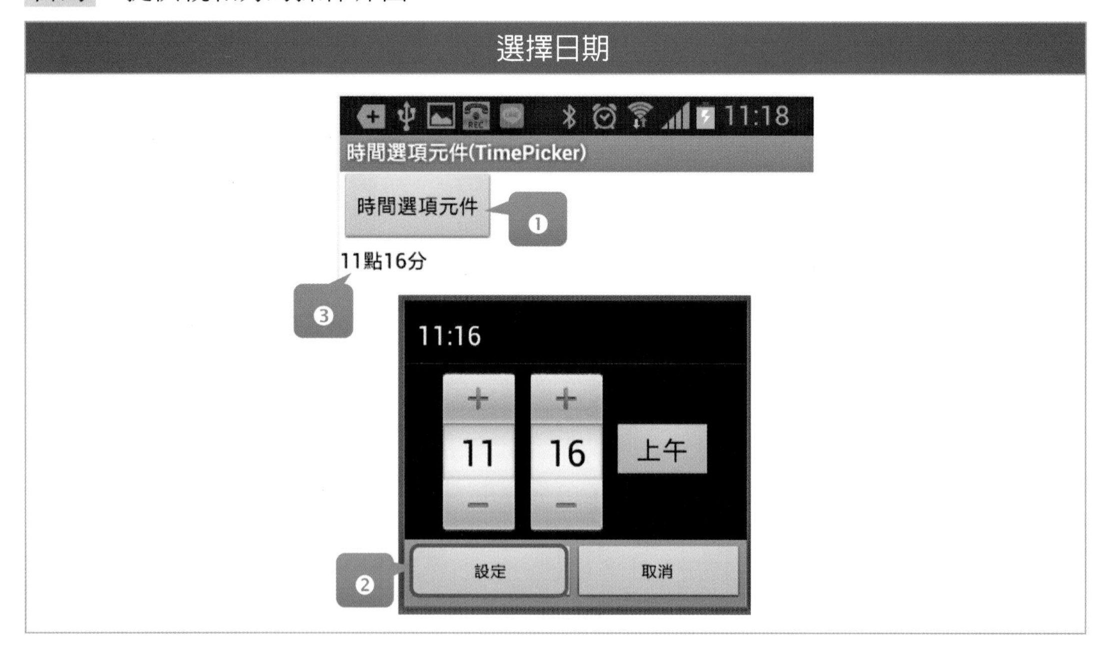

範例　時間選項元件（TimePicker）的實作步驟如下所示：

參考解答

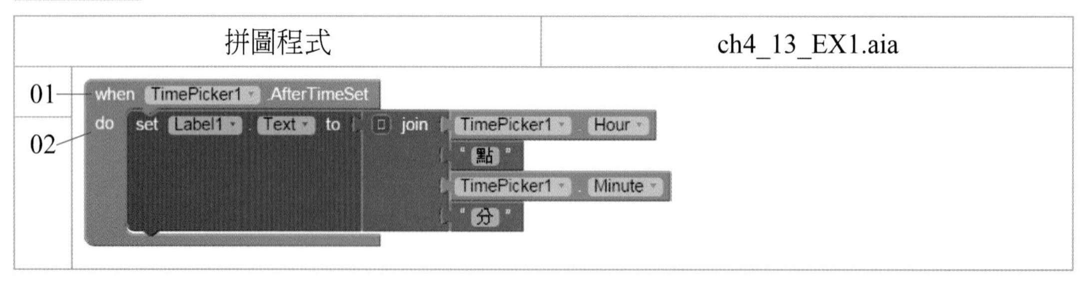

拼圖程式	ch4_13_EX1.aia
01	when TimePicker1 .AfterTimeSet
02	do set Label1 . Text to join TimePicker1 . Hour " 點 " TimePicker1 . Minute " 分 "

說明

行號01：當使用者點選時間選項元件（TimePicker）之後，就會觸發本事件。

行號02：顯示您設定的小時、分資料到螢幕上。

4-14 多重頁面（Multi-Screen）

引言

當我們在設計一套管理系統app時，不可能只用到一個活動頁面，因爲一套功能完整的系統如果只有一個頁面，那這個系統未免太小了吧！所以一個有規模的專案系統一定是由數個或數十個頁面所組成的，而我們要如何再新增頁面呢？其實App Inventor2是允許我們再新增頁面的。

方法　利用「Add Screen」功能鈕來新增活動頁面。

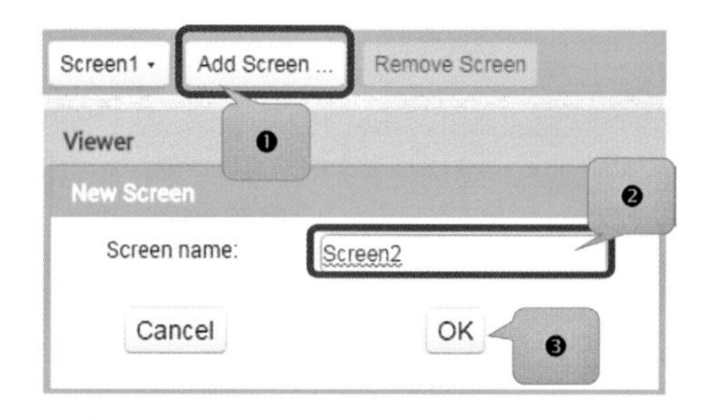

新增頁面的步驟

1. 按上方的「「Add Screen」功能鈕，此時會彈出「New Screen」對話方塊。
2. 在「New Screen」對話方塊中，輸入「頁面名稱」。預設名稱從「Screen2」開始進行編號，你可以重新名稱其頁面名稱。但是，主頁面爲「Screen1」是無法更改名稱。
3. 最後，再按「OK」鈕，即完成新增一個新的活動頁面了。
4. 此時，它自動會開啓剛才新增的「Screen2」頁面。並且您也可以透過「下拉式選單」來點選某一個頁面來管理及維護。

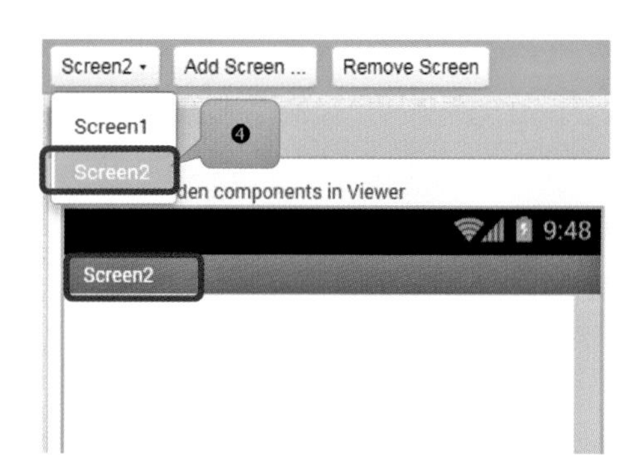

實作1　模擬學生選課系統的頁面切換（不傳遞資料）

請在主畫面（Screen1）再新增三個活動頁面（Screen2~4），並完成以下的頁面設計。

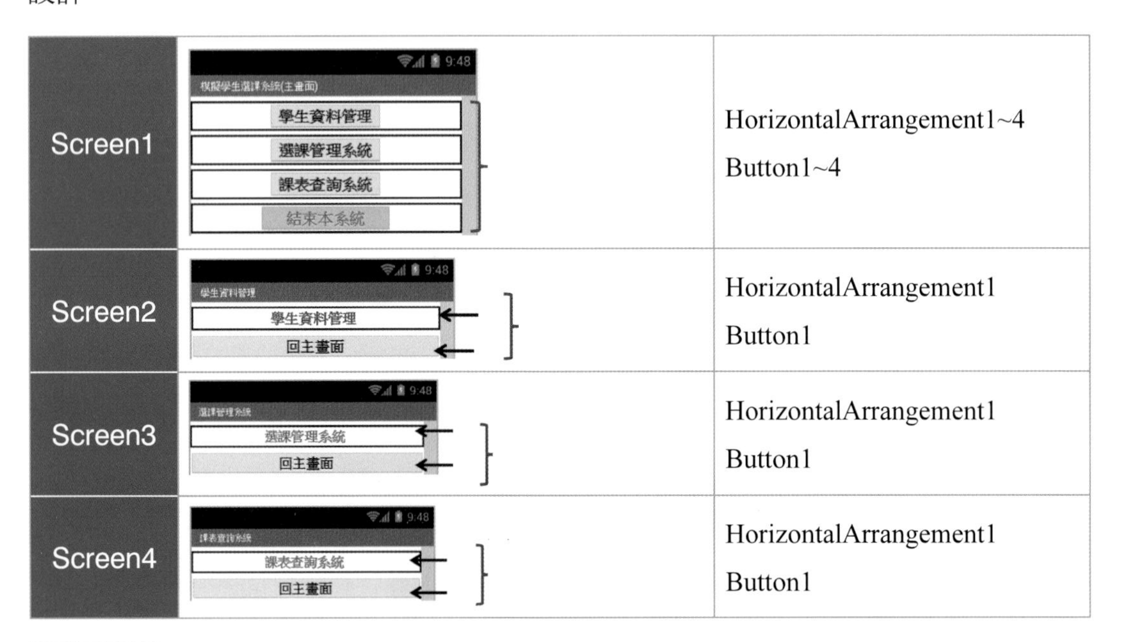

參考解答

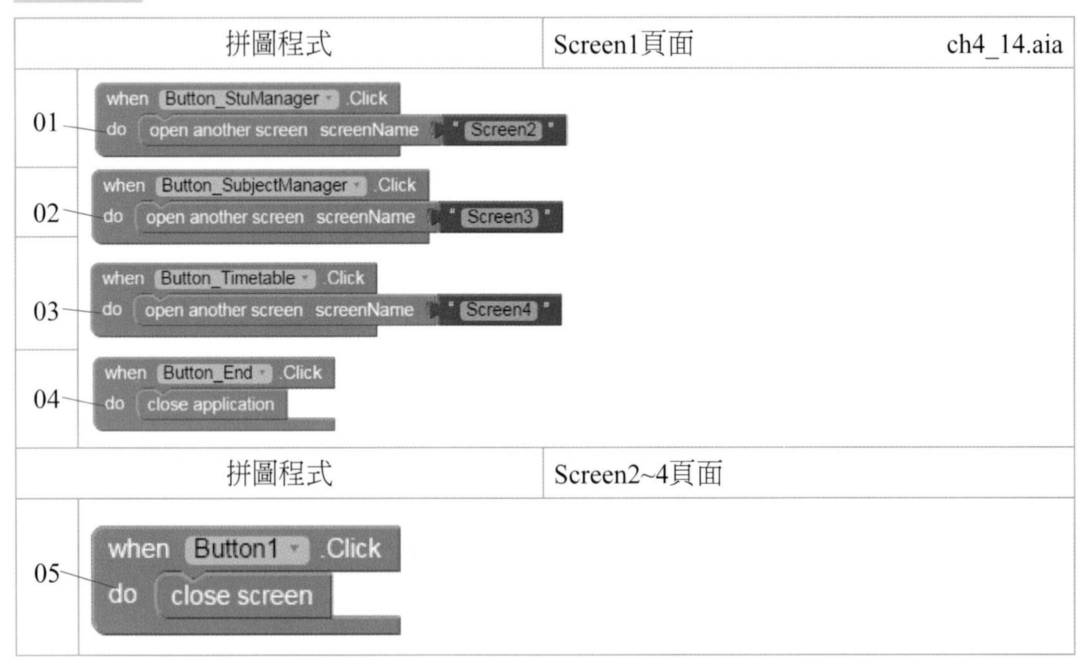

行號01~03：利用「open another screen」拼圖指令來開啓Screen2~4頁面。

作法：從Built-in / Control / 拖曳「open another screen」拼塊，並且在右邊的凹口，再嵌入「欲開啓的Screen名稱」即可。

行號04：利用「close application」拼圖指令來「結束本應用程式」。

行號05：在Screen2~4頁面中的「Blocks」拼圖編輯環境中，利用「close screen」拼圖指令「關閉本頁面」。

章後評量

1. 請利用Button元件及Slider元件來模擬控制「機器人方向」及「速度」。

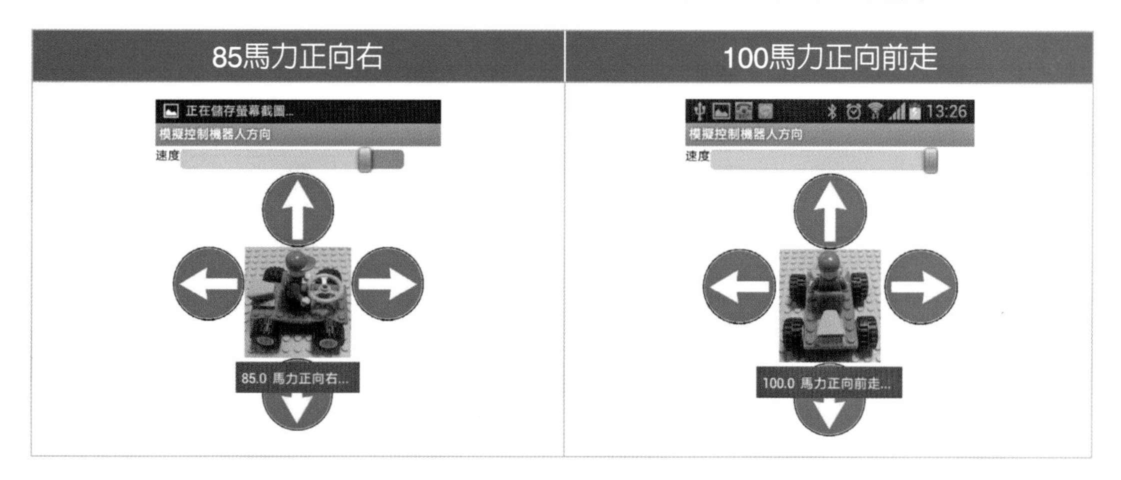

2. 請利用Button元件、CheckBox元件與Notifier元件來模擬控制「機器人方向」及「啓動感測器」之「介面設計」。

   (1)當使用者按下「方向鍵」時，利用Notifier元件來顯示目前的狀態。

   (2)當使用者勾選「感測器」時，自動「顯示及隱藏」四種感測器。

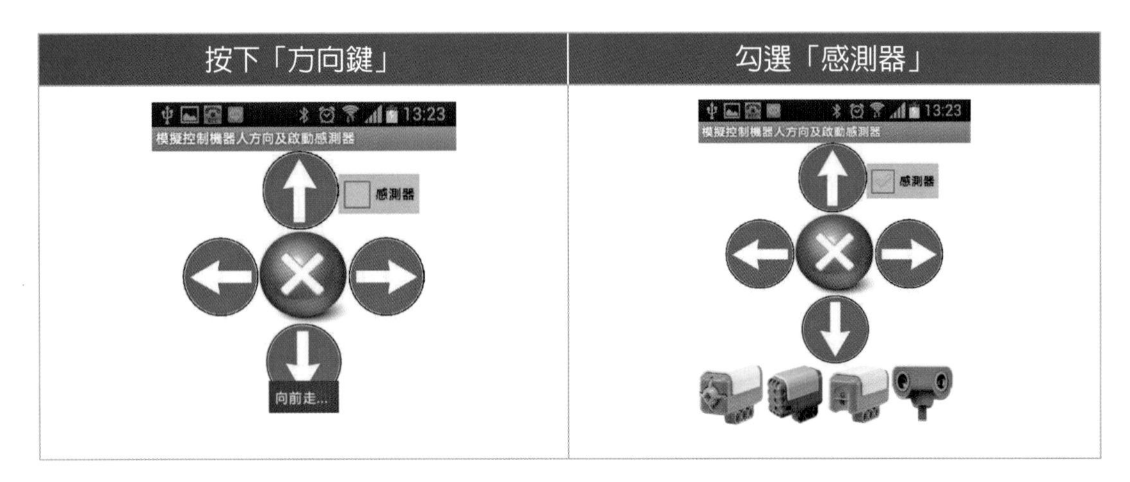

3. 承上一題，在操作介面左上方，再增加一個「電燈」按鈕圖示。因此，當使用者「短按」則會自動「開啓」，而「長按」時，則自動「關閉」。

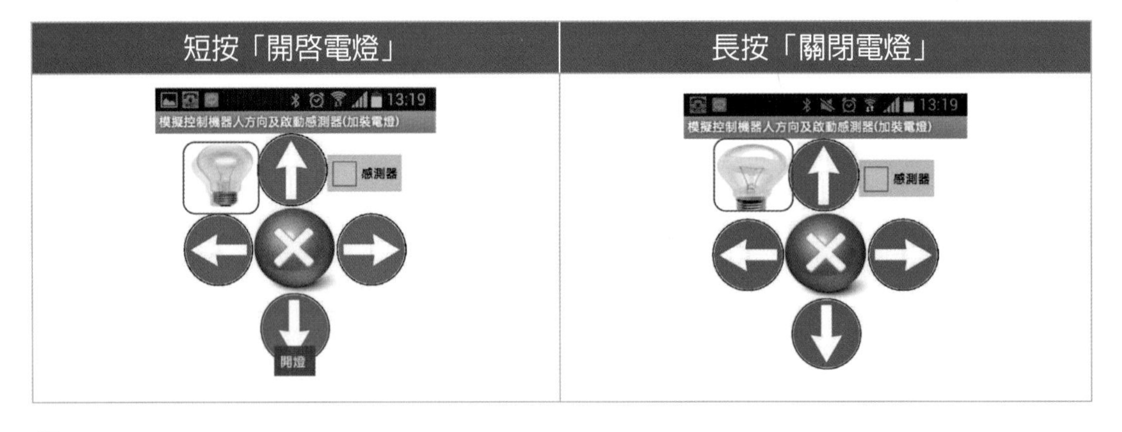

註 「短按」是指「點一下」。「長按」是指「停留大約1~2秒」。

App Inventor 2 資料運算（請參見光碟）

本章學習目標

1. 讓讀者瞭解資料型態、變數及記憶體之間的關係。
2. 讓讀者瞭解變數在程式中的生命週期。

本章內容

5-1. 變數（Variable）

5-2. 常數（Constant）

5-3. 變數的生命週期

5-4. 資料的運算

App Inventor 2 流程控制（請參見光碟）

本章學習目標

1. 讓讀者瞭解流程控制中的「循序、選擇及迴圈」三種結構及使用時機。
2. 讓讀者瞭解迴圈結構中「計數與條件式迴圈」的差異及使用時機。

本章內容

6-1. 結構化程式設計三種結構

6-2. 循序結構（Sequential）

6-3. 選擇結構（Selection）

6-4. 迴圈結構（Loop）

6-5. 計數迴圈（For/Next）

6-6. 條件迴圈（Do/Loop）

Chapter 7

App Inventor 2 清單（請參見光碟）

本章學習目標

1. 讓讀者瞭解變數與清單（或稱陣列）在記憶體中的表示方式。
2. 說明清單資料結構配合迴圈演算法來提高程式的執行效率。

本章內容

App Inventor 2 程序（請參見光碟）

本章學習目標

1. 讓讀者瞭解主程式與副程式的呼叫方式及如何傳遞參數。
2. 讓讀者瞭解傳遞清單參數及多重活動頁面之間的資料傳遞方式。

本章內容

8-1. 程序（副程式）

8-2. 不傳回值的程序（無參數）

8-3. 不會傳回值的程序（多個參數）

8-4. 會傳回值的程序（兩個參數）

8-5. 傳遞清單參數的程序

8-6. 多重活動頁面之間的資料傳遞

Android手機控制機器人（伺服馬達）

本章學習目標

1. 讓讀者瞭解手機與EV3主機的溝通技術「藍牙通訊（Bluetooth）」。
2. 讓讀者瞭解如何利用撰寫「App Inventor 2拼圖程式」來控制EV3樂高機器人。

本章內容

 9-1 Android手機控制EV3樂高機器人

利用手機來玩「遊戲軟體」，已經成為目前現代人的娛樂活動之一了，但是，如果手機又可以控制實體的「機器人」，那就太酷了！在本章節中，筆者將帶領App Inventor的讀者，完成一件小時候的夢想，那就是利用App Inventor2中的「LEGO元件」來開發「樂高機器人」拼圖程式。

定義

樂高機器人（Mindstorms EV3）是樂高集團所製造的可程式化的機器人玩具[註1]。

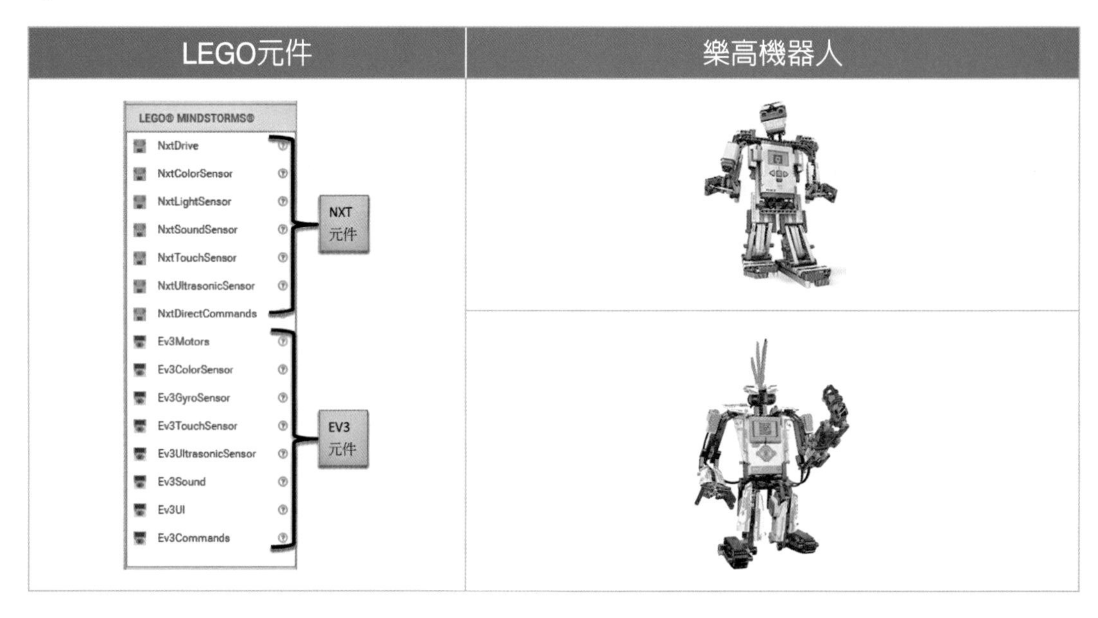

圖片來源　http://EV3programs.com

說明

在App Inventor 2中的「LEGO元件」，我們可以透過「藍牙元件」來對 EV3樂高機器人套件進行各種控制，以便讓開發者較輕易的撰寫機器人程式，而不需了解樂高機器人內部的軟、硬體結構。

優點

①利用「視覺化」的「拼圖程式」來撰寫程式「EV3樂高機器人」，可以減少學習複雜的Java程式碼。

②App Inventor2的提供完整的LEGO元件來控制EV3機器人的硬體。

註

在「機器人」一詞中，它不一定是以「人形」爲限，但是，它可以用來模擬人類思想與行爲的機械玩具。

9-2 EV3主機、馬達與感測器

我們都知道，人類可以用「眼睛」來觀看周圍的事物，利用「耳朵」聽見周圍的聲音，但是，機器人卻沒有眼睛也沒有耳朵，那到底要如何模擬人類思想與行爲，進而協助人類處理複雜的問題呢？

其實「EV3樂高機器人主機」就是一部電腦（模擬人類的大腦），它是一部具有32位元核心電腦控制器（包含中央處理單元、記憶體單元），並且有4個輸入端，用來連接感測器（模擬人類的五官）與4個輸出端，用來連接馬達（模擬人類的四肢）。

示意圖　EV3機器人的標準配備中，共有四種感測器：

①觸碰感測器		類似人類的「皮膚觸覺」
②陀螺儀感測器		類似人類的「頭腦平衡系統」
③顏色感測器		類似人類的「眼睛」來辨識「顏色深淺度及光源」
④超音波感測器		類似人類的「眼睛」來辨識「距離」。

圖片來源　http://makerzone.mathworks.com/resources/edge-following-and-obstacle-sensing-lego-mindstorms-ev3-robot/

機器人的運作模式

①輸入端：類似人類的「五官」，利用各種不同的「感測器」，來偵測外界環境的變化，並接收訊息資料。

②處理端：類似人類的「大腦」，將偵測到的訊息資料，提供「程式」開發者來做出不同的回應動作程序。

③輸出端：類似人類的「四肢」，透過「伺服馬達」來眞正做出動作。

舉例　走迷宮的機器人

假設裝組一台樂高機器人的車子，當「輸入端」的「觸碰感測器」碰撞到障礙物時，其「處理端」的「程式」可能的回應有「直接後退」或「後退再進向」或「停止」動作等，如果是選擇「後退再進向」時，則「輸出端」的「伺服馬達」就是眞正先退後，再向左或向右轉，最後，再直走。

解析

入口出發	尋找迷宮路徑	順利找到出口

EV3主機常用的四種感測器

1. 觸碰感測器（EV3TouchSensor元件）：類似人類的「皮膚觸覺」。
2. 陀螺儀感測器（EV3GyroSensor元件）：類似人類的「大腦平衡系統」
3. 顏色感測器（EV3ColorSensor元件）：類似人類的「眼睛」來辨識「顏色深淺度及光源」
4. 超音波感測器（EV3UltrasonicSensor）：類似人類的「眼睛」來辨識「距離」。

以上四種感測器，在App Inventor2中，其預設的感測器連接埠（SensorPort）爲接在EV3的1至4號輸入端，但是，您也可以自行修改感測器的連接埠。

樂高機器人的輸入／處理／輸出的主要元件

本書是以「EV3教育版」爲主

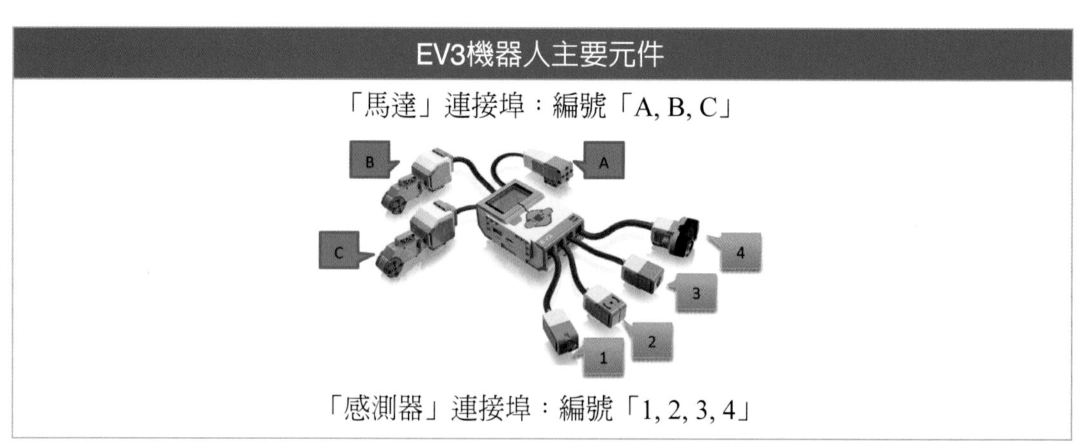

圖片來源　http://education.lego.com/）

說明

1. 輸入元件：感測器。連接埠編號分別為「1,2,3,4」
2. 處理元件：EV3主機。機器人的大腦。
3. 輸出元件：伺服馬達。連接埠編號分別為「A,B,C,D」

9-3 手機與EV3主機的溝通技術「藍牙通訊（Bluetooth）」

目前手機上大多都具備藍牙功能，因此，應用範圍可說越來越廣。

我們可以利用具有藍牙功能的手機來遙控任何具備藍牙功能的裝置。例如 EV3 樂高機器人、電腦、電視……等。

定義　是指一種低成本、低功耗的短距離通信方式。

主要用途　小型移動裝置的通訊。

應用範圍　藍牙耳機、藍牙滑鼠、樂高機器人……等裝置上。

種類

1. BluetoothClient（藍牙用戶端元件）➔本在章節介紹
2. BluetoothServer（藍牙伺服端元件）

範例　BluetoothClient（藍牙用戶端元件）的實作步驟如下所示：

注意　當你從「元件區」拖曳BluetoothClient（藍牙用戶端元件）到「手機畫面配置區」時，它不會顯示在「手機畫面配置區」中，而是在最下方。因爲它屬於「非視覺化元件」。

BluetoothClient（藍牙用戶端元件）常用的相關屬性

屬性	說明	靜態（屬性表）	動態（拼圖）
AddressesAndNames	傳回已配對藍牙裝置的名稱 / 位址清單		✓
Available	回傳當下的Android裝置上是否可使用藍牙。		✓
CharacterEncoding	收發訊息時的字元編碼。 預設為UTF-8	✓	✓
Enabled	藍牙功能有作用（亦即藍牙被開啟）。		✓
IsConnected	傳回是否已建立藍牙連線。		✓
Secure	是否使用簡易安全配對 預設爲「勾選」	✓	✓

BluetoothClient（藍牙用戶端元件）常用的方法

方法	說明
call BluetoothClient1 .Disconnect	與指定位址（address）行進藍牙連線。如果連線成功，則傳回true。
call BluetoothClient1 .Connect address	中斷連線
call BluetoothClient1 .IsDevicePaired address	檢查與指定位址（address）是否配對順利。如果連線成功，則傳回true。
call BluetoothClient1 .SendBytes list	對已連接的裝置發送「字串清單」
call BluetoothClient1 .SendText text	對已連接的裝置發送「字串」

9-4 藍牙控制樂高機器人的走動

基本上，我們想要利用Android行動裝置來控制「EV3樂高機器人」時，首要工作就是先開啓EV3主機及Android手機的藍牙功能，並且進行配對。接下來，我們再來撰寫一系列的「Lego模組的拼圖程式」來控制EV3樂高機器人的「前、後、左、右」……等功能。

完整步驟

1. 開啓EV3主機的藍牙功能➔請參考ch2-2.5章節內容。
2. 開啓行動裝置的藍牙功能並與EV3主機「配對」
3. 組裝一台樂高機器人（二個馬達，也可以加裝四種不同的感測器）。
4. 撰寫「行動裝置」與「樂高機器人」「連線」之拼圖程式
5. 撰寫「樂高機器人」可以「前、後、左、右及原地迴轉」的拼圖程式

示意圖

①開啓EV3藍牙功能	②手機與EV3配對	③組裝一台樂高機器人

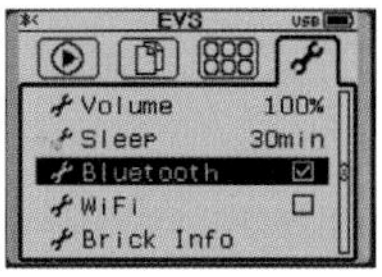

④「手機」與「EV3主機」連線程式	⑤前、後、左、右及原地迴轉

9-4-1 開啓EV3主機的藍牙功能

想要利用行動載具（如手機）來控制樂高機器人，其首先工作就是要先開啓EV3主機的藍牙功能，其設定步驟如下所示：

設定步驟

1. 按下深灰色 鈕，來開啓機器人電源，此時螢幕上會顯示最近執行的EV3程式。
2. 按 之「右鍵」鈕，直到顯示「設定工具」，其螢幕中間會顯示「Bluetooth」。
3. 按 之「往下鍵」鈕，選擇「Bluetooth」，再按下深灰色 鈕。
4. 按 之「往上鍵」鈕，選擇「Bluetooth」，再按下深灰色 鈕。
5. 再按 之「往上鍵」鈕，選擇「Visibility」，再按下深灰色 鈕，用來設定可被其他裝置找到。
6. 按 回上一層鈕，即可完成開啓EV3主機的藍牙功能

圖示說明

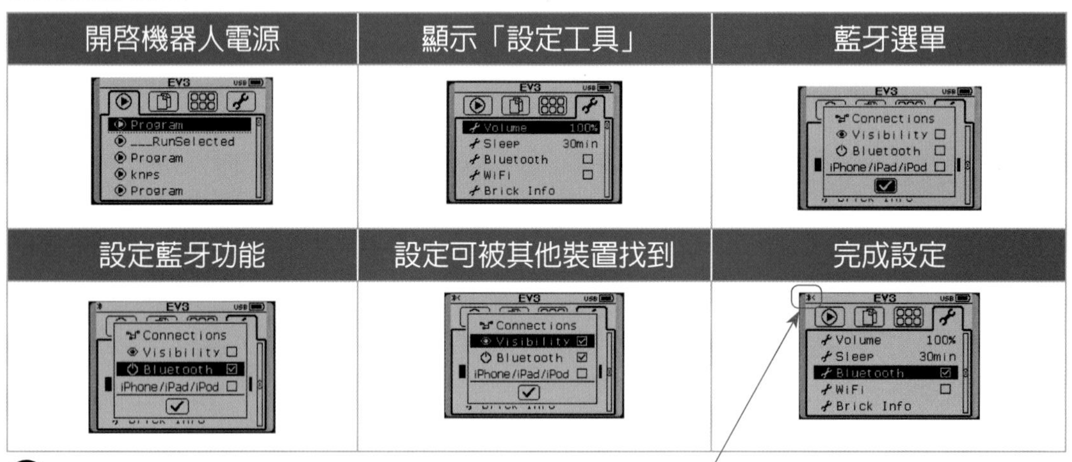

註 此時，螢幕的左上角會出現「」圖示，代表藍牙已開啓，尚未與其它裝置連接

9-4-2 開啓行動裝置的藍牙功能並與EV3主機配對

在開啓EV3主機的藍牙功能之後，接下來，就必須要再將您的手機藍牙功能開啓，並與EV3主機配對才行，其設定步驟如下所示：

設定步驟

1. 執行行動裝置的「設定」功能，找到「藍牙選項」時，按一下右邊的「滑動開關」，即可開啓。
2. 再按一下「藍牙選項」即可搜尋EV3主機的藍牙功能。
3. 請再按下「EV3裝置」即可進行配對，此時EV3主機會自動彈出「connect?」通行碼的對話方塊，其預設値爲「1234」。此時，您只需要選擇「打勾」鈕後，再按二次確定鈕即可。
4. 此時，你的行動裝置中的藍牙清單就可以看到剛才配對成功的選單。

注意　每一種行動裝置的設定可能不太相同。

9-4-3 組裝一台樂高機器人

想要利用Android手機來控制樂高機器人的走動，就必須要先組裝一台樂高機器人（以「雙馬達驅動機器人」爲例，也可以再加裝四種不同的感測器）。

基本功能　前、後、左及右。

進階功能　機器手臂（夾物體、吊車、發射彈珠、打陀螺……等）。

基本功能（前、後、左及右）	進階功能（發射彈珠）

9-4-4 撰寫「行動裝置」與「樂高機器人」連線之程式

當你組裝完成樂高機器人和開啓藍牙功能之後，一定會迫不及待想來操控它，但是，想要利用行動裝置（如：手機）來操控機器人時，第一件重要的工作就是要先撰寫一支與「樂高機器人」連線程式，其次才是撰寫控制馬達轉動的程式。

實作1

請撰寫一支程式，可以讓使用者利用「行動裝置」與「樂高機器人」連線。

介面設計

參考解答

1. 定義藍牙離線的副程式（BT_OffLine_Status）

拼圖程式	Ch9_4_4.aia
01	to BT_OffLine_Status
02	do set Label_Message . Text to " 目前是離線中... "
03	set Label_Message . TextColor to
04	set ListPicker_BTConnect . Enabled to true
05	set Button_BTDisconnect . Enabled to false

說明

行號01：定義藍牙（BlueTooth（B.T.））功能在離線時的狀態之副程式。

行號02~03：在離線時會顯示「目前是離線中……」紅色訊息。

行號04：初始情況「連線」鈕是「有作用」；亦即「連線鈕」可以被按。

行號05：初始情況「離線」鈕是「沒有作用」；亦即「離線鈕」無法被按。

2. 頁面初始化

拼圖程式	Ch9_4_4.aia

```
01  when Screen1 .Initialize
    do  if not BluetoothClient1 . Enabled
        then set ActivityStarter1 . Action to " android.settings.BLUETOOTH_SETTINGS "
             call ActivityStarter1 .StartActivity
02      call BT_OffLine_Status
```

說明

行號01：當頁面（Screen1）初始化時，如果藍牙功能尚未被開啟時，則ActivityStarter元件會執行設定藍牙啟動的功能。

行號02：呼叫「藍牙離線狀態」的副程式

3. 連線程式

拼圖程式	Ch9_4_4.aia

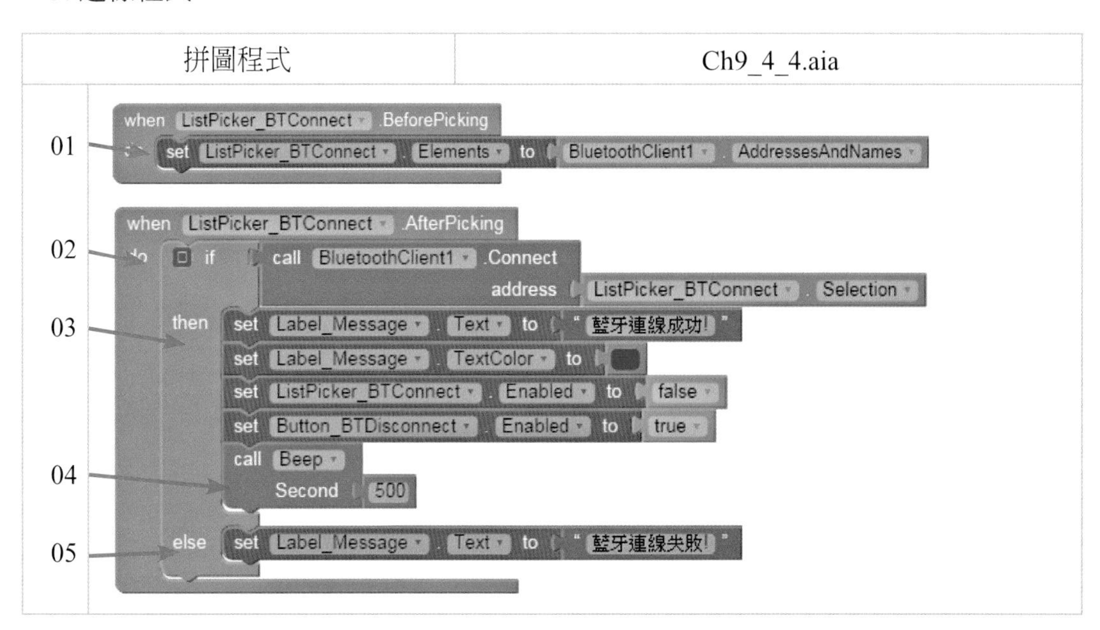

說明

行號01：在「連線」之前，將已配對藍牙裝置的名稱及位址清單指定給「藍牙清單」。

行號02：在「連線」之後，與您挑選的藍牙進行連線。如果連線成功，則傳回true。

行號03：並且顯示「藍牙連線成功!」藍色訊息。同時，「連線」鈕設爲「沒有作用，而「離線」鈕設爲「有作用」。

行號04：呼叫Beep一聲的副程式，亦即「連線成功」時，EV3主機會嗶0.5秒。

行號05：否則，就會顯示「藍牙連線失敗!」訊息

4. 定義「Beep」的副程式

拼圖程式	Ch9_4_4.aia

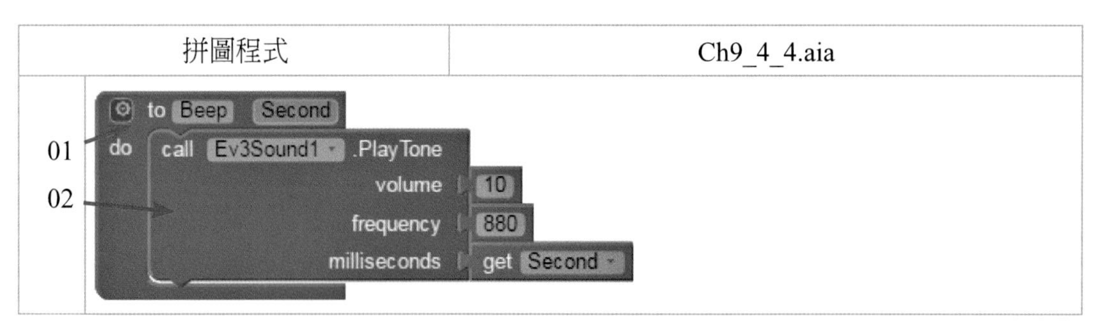

說明

行號01：定義「Beep一聲」的副程式，其目的用來控制EV3機器人發出指令頻率之聲音。

行號02：讓EV3主機發出Beep聲，volume 爲10音量。frequency 爲發音頻率，單位爲 Hz，例如 880的嗶聲。最後 milliseconds 爲播放時間，單位爲毫秒，其中參數Second用來控制Beep的停留時間。

5. 撰寫「離線」程式

拼圖程式	Ch9_4_4.aia

01
02
03
when Button_BTDisconnect .Click
do call Beep
Second 100
call BluetoothClient1 .Disconnect
call BT_OffLine_Status

說明

行號01：當您按下「離線」鈕，EV3主機會嗶0.1秒。

行號02：藍牙就會中斷連線。

行號03：並且呼叫「藍牙離線狀態」的副程式。

6. 頁面執行錯誤發生之程式

拼圖程式	Ch9_4_4.aia
01	when Screen1 .ErrorOccurred component functionName errorNumber message do

說明

行號01：用來排除可能錯誤的訊息。

7. 結束App程式

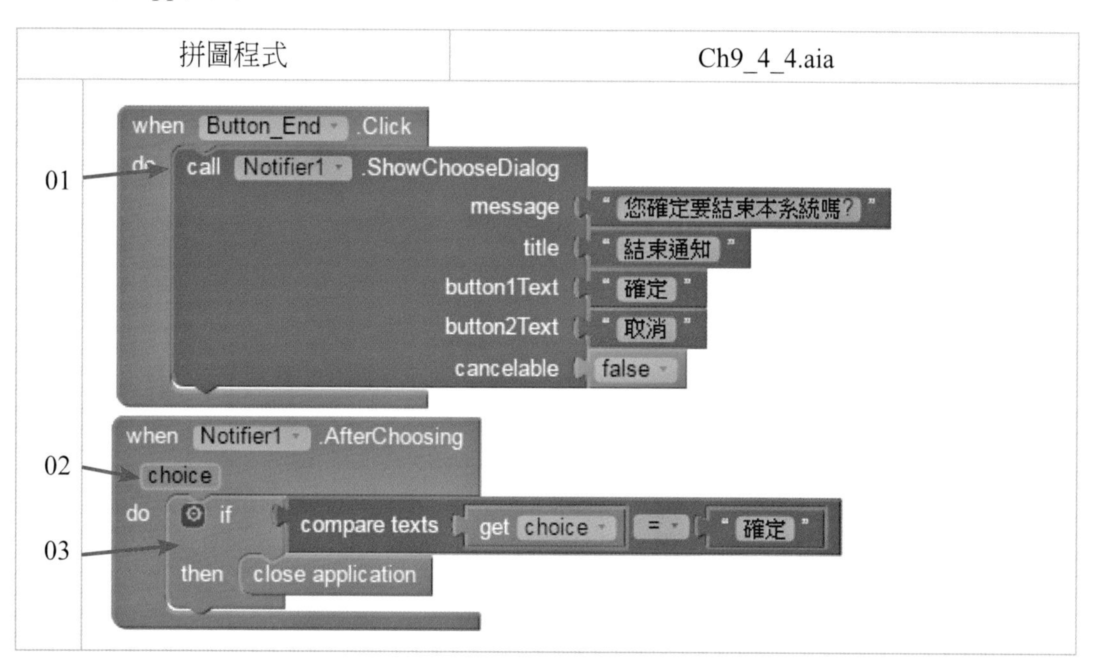

說明

行號01：當使用者按下「結束」鈕時，利用Notifier元件來顯示結束本系統的對話方塊。

行號02~03：當使用者按下「確定」鈕之後，就會結束本系統。

9-4-5 撰寫「樂高機器人」走動的拼圖程式

想要讓機器人走動，就必須要先了解何謂伺服馬達（Ev3Motors），它是指用來讓機器人可以自由移動（前、後、左、右及原地迴轉），或執行某個動作的馬達。

伺服馬達的圖解

「大型」伺服馬達	「中型」伺服馬達

說明　伺服馬達內建「角度感測器」，可以精確地控制馬達運轉。

例如　讓A馬達順時針旋轉30度，或是逆時針旋轉5圈。

基本功能　前、後、左及右。（預設利用大型馬達來連接B與C埠）

進階功能　機器手臂（夾物體、吊車、發射彈珠、打陀螺……等）。（預設利用中型馬達來來連接A或D埠）

基本功能（前、後、左及右）	進階功能（發射彈珠）

伺服馬達（Ev3Motors）元件的相關屬性

屬性	說明
Bluetooth Client	手機與EV3主機溝通的重要設定，必須要Designer環境中設定。

屬性	說明
Enable Speed Regulatioin	設定是否要控管馬達轉速。
Motor Posts	用來設定所要控制的馬達，您可以選擇各種輸入A、B、C、D、AB、AC、AD與ABC等參數組合。預設值爲「ABC」。
Reverse Direction	設定是否要反向轉動馬達。
Stop Before Disconnect	設定是否要在斷線之前，先停止馬達的運轉。
Tacho Count Change EventEnable	讀取／啓動編碼器讀數改變事件
Wheel Diameter	1.用來設定裝於馬達上的輪胎直徑。 2.單位爲公分。預設值爲4.32公分。

伺服馬達（Ev3Motors）元件的方法

方法	說明
call Ev3Motors1 .GetTachoCount	讀取馬達角度感測器的值。
call Ev3Motors1 .ResetTachoCount	將馬達角度感測器的值歸零。
call Ev3Motors1 .RotateInDistance power distance useBrake	用來設定馬達轉動「指定距離」。 單位爲：公分 利用distance來指定距離 其中use Brake參數設定爲true時，代表馬達是以「剎車」方式來停止轉動。
call Ev3Motors1 .RotateInDuration power milliseconds useBrake	用來設定馬達轉動「指定時間」。 單位爲：毫秒 利用milliseconds來指定時間
call Ev3Motors1 .RotateInTachoCounts power tachoCounts useBrake	用來設定馬達轉動「指定角度」。 單位爲：度 利用tachoCounts來指定角度
call Ev3Motors1 .RotateIndefinitely power	是指利用某一電力（power），讓馬達持續轉動

方法	說明
call Ev3Motors1 .RotateSyncInDuration power milliseconds turnRatio useBrake	用來控制兩個馬達在「指定時間」同步轉動。 一般運用在機器人「前進」與「後退」時，行走時比較平穩。其中turnRatio參數代表馬達的轉彎百分比（一般稱爲：舵向） 數值範圍爲-100~100之間的整數。 0代表：前進 -100代表：原地左轉 100代表：原地右轉 【註】 上面的正、負值是代表的轉彎方向與您組裝機器人機構有關。
call Ev3Motors1 .RotateSyncInTachoCounts power tachoCounts turnRatio useBrake	用來控制兩個馬達在「指定角度」同步轉動。
call Ev3Motors1 .RotateSyncIndefinitely power turnRatio	用來控制兩個馬達「持續」同步轉動。
call Ev3Motors1 .Stop useBrake	用來控制馬達停止轉動，其中useBrake參數設定爲true時，代表馬達是以「剎車」方式來停止轉動。
call Ev3Motors1 .ToggleDirection	用來設定馬達與當下轉動之相反方向轉動

實作1　請撰寫一支App程式，利用手機讀取EV3_A馬達角度感測器的值並可歸零動作。

介面設計

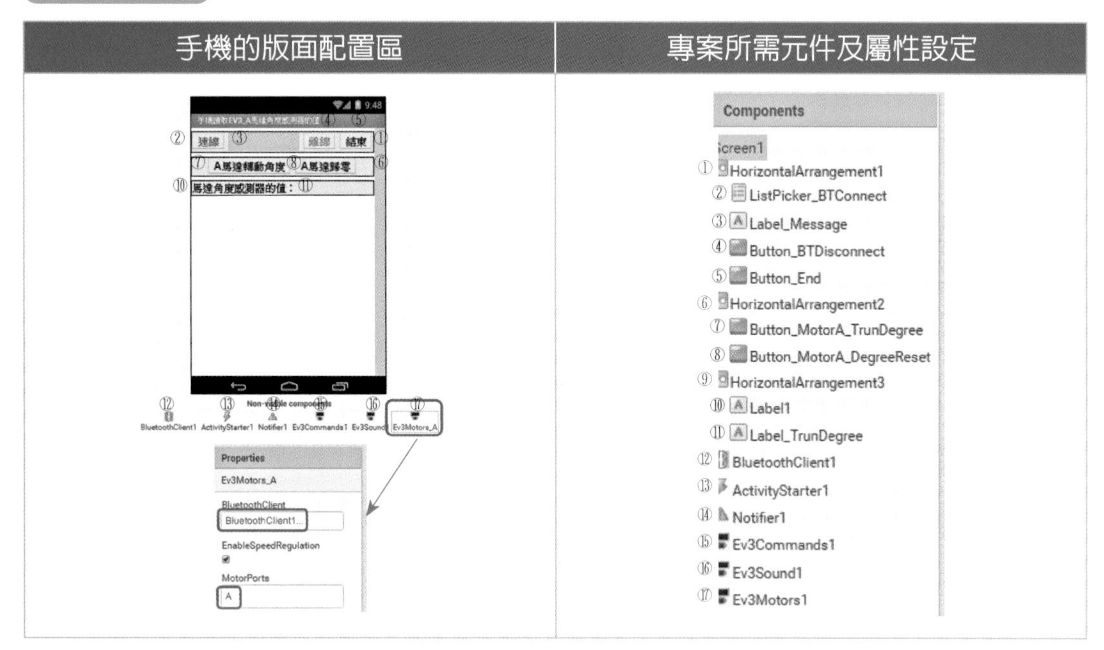

關鍵程式　「A馬達轉動角度」鈕與「A馬達歸零」鈕

拼圖程式	Ch9_4_5_EX1.aia
01	when Button_MotorA_TrunDegree .Click do set Label_TrunDegree . Text to call Ev3Motors1 .GetTachoCount
02	when Button_MotorA_DegreeReset .Click do call Ev3Motors1 .ResetTachoCount set Label_TrunDegree . Text to call Ev3Motors1 .GetTachoCount

說明

行號01：讀取A馬達轉動角度。

行號02：將A馬達轉動角度歸零。

實作2　承上一題，請撰寫一支App程式，先讓機器人「前進10公分」，再利用手機讀取EV3_BC馬達角度感測器的值並可歸零動作。

介面設計

關鍵程式 機器人前進10公分

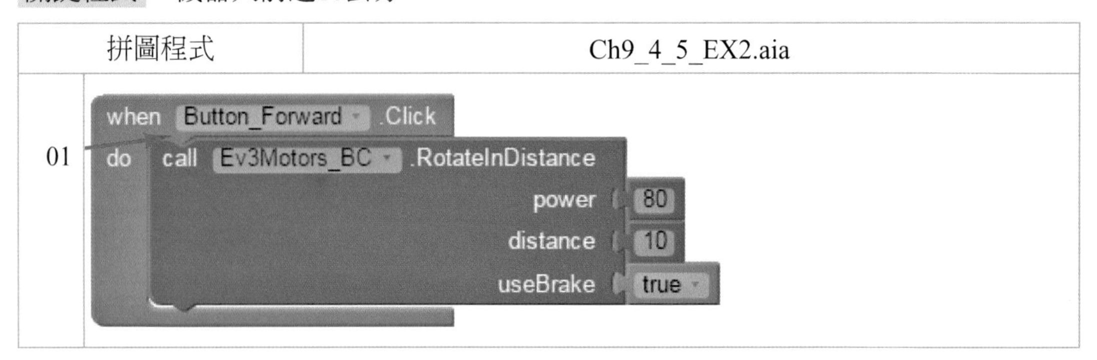

說明

行號01：用來設定馬達轉動「指定距離」。例如：distance設定10，表示前進公分。

注意 此種作法在實際上，比較不夠準確。因爲它會受到輪子大小影響。

實作3 承上一題，請撰寫一支App程式，先讓機器人「前進360度」，再利用手機讀取EV3_BC馬達角度感測器的值並可歸零動作。

關鍵程式 機器人前進360度（1圈）

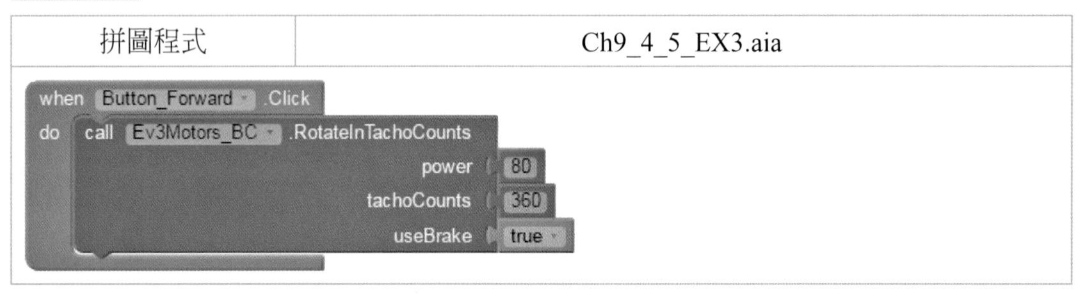

作法　先量測實際的輪胎直徑。例如直徑為5.6公分，則周長約為17.6公分。因此，馬達轉1圈，輪子實際行走17.6公分。

注意　強烈建議不要使用「秒數」，因為它會受到電池的電壓不同的影響。

實作4

承上一單元的實作，除了藍牙連線功能之外，再加入讓使用者利用「行動裝置」來操控「樂高機器人」「前、後、左、右及原地迴轉」功能。

介面設計

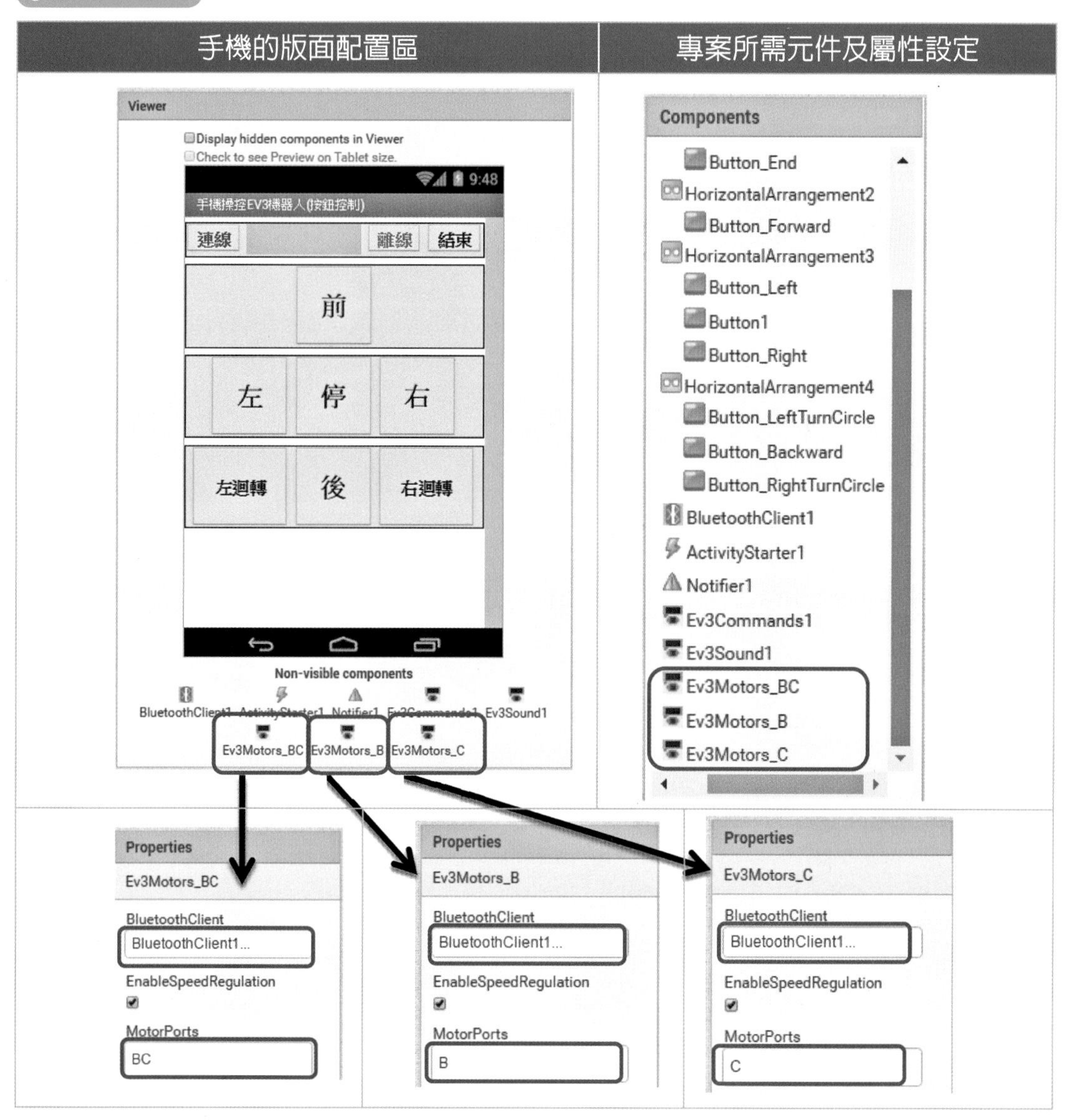

關鍵程式

1. 機器人「前進」之程式

拼圖程式	Ch9_4_5_EX4.aia
01 02	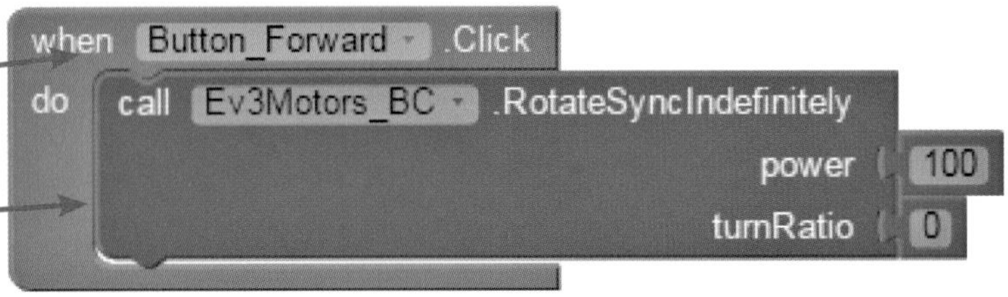 when Button_Forward .Click do call Ev3Motors_BC .RotateSyncIndefinitely power 100 turnRatio 0

說明

行號01~02：機器人「前進」，亦即用來控制兩個馬達「持續」同步轉動。其中turnRatio參數代表馬達的轉彎百分比（一般稱為舵向），數值範圍為 -100~100之間的整數。常見有三種設定方式：

0：代表直走 -100：代表原地左轉 100：代表原地右轉。

2. 機器人「後退」之程式

拼圖程式	Ch9_4_5_EX4.aia

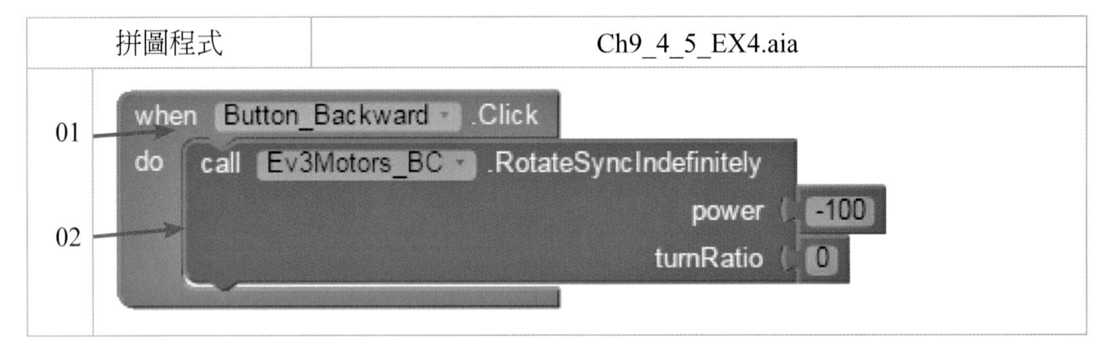

說明　機器人「後退」，其餘的說明「同上」。

3. 機器人「停止」之程式

拼圖程式	Ch9_4_5_EX4.aia
01 02	when Button_Stop .Click do call Ev3Motors_BC .Stop useBrake true

說明

行號01~02：當使用者按下「停止」鈕時，B和C馬達停止轉動，其中 useBrake 參數設定爲true時，代表馬達是以「刹車」方式來停止轉。

4. 機器人「左轉」之程式

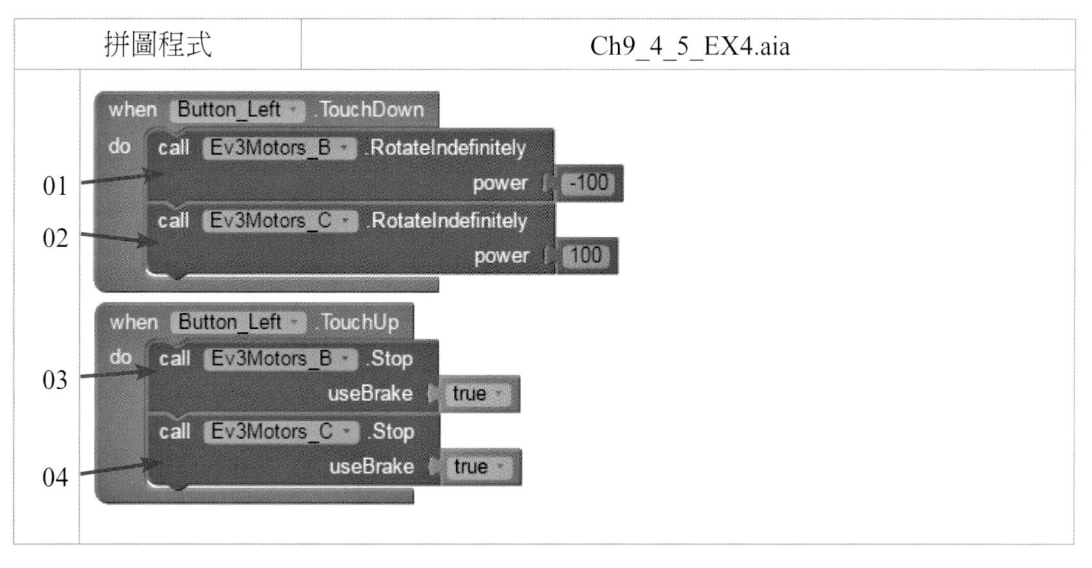

說明

行號01~02：當使用者按下「左轉」鈕「不放」時，B馬達持續反轉，而C馬達持續正轉。

行號03~04：當使用者按下「左轉」鈕「放開」時，B和C馬達停止轉動，其中use-Brake參數設定爲true時，代表馬達是以「刹車」方式來停止轉動。

5. 機器人「右轉」之程式

拼圖程式	Ch9_4_5_EX4.aia

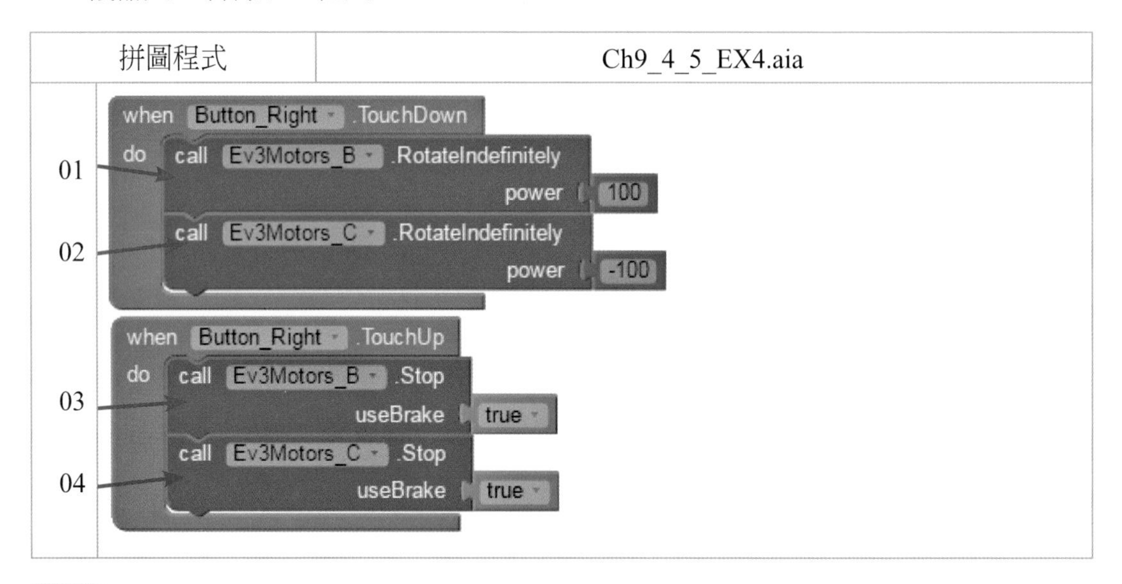

說明

行號01~02：當使用者按下「右轉」鈕「不放」時，B馬達持續正轉，而C馬達持續反轉。

行號03~04：當使用者按下「右轉」鈕「放開」時，B和C馬達停止轉動，其中use-Brake參數設定為true時，代表馬達是以「剎車」方式來停止轉動。

6. 機器人「左迴轉」之程式

拼圖程式	Ch9_4_5_EX4.aia

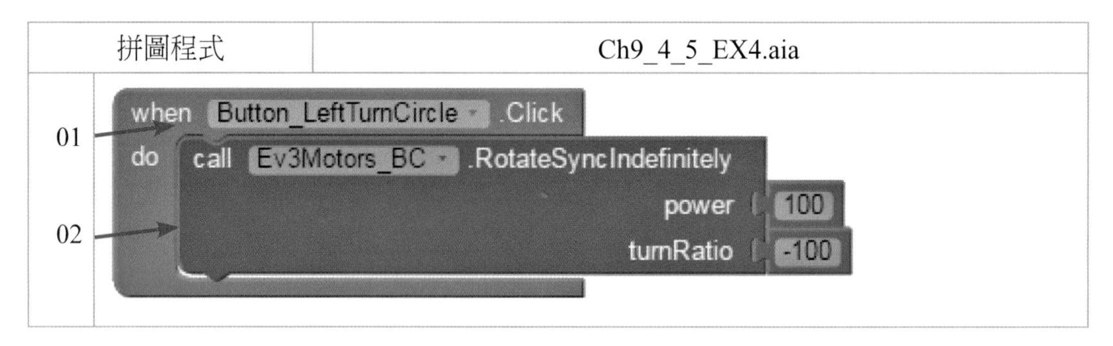

說明

行號01~02：機器人「左迴轉」，亦即用來控制兩個馬達「持續」同步轉動。其中turnRatio參數代表馬達的轉彎百分比（一般稱為舵向），數值範圍為 -100~100之間的整數。常見有三種設定方式：

0：代表直走

-100：代表原地左轉

100：代表原地右轉。

7. 機器人「右迴轉」之程式

拼圖程式	Ch9_4_5_EX4.aia

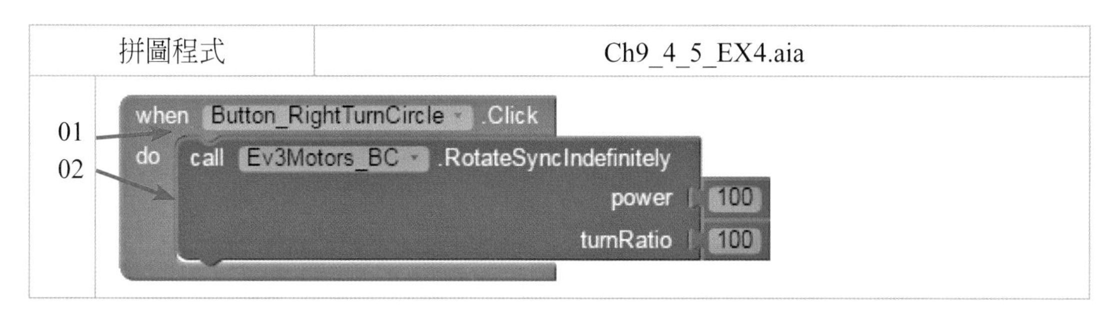

說明　同上。

註　上面的正、負值是代表的轉彎方向與您組裝機器人機構有關。

實作5　承上一題，將「前、後、左、停、右、左迴轉及右迴轉」利用圖片取代之，以增加操作介面的親和力。

介面配置

參考解答　在附書光碟中。ch9_4_5_EX5.aia

章後評量

1. 承上一題，再增加「調整馬達的速度」功能。如下圖所示。

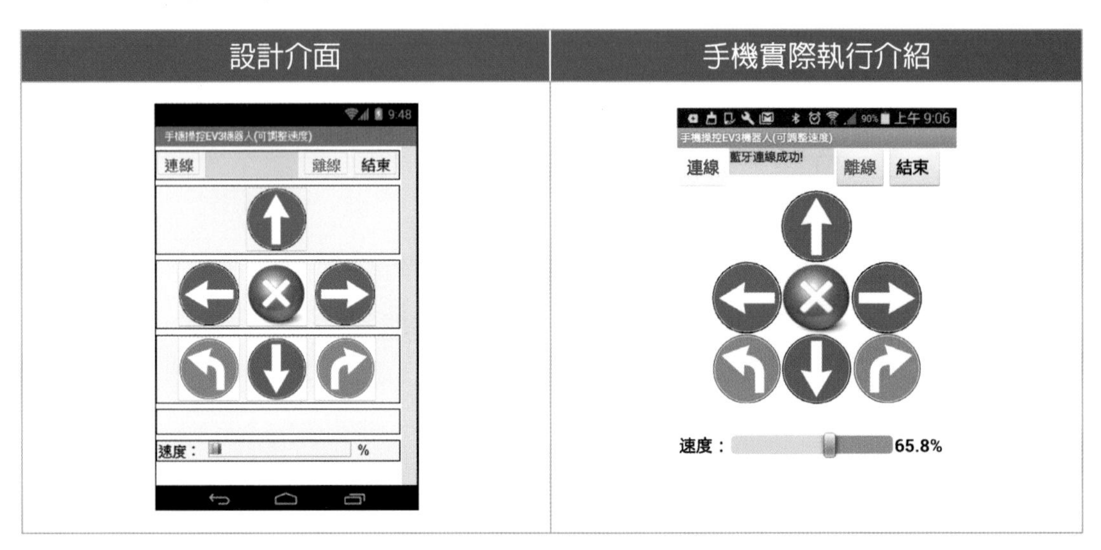

註 速度的電力設定約75%。

2. 承上一題，更改爲可以讓使用者「動態調整速度」功能。

機器人碰碰車（觸碰感測器）

本章學習目標

1. 讓讀者瞭解樂高機器人輸入端的「觸碰感測器」之原理及應用時機。
2. 讓讀者瞭解如何利用撰寫「App Inventor 2拼圖程式」來控制「觸碰感測器」。

本章內容

10-1 認識觸碰感測器

定義

是指用來感測機器人是否有觸碰到「目標物」或「障礙物」。

目的

類似按鈕式的「開關」功能。

1. 用來感測機器人前、後方的障礙物。
2. 用來感測機器人手臂前端是否碰觸到目標物或障礙物。

外觀圖示

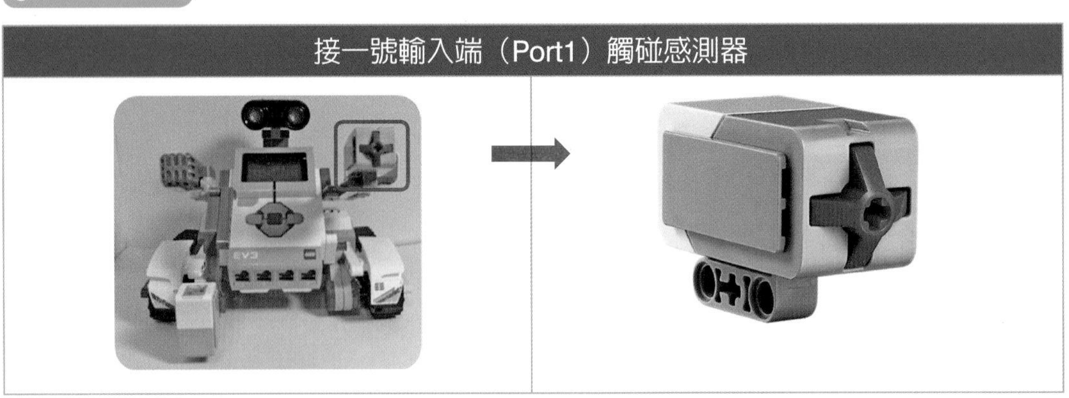

外觀　觸碰感測器的前端橘色部分爲十字孔，方便製作緩衝器。

擴大觸碰範圍

由於「觸碰感應器」中，只有「橘色部位」零件在被觸碰時，主機才會接收到訊息「true」，否則，接收到訊息「false」。因此，爲了讓樂高機器人在行動中時，擴大觸碰範圍，必須要重新「改造」一下。如下圖：

正面	側面

功能介紹　用來判斷是否有受到外部力量的觸碰或施壓。

10-2 偵測觸碰感測器狀態

在App Inventor2拼圖程式偵測是否有觸碰到「障礙物」

請你先載入「ch9_4_4.aia」的手機與機器人「藍牙連線」程式，再加入「觸碰感應器」來偵測是否有觸碰到「障礙物」。

（一）介面設計

（二）拼圖程式設計

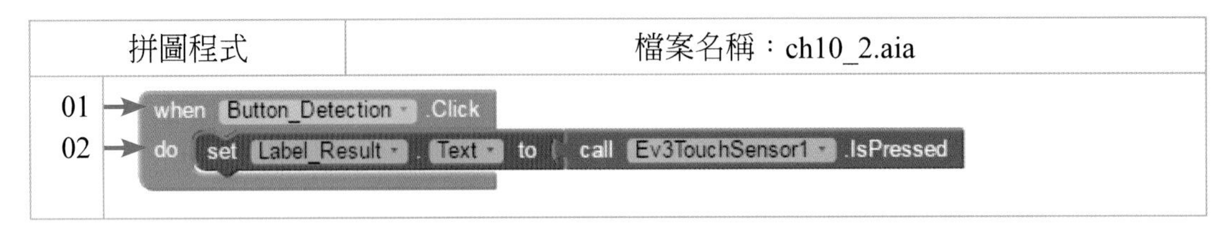

說明

行號01：當使用者按下「啓動偵測」鈕之後，就會觸發Click事件。

行號02：透過「觸碰感測器」元件的「IsPressed」方法來偵測是否有觸碰到「障礙物」。

測試方式 請您壓下「觸碰感測器」後再放開

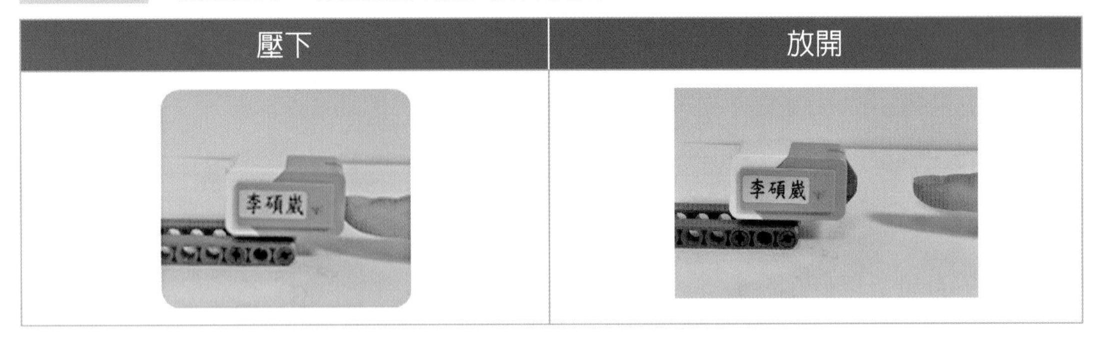

測試結果

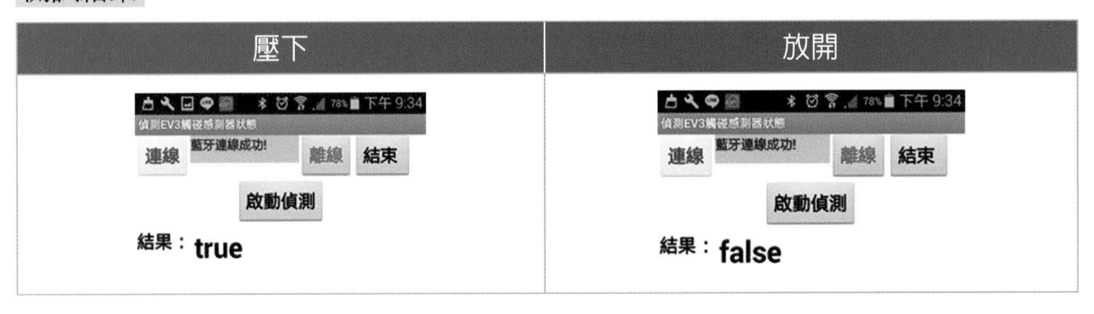

回傳資訊

1. 當按鈕被「壓下」時，回傳資訊爲「true」。
2. 當按鈕被「放開」時，回傳資訊爲「false」。

應用時機

1. 機器人前進行走時，如果碰到前方有障礙物時，就會自動轉向（如：後退、轉彎或停止等事件程序）。如：碰碰車，它會先後退再轉彎。

2. 在機械手臂前端可利用觸碰感測器偵測是否碰觸到物品，再決定是否要取回或排除它。如：拆除爆裂物的機械手臂。
3. 當作線控機器人的操控按鈕。

觸碰感測器（Ev3TouchSensor）的相關屬性

屬性	說明	靜態（屬性表）	動態（拼圖）
BluetoothClient	手機與Ev3主機溝通的重要設定，必須要Designer環境中設定。	✓	
SensorPort	感測器所連接的輸入端（預設值爲1），必須要Designer環境中設定。	✓	
PressedEventEnabled	設定觸碰感測器被「按下」時，會自動呼叫Pressed事件。	✓	✓
ReleasedEventEnabled	設定觸碰感測器被「放開」時，會自動呼叫Released事件。	✓	✓

觸碰感測器（Ev3TouchSensor）的事件

事件	說明
when Ev3TouchSensor1 .Pressed do	當觸碰感測器被「按下」時，就會呼叫本事件並執行相關的處理程序。
when Ev3TouchSensor1 .Released do	當觸碰感測器被「放開」時，就會呼叫本事件並執行相關的處理程序。

觸碰感測器（Ev3TouchSensor）的方法

方法	說明
call Ev3TouchSensor1 .IsPressed	用來判斷觸碰感測器是否被「按下」了，如果是，則傳回true；否則傳回false。

App Inventor2的作法

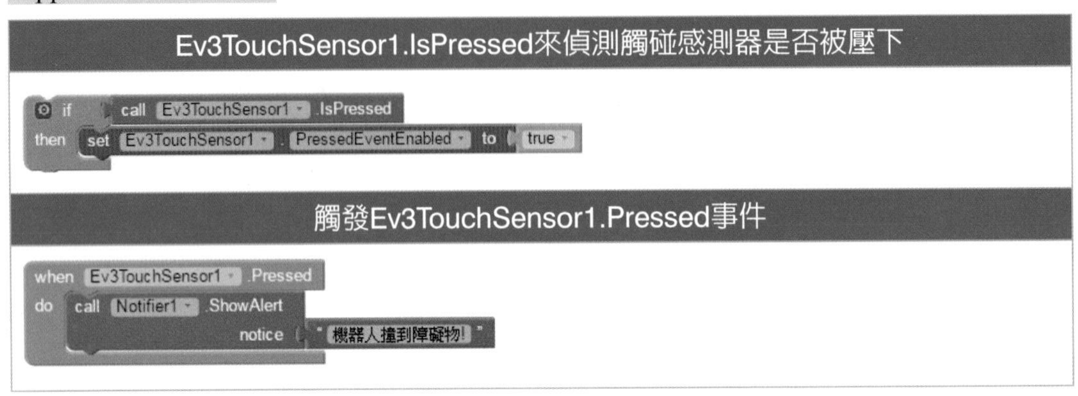

實作1

機器人在往後退時，如果「觸碰感測器」被觸碰時，則會觸發Pressed事件，等到障礙物「放開」後，則會觸發Released事件。

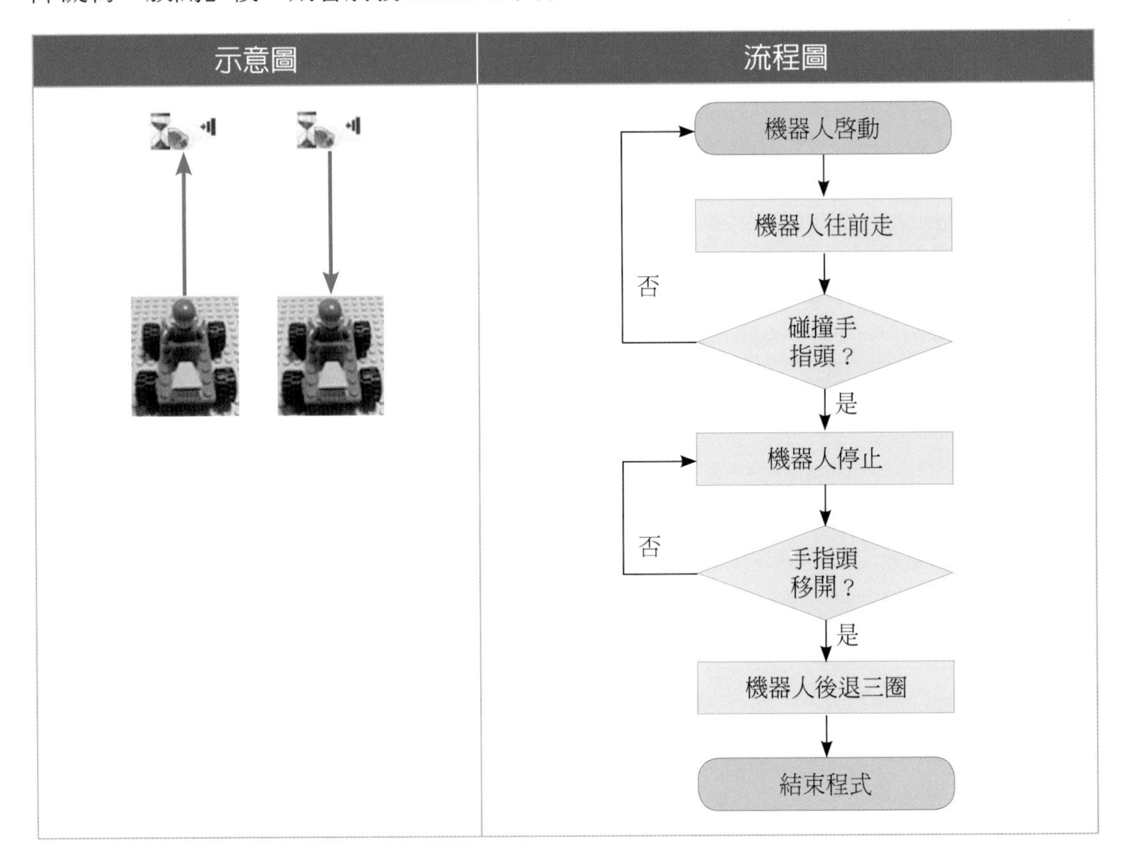

（一）介面設計

（二）關鍵拼圖程式

1. 啓動「觸碰感測器」：

拼圖程式	檔案名稱：ch10_2_EX1.aia
01 02	when Button_Detection .Click do set Ev3TouchSensor1 . PressedEventEnabled to true set Ev3TouchSensor1 . ReleasedEventEnabled to true

說明

行號01：PressedEventEnabled屬性設定爲true，亦即觸碰感測器被「按下」時，會自動觸發Pressed事件。

行號02：ReleasedEventEnabled屬性也設定爲true，亦即觸碰感測器被「放開」時，會自動觸發Released事件。

2. 呼叫Pressed事件及事件程序：

拼圖程式	檔案名稱：ch10_2_EX1.aia
01 02 03 04	when Ev3TouchSensor1 .Pressed do set Label_Result . Text to " 撞到障礙物! " call Beep Second 250 call Ev3Motors_BC .Stop useBrake true

說明

行號01：當觸碰感測器被「按下」時，會自動觸發Pressed事件。

行號02：在目前狀況中顯示「撞到障礙物!」

行號03：EV3主機會嗶0.25秒。

行號04：當使用者按下「停止」鈕時，B和C馬達停止轉動，其中useBrake參數設定爲true時，代表馬達是以「剎車」方式來停止轉。

3. 呼叫Released事件及事件程序：

拼圖程式	檔案名稱：ch10_2_EX1.aia
01 02 03 04	when Ev3TouchSensor1 .Released do set Label_Result . Text to "機器人往前走!" call Beep Second 50 call Ev3Motors_BC .RotateSyncIndefinitely power 100 turnRatio 0

說明

行號01：當觸碰感測器被「放開」時，會自動觸發Released事件。

行號02：在目前狀況中顯示「機人往前走!」

行號03：EV3主機會嗶0.25秒。

行號04：BC馬達以100%電力往前行走。

4. 「向前」的拼圖程式：

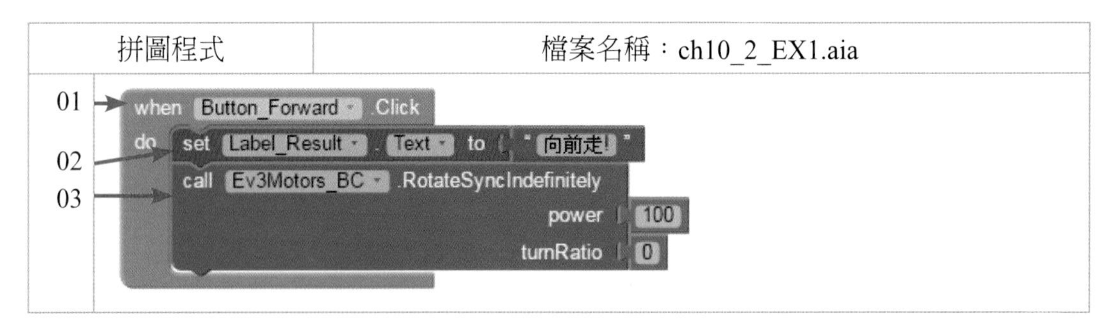

說明

行號01：當按下「向前」扭時，會自動觸發Click事件。

行號02：在目前狀況中顯示「向前走!」

行號03：BC馬達以100%電力正向旋轉，亦即向前進。

5.「向後」的拼圖程式：

拼圖程式	檔案名稱：ch10_2_EX1.aia
01 02 03	when Button_Backward .Click do set Label_Result . Text to " 向後走! " call Ev3Motors_BC .RotateSyncIndefinitely power -100 turnRatio 0

說明

行號01：當按下「向後」扭時，會自動觸發Click事件。

行號02：在目前狀況中顯示「向後走!!!」

行號03：BC馬達以100%電力逆向旋轉，亦即向後退。

6.「向左」的拼圖程式：

拼圖程式	檔案名稱：ch10_2_EX1.aia

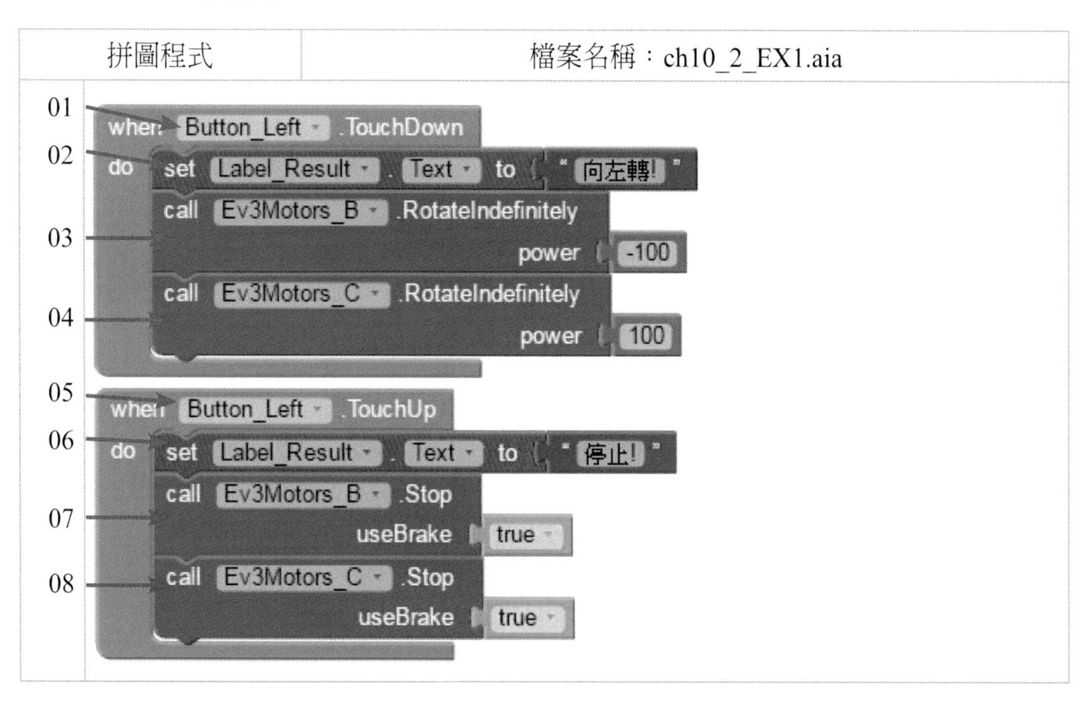

說明

行號01：當使用者按下「左轉」鈕「不放」時，會自動觸發TouchDown事件。

行號02：在目前狀況中顯示「向左轉!」

行號03~04：B馬達持續反轉，而C馬達持續正轉。

行號05：當使用者按下「左轉」鈕「放開」時，會自動觸發TouchUp事件。

行號06：在目前狀況中顯示「停止!」

行號07~08：B和C馬達停止轉動，其中useBrake參數設定爲true時，代表馬達是以「剎車」方式來停止轉動。

7. 「向右」的拼圖程式：

拼圖程式	檔案名稱：ch10_2_EX1.aia

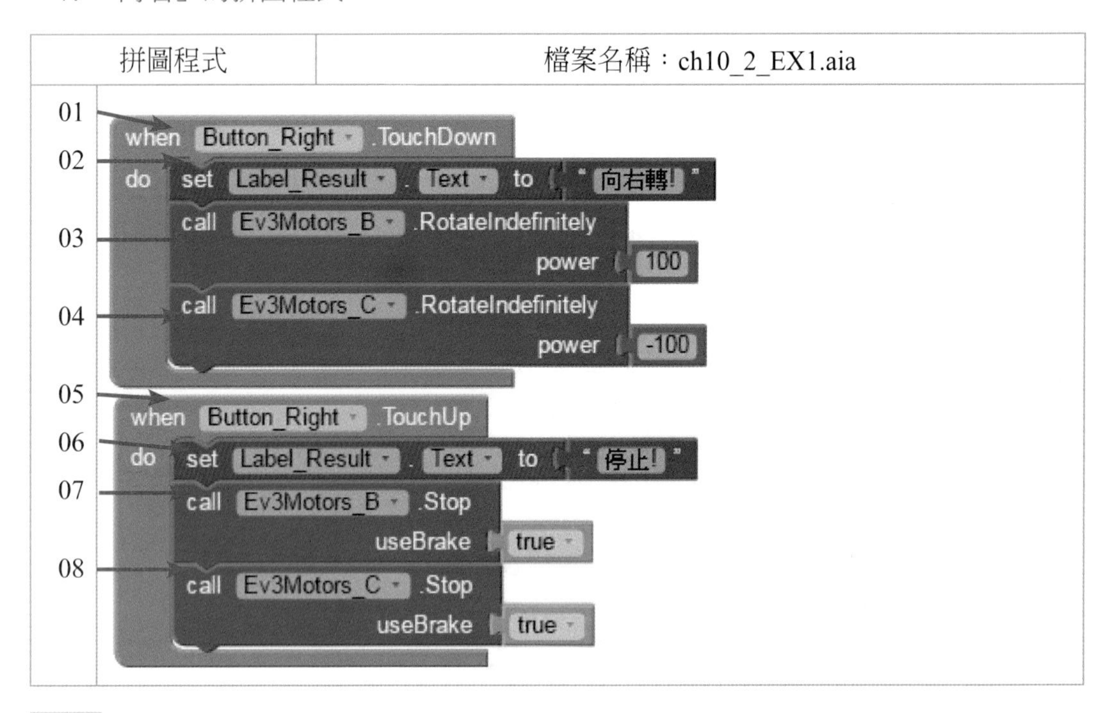

說明

行號01：當使用者按下「右轉」鈕「不放」時，會自動觸發TouchDown事件。

行號02：在目前狀況中顯示「向右轉!」

行號03~04：B馬達持續正轉，而C馬達持續反轉。

行號05：當使用者按下「右轉」鈕「放開」時，會自動觸發TouchUp事件。

行號06：在目前狀況中顯示「停止!」

行號07~08：B和C馬達停止轉動，其中 useBrake 參數設定爲true時，代表馬達是以「剎車」方式來停止轉動。

8.「停止」的拼圖程式：

拼圖程式	檔案名稱：ch10_2_EX1.aia
01	when Button_Stop .Click
02	do set Label_Result . Text to " 停止! "
03	call Ev3Motors_BC .Stop useBrake true

說明

行號01：當按下「停止」扭時，會自動觸發Click事件。

行號02：在目前狀況中顯示「停止!!!」

行號03：停止BC馬達的轉動。

10-3 機器人碰碰車

引言

碰碰車是一種老少皆宜的車子小碰撞遊戲。目前大部份的遊樂區皆有提供此活動，而碰碰車的原意是讓駕駛者爭取最快在場內完成繞圈，途中可以橫衝直撞，把對手的車碰開。最早的碰碰車在1920年代已出現。現在是一種叫受家庭歡迎的遊樂項目。

目前的玩法

以低速度行駛，以撞擊對手取樂，就算是碰撞亦不會損害人車。

實例1

利用一個「觸碰感測器」來設計「碰碰車」。

在國際奧林匹克機器人競賽（WRO）經常出現的「碰碰車」比賽，就可以利用觸碰感測器來與對手碰撞。

（一）示意圖

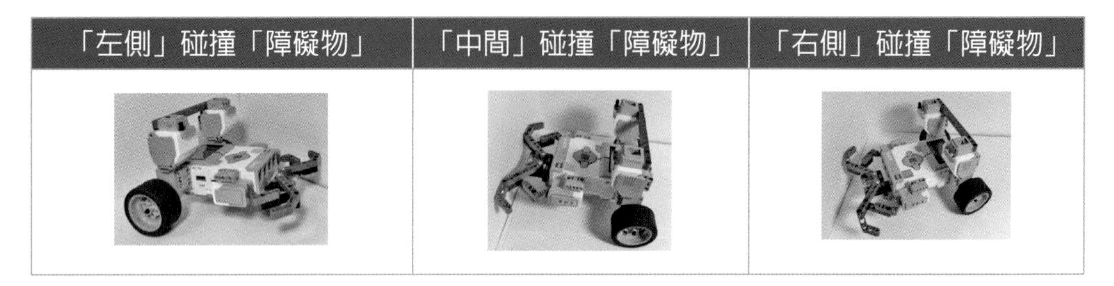

解析

1. 機器人「左側」的「觸碰感測器」偵測碰撞「障礙物」時，則先退後0.5圈，再向「右旋轉1圈」。
2. 機器人「左、右兩側」的「觸碰感測器」偵測碰撞「障礙物」時，則「後退」。
3. 機器人「右側」的「觸碰感測器」偵測碰撞「障礙物」時，則先退後0.5圈，再向「左旋轉1圈」。

（二）流程圖

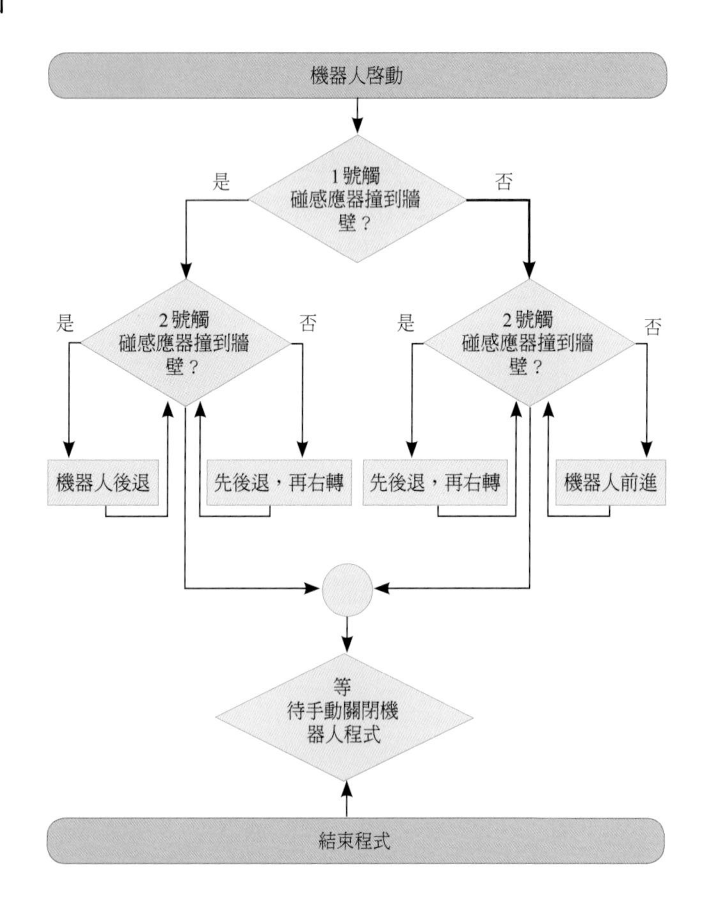

（三）介面設計

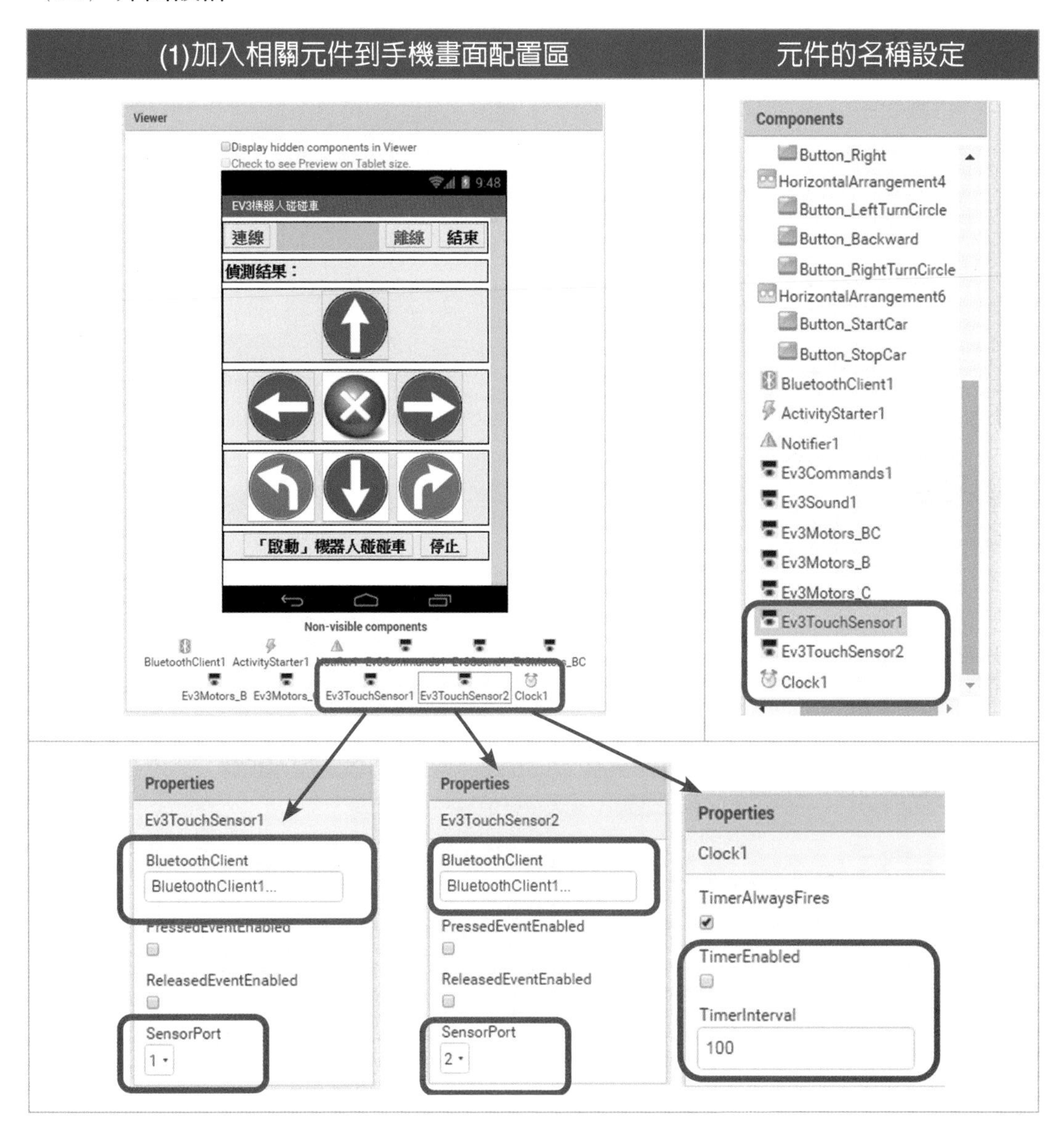
(1)加入相關元件到手機畫面配置區
元件的名稱設定
Viewer
Display hidden components in Viewer
Check to see Preview on Tablet size.
EV3機器人碰碰車
連線
離線
結束
偵測結果：
「啟動」機器人碰碰車
停止
Non-visible components
BluetoothClient1
ActivityStarter1
Ev3Motors_B
Ev3TouchSensor1
Ev3TouchSensor2
Clock1
Components
Button_Right
HorizontalArrangement4
Button_LeftTurnCircle
Button_Backward
Button_RightTurnCircle
HorizontalArrangement6
Button_StartCar
Button_StopCar
BluetoothClient1
ActivityStarter1
Notifier1
Ev3Commands1
Ev3Sound1
Ev3Motors_BC
Ev3Motors_B
Ev3Motors_C
Ev3TouchSensor1
Ev3TouchSensor2
Clock1
Properties
Ev3TouchSensor1
BluetoothClient
BluetoothClient1...
ReleasedEventEnabled
SensorPort
1
Properties
Ev3TouchSensor2
BluetoothClient
BluetoothClient1...
PressedEventEnabled
ReleasedEventEnabled
SensorPort
2
Properties
Clock1
TimerAlwaysFires
TimerEnabled
TimerInterval
100

（四）關鍵拼圖程式

1. 「啓動」機器人碰碰車：

拼圖程式	檔案名稱：ch10_3.aia

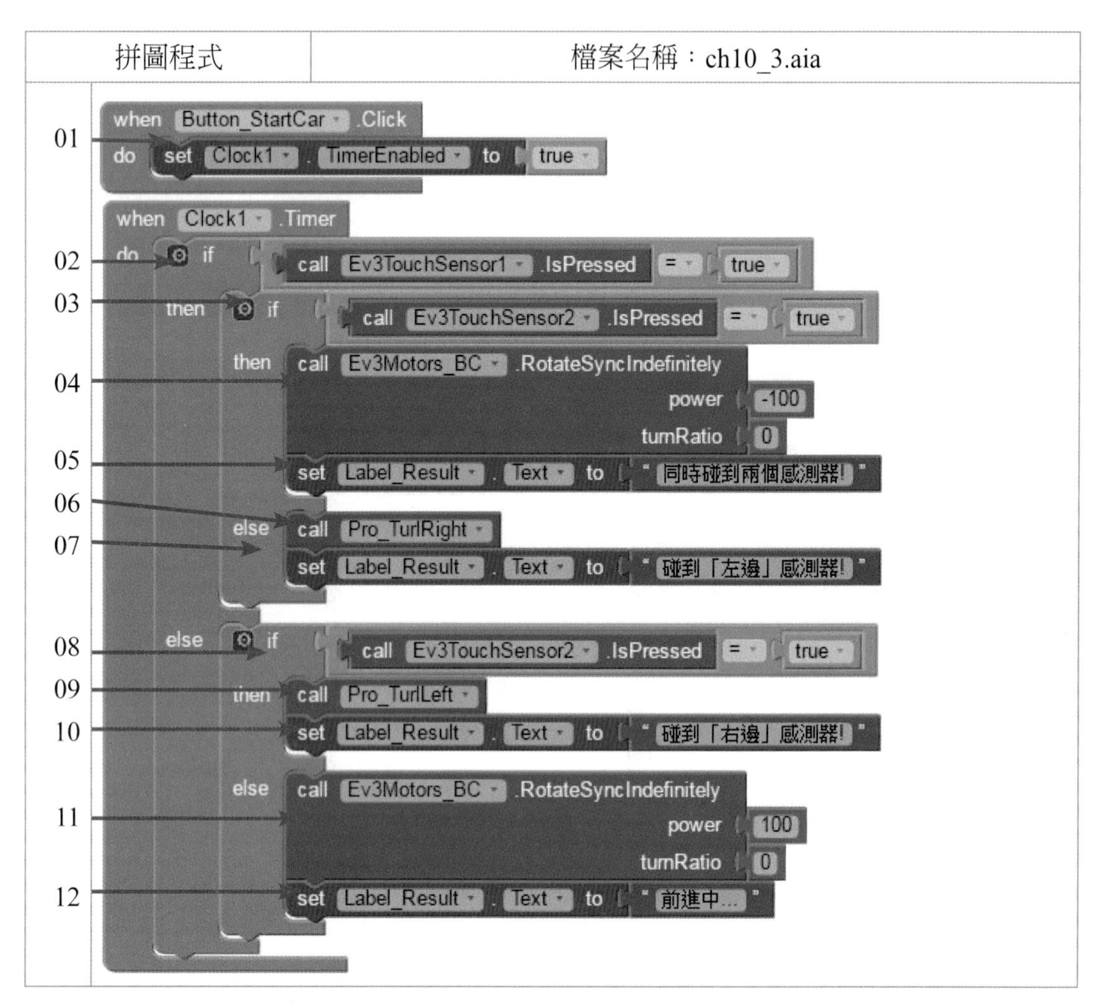

說明

行號01：啓動Clock時鐘元件功能，亦即讓碰碰車開發行走。

行號02~03：先判斷「第一個觸碰感測器」是否被觸碰，如果是的話，則繼續判斷「第二個觸碰感測器」是否被觸碰。

行號04：B與C馬達以100%電力逆向旋轉，亦即往後退。

行號05：在目前狀況中顯示「同時碰到兩個感測器!!!」

行號06~07：否則，如果只有「第一個觸碰感測器」被觸碰時，則呼叫「向左轉的副程式」。並且在目前狀況中顯示「碰到「左邊」感測器!!!」

行號08~10：如果只有「第二個觸碰感測器」被觸碰時，則呼叫「向右轉的副程式」。並且在目前狀況中顯示「碰到「右邊」感測器!!!」

行號11~12：如果兩個觸碰感測器皆沒有被觸碰時，則B與C馬達以100%電力正向旋轉，亦即往前進。

2.「停止」機器人碰碰車：

拼圖程式	檔案名稱：ch10_3.aia

```
   when Button_StopCar .Click
01 do set Clock1 . TimerEnabled to false
02    call Ev3Motors_B .Stop
                  useBrake true
03    call Ev3Motors_C .Stop
                  useBrake true
04    call Ev3Motors_BC .Stop
                  useBrake true
```

說明

行號01：關閉Clock時鐘元件功能，亦即讓停止碰碰車行走。

行號02~04：停止B與C馬達的轉動。

3. 建立「延遲時間的副程式」：

拼圖程式	檔案名稱：ch10_3.aia

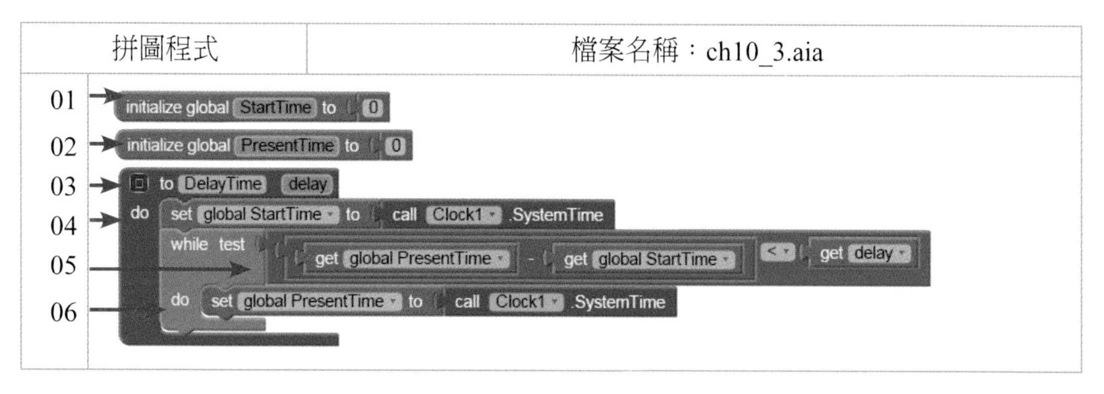

說明

行號01：宣告StartTime變數用來記錄「開始時間」。

行號02：宣告PresentTime變數用來記錄「目前時間」。

行號03~06：定義延遲時間的副程式。

行號03：delay參數代表延遲的秒數。例如delay設定500，代表延遲0.5秒。

行號04：StartTime變數記錄系統「開始執行時的時間」。

行號05：如果「目前時間」減掉「開始時間」小於設定的延遲的秒數，則系統會執行空迴圈，亦即產生延遲效果。

行號06：PresentTime變數記錄系統「目前的時間」。

4. 定義「碰碰車左觸碰」的副程式：

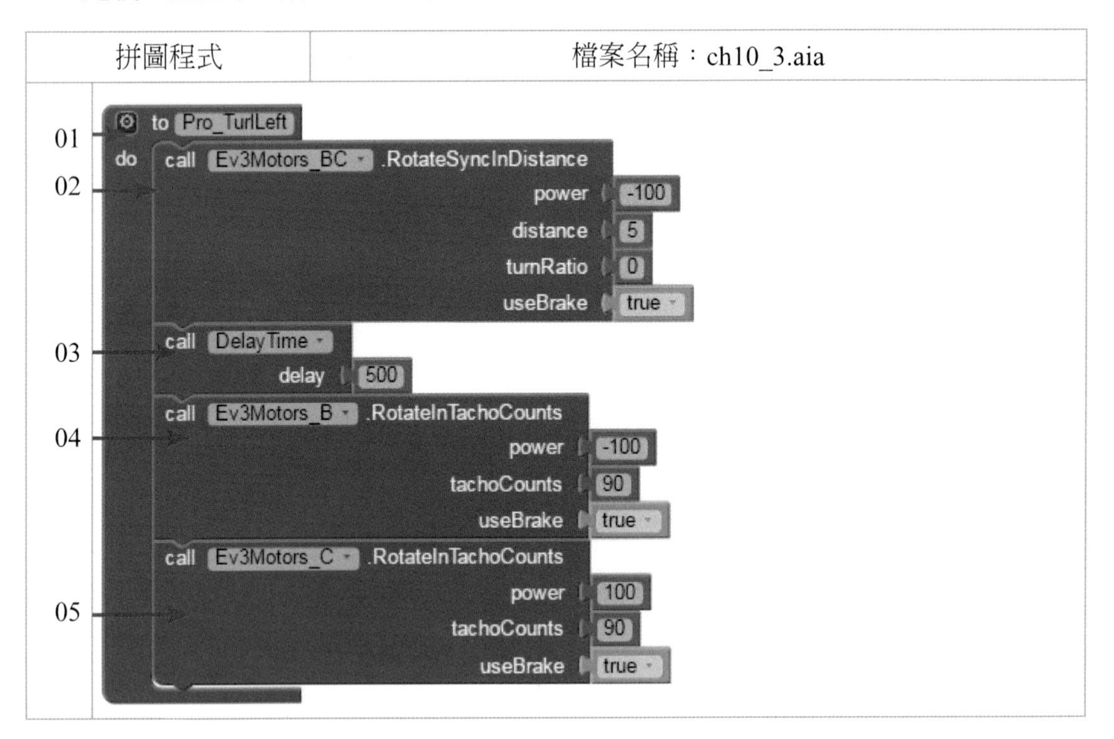

說明

行號01：定義「碰碰車左觸碰」的副程式。

行號02：B與C馬達以100%電力逆向旋轉5個單位距離。

行號03：呼叫延遲時間的副程式，並傳遞參數值為500

行號04~05：讓碰碰車產生右轉的效果。

5. 定義「碰碰車右觸碰」的副程式：

拼圖程式	檔案名稱：ch10_3.aia
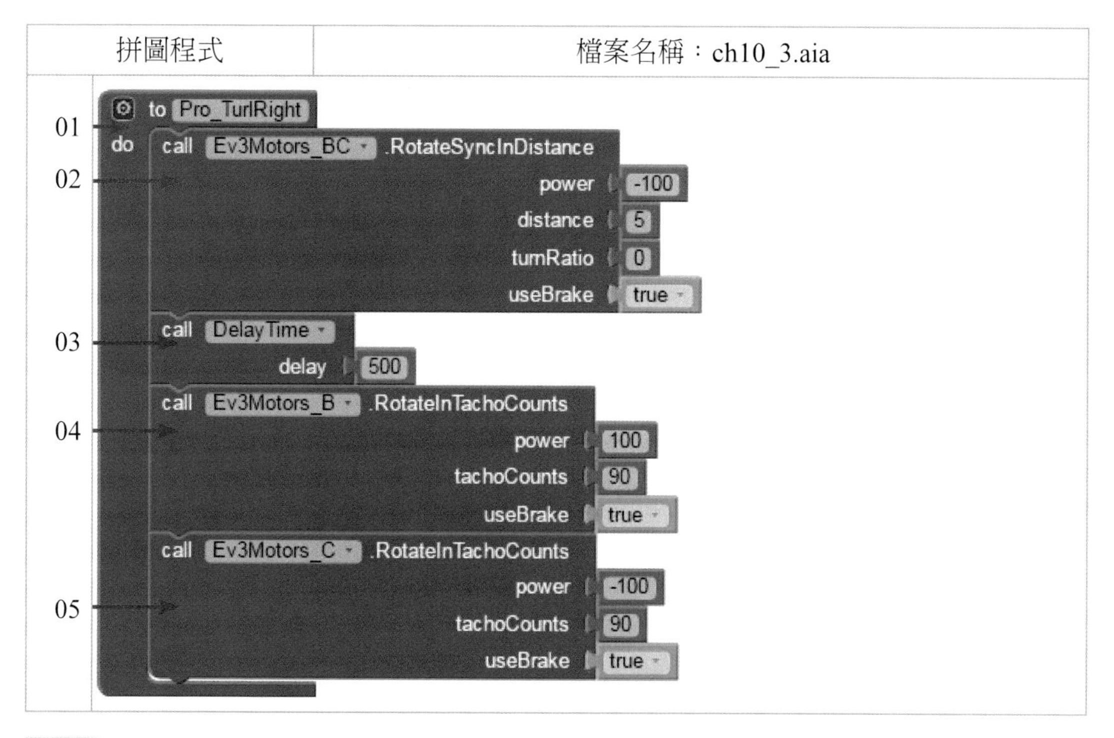	

說明

行號01：定義「碰碰車右觸碰」的副程式。

行號02：B與C馬達以100%電力逆向旋轉5個單位距離。

行號03：呼叫延遲時間的副程式，並傳遞參數值為500

行號04~05：讓碰碰車產生左轉的效果。

章後評量

1. 設計動態切換EV3機器人「觸碰感測器」開關

   作法：

   請先讀取ch10_2_EX1.aia檔案，當使用者尚未啟動「觸碰感測器」按鈕時，預設為「紅色」字，並且改為「觸碰感測器（關）」，但是，按下此鈕之後，它會改為「藍色」字的「觸碰感測器（開）」，以便讓使用者瞭解目前的狀況。

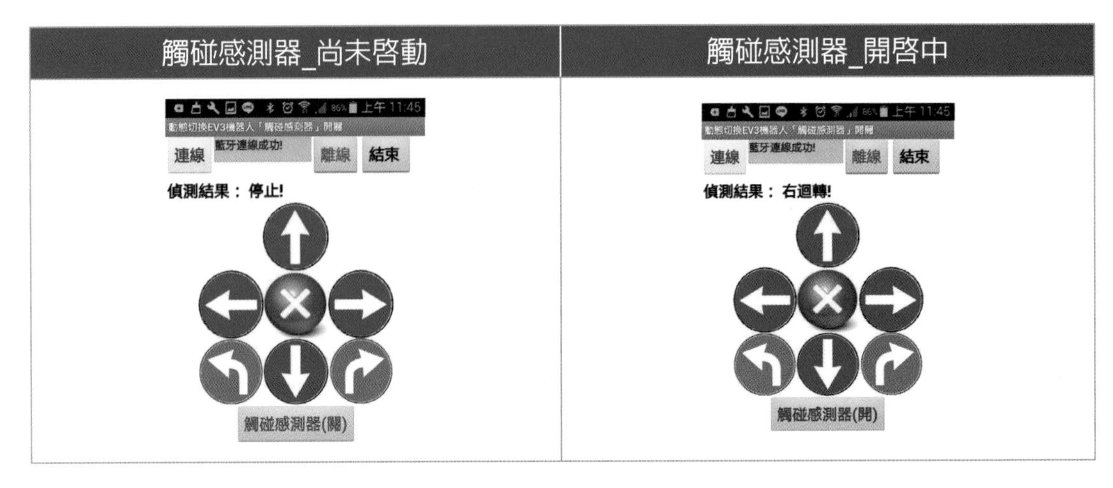

2. 請利用EV3機器人「觸碰感測器」設計「入場人數計數器」。
   作法：
   請先讀取ch9_4_4.aia 檔案，加入「觸碰感測器」元件，當每按下一次，螢幕上的計數器自動加1，並發出「嗶聲」。

統計之（前）	統計之（後）
連線 藍牙連線成功! 離線 結束 啟動「觸碰感測器」 目前入場人數統計 0	連線 藍牙連線成功! 離線 結束 啟動「觸碰感測器」 目前入場人數統計 10

3. 承上一題，當「入場人數計數器」統計人數每10人，就會顯示「紅色字」，並且加入「語音元件」來唸出目前入場人數。

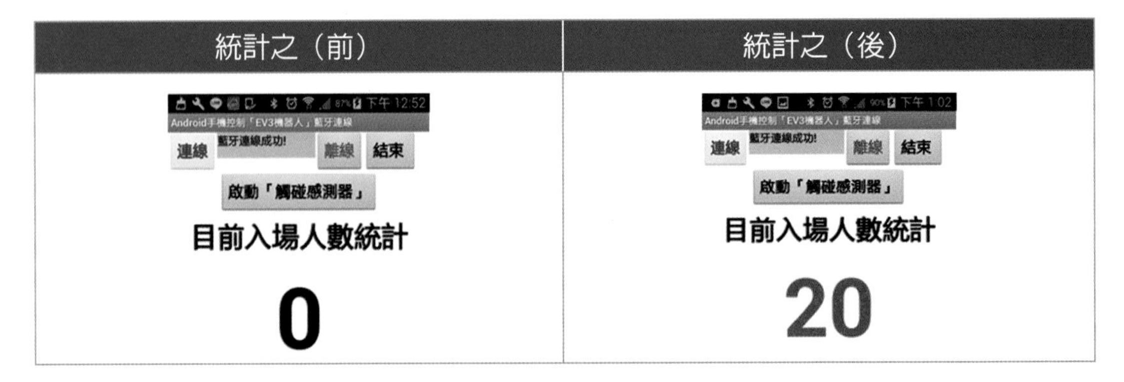

Chapter 11

機器人軌跡車（顏色感測器）

本章學習目標

1. 讓讀者瞭解樂高機器人輸入端的「顏色感測器」之原理及應用時機。
2. 讓讀者瞭解如何利用撰寫「App Inventor 2拼圖程式」來控制「顏色感測器」。

本章內容

11-1. 認識顏色感測器

11-2. 偵測顏色感測器之光值

11-3. 計算經過的黑線數目

11-4. 太陽能車

11-5. 設計樂高軌跡車

11-1 認識顏色感測器

定義

是指用來偵測不同顏色的反射光、顏色及環境光強度。

目的

可以讀取周圍環境及不同顏色的反射光，以讓機器人進行不同的動作。

圖示

接三號輸入端（Port3）顏色感測器

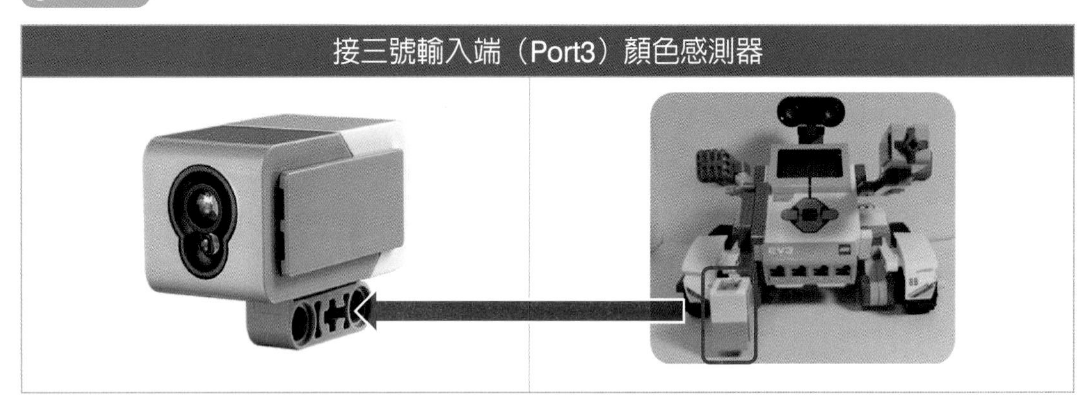

外觀　顏色感測器的前端紅色部分內有上下兩個LED（上大，下小）。

功能介紹

1. 大LED燈：發出光線後，經光線照射物體後會反射光線的原理。
2. 小LED燈：接收到反射的光線後，將資訊回傳給EV3主機。

原理

利用「顏色感測器」中的LED所發射的光線，經地面反射光來偵測物體光線的強弱。

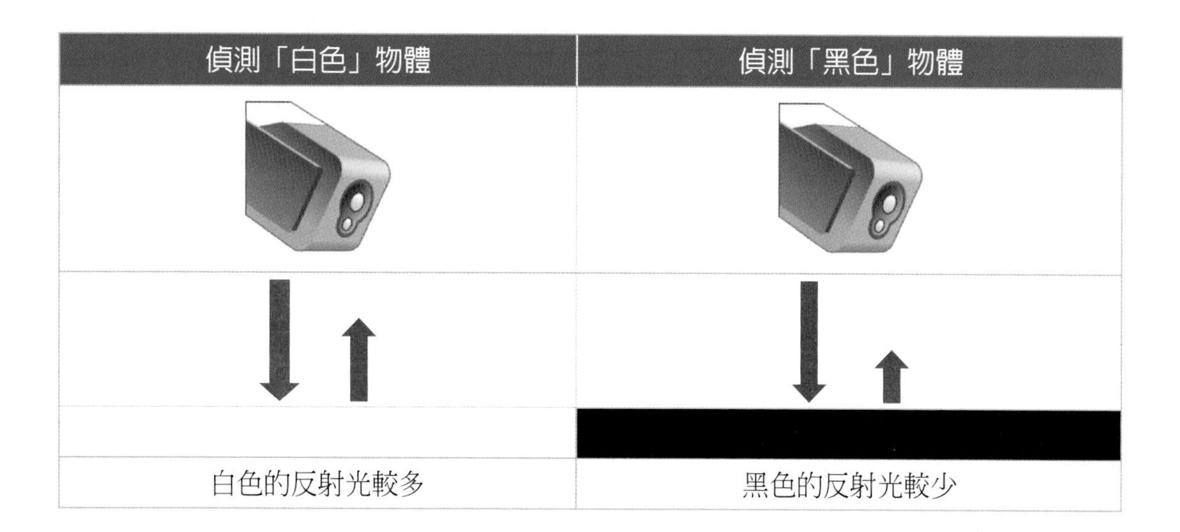

11-2 偵測顏色感測器之光值

在App Inventor2拼圖程式開發環境偵測「反射光」值

請你先載入「ch9_4_4.aia」的手機與機器人「藍牙連線」程式，再加入「顏色感測器」來偵測「反射光」。

（一）介面設計

（二）拼圖程式設計

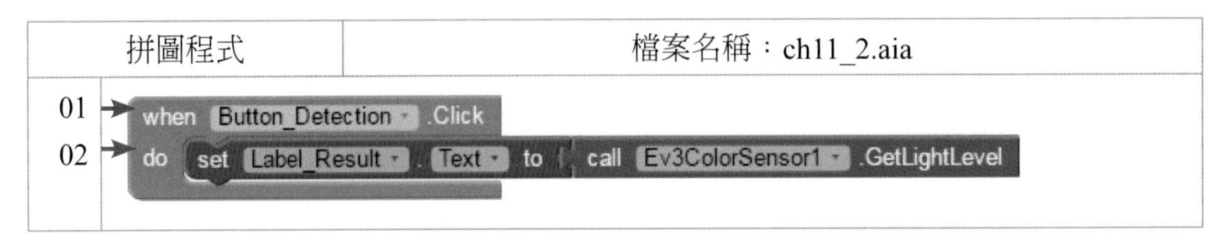

說明

行號01：當使用者按下「偵測反射光」鈕之後，就會觸發Click事件。

行號02：透過「顏色感測器」元件的「GetLightLevel」方法來取得「反射光」。

測試方式　請你準備兩張紙（黑色與白色），分別放在「顏色感測器」下方。

測試結果

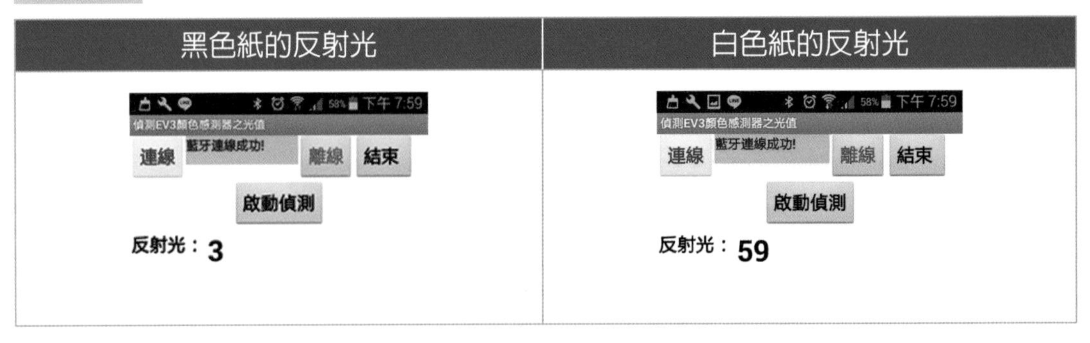

說明　白色紙的反射光＞黑色紙的反射光

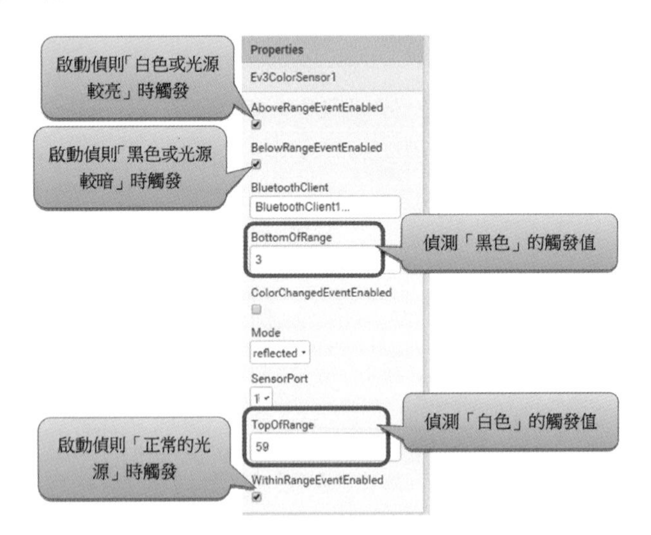

判定計算黑白線的門檻值

1. 使用顏色感應器的「回饋盒」偵測黑色地板的反射光數值，假設是3%。
2. 使用顏色感應器的「回饋盒」偵測白色地板的反射光數值，假設是59%。

顏色感測器設定值=（黑色最小值+白色最大值）/2 = (3 + 59)/2 = 31。

機器人行進過程中，如果反射光數值大於31，可判定為白色地板，如果反射光數值小於31，可判定為黑線。

應用時機

1. 循跡機器人（沿著黑色行走）
2. 垃圾車（循跡車+超音波感測器）
3. 感應天黑天亮
4. 在黑色地板走白色軌跡
5. 尋找黑線

顏色感測器（Ev3ColorSensor）的相關屬性

屬性	說明
BluetoothClient	手機與EV3主機溝通的重要設定，必須要Designer環境中設定。
SensorPort	感測器所連接的輸入端（預設值為1），必須要Designer環境中設定。
ColorChangedEventEnabled	啓動或關閉顏色改變事件
Mode	偵測三種模式： 1.反射光模式（Reflected）：顏色感測器之LED發亮的情況下偵測反射光強度，數值為0（最暗）~100（最亮）。 2.環境光模式（Ambient）：顏色感測器之LED不發亮的情況下偵測反射光強度，數值為0（最暗）~100（最亮）。 3.顏色模式（Color）：回傳所辨識的顏色，共有no color、black、blue、green、yellow、red、white與 brown等8種不同顏色。
BottomOfRange	設定偵測亮度的最小值。
TopOfRange	設定偵測亮度的最大值。
BelowRangeEventEnabled	當偵測的亮度低於 BottomOfRange時，是否要呼叫Below-Range事件。

屬性	說明
WithinRangeEventEnabled	當偵測的亮度介於BottomOfRange與TopOfRange 之間時，是否要呼叫 WithinRange事件。
AboveRangeEventEnabled	當偵測的亮度超過 TopOfRange時，是否要呼叫AboveRange事件。

顏色感測器值（Ev3ColorSensor）的事件

事件	說明
when Ev3ColorSensor1 .AboveRange do	光值已經高於指定範圍。
when Ev3ColorSensor1 .BelowRange do	光值已經低於指定範圍。
when Ev3ColorSensor1 .WithinRange do	光值介於指定範圍之間。
when Ev3ColorSensor1 .ColorChanged colorCode colorName do	顏色改變時，呼叫本事件。

顏色感測器值（Ev3ColorSensor）的方法

方法	說明
call Ev3ColorSensor1 .GetLightLevel	回傳光值強度，這是一個介於0 到100之間的整數，如果回傳-1代表無法讀取光值。
call Ev3ColorSensor1 .SetReflectedMode	設定爲「反射光」偵測模式
call Ev3ColorSensor1 .SetColorMode	設定爲「顏色」偵測模式
call Ev3ColorSensor1 .SetAmbientMode	設定爲「環境光」偵測模式

11-3 計算經過的黑線數目

既然「顏色感應器」可以偵測黑色及白色的不同反射光，因此，我們就可以利用此特色來讓樂高機器人更有智慧的判斷行徑歷程。

範例1　輪型機器人往前走，直到「顏色感應器」偵測「黑線」時，就會「停止」。

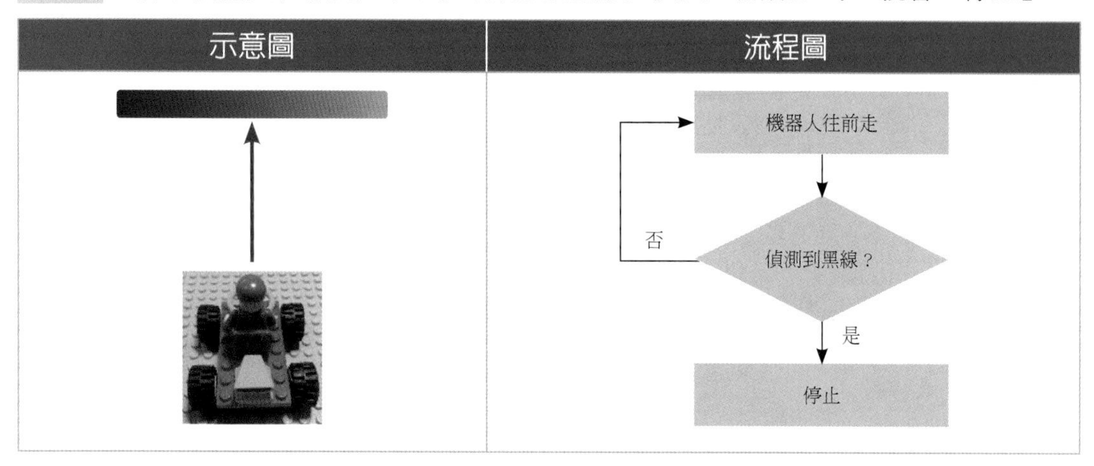

原始狀態

終點區	行走區	出發區

遇白線停止

終點區	行走區	出發區

介面設計

（二）關鍵拼圖程式

1. 偵測「黑線」的反射光：

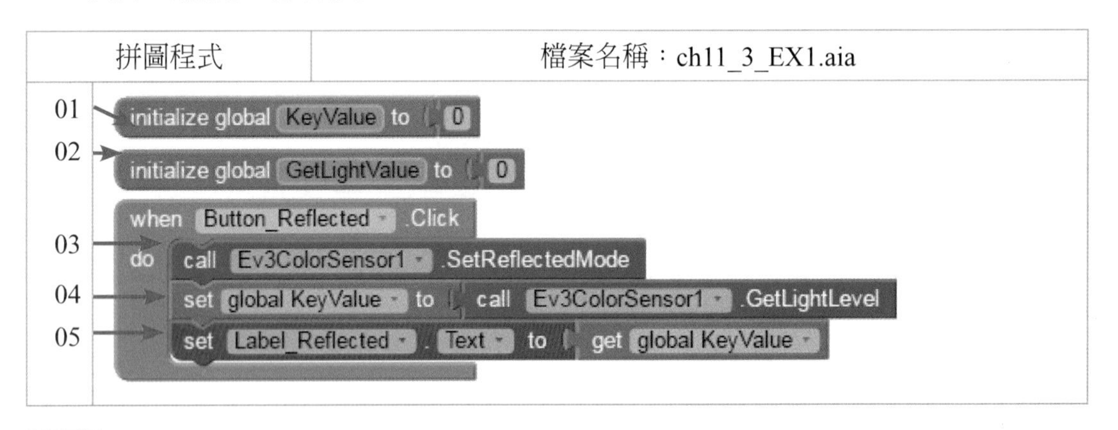

說明

行號01：宣告「KeyValue變數」爲黑色線的「門檻值」，並且設定初值爲0。

行號02：宣告「GetLightValue變數」爲取得目前的「偵測值」並且設定初值爲0。

行號03：設定爲「反射光」偵測模式。

行號04~05：取得目前偵測巡線的值爲「門檻值」KeyValue，並顯示在螢幕上。

2.「啓動」機器人：

拼圖程式	檔案名稱：ch11_3_EX1.aia
01 02 03	when Button_Start .Click do if is a number? Label_GetReflected . Text then set Clock1 . TimerEnabled to true else call Notifier1 .ShowAlert notice " 您尚未取得「黑色線」的反射光值!!! "

說明

行號01：判斷是否已經偵測「黑線的反射光」。

行號02：如果已經偵測完成，則啓動Clock元件來進行前進。

行號03：否則，在螢幕上會顯示「您尚未取得「黑色線」的反射光値！！！」。

3. 機器人前向，並檢查是否遇到「黑線」

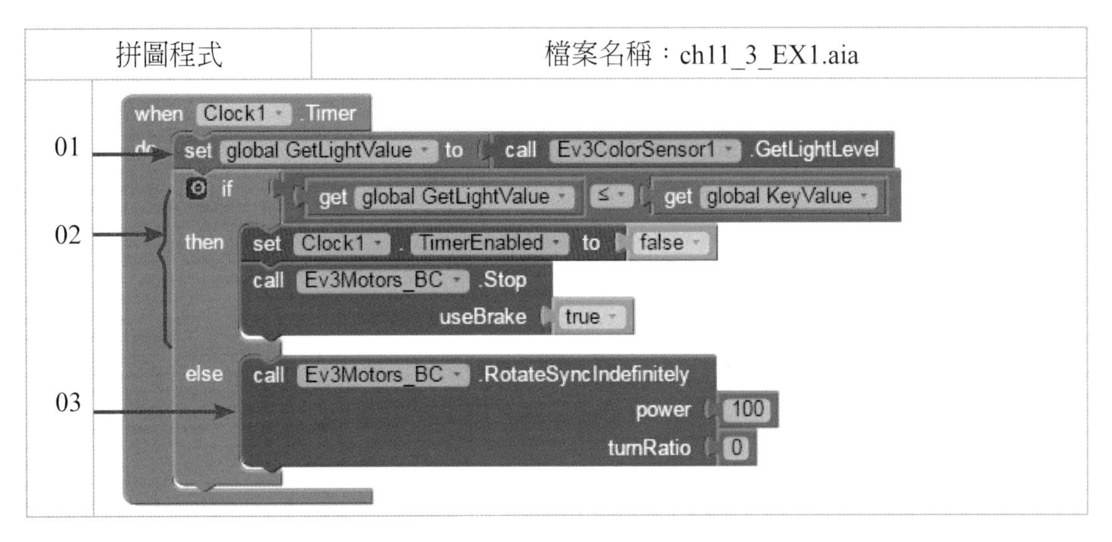

說明

行號01：取得目前的偵測的反射光値。

行號02：如果目前偵測的反射光値小於或等於「巡線的門檻値」時，則關閉Clock元件，並且停止機器人前進。

【注意】當你在實際操作時，往往產生明明偵測到黑色線，卻沒有停止。其因原就是它會有「誤差值」。因此，我們可以在「黑線的門檻值」加上參數值（例如1, 2, ..., N），以解決此問題。

行號03：否則，機器人繼續往前進，直到遇到黑色線爲止。

範例2　利用「顏色感測器」偵測到第三線黑線就停止

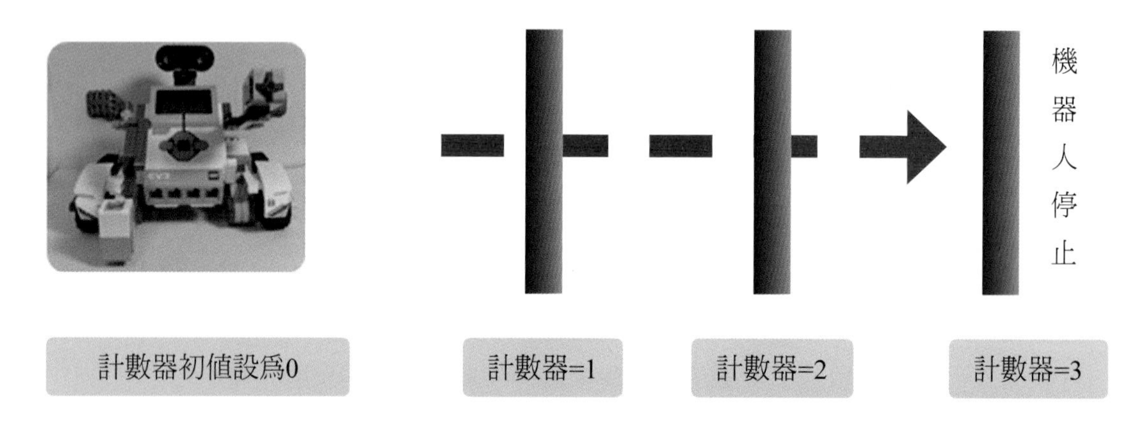

流程圖

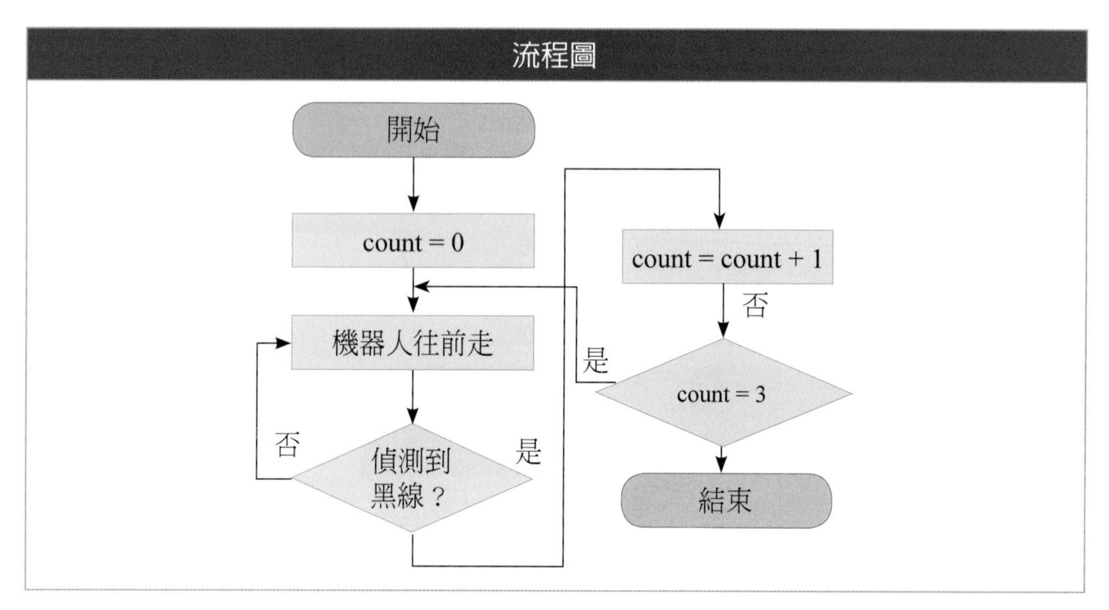

（一）介面設計

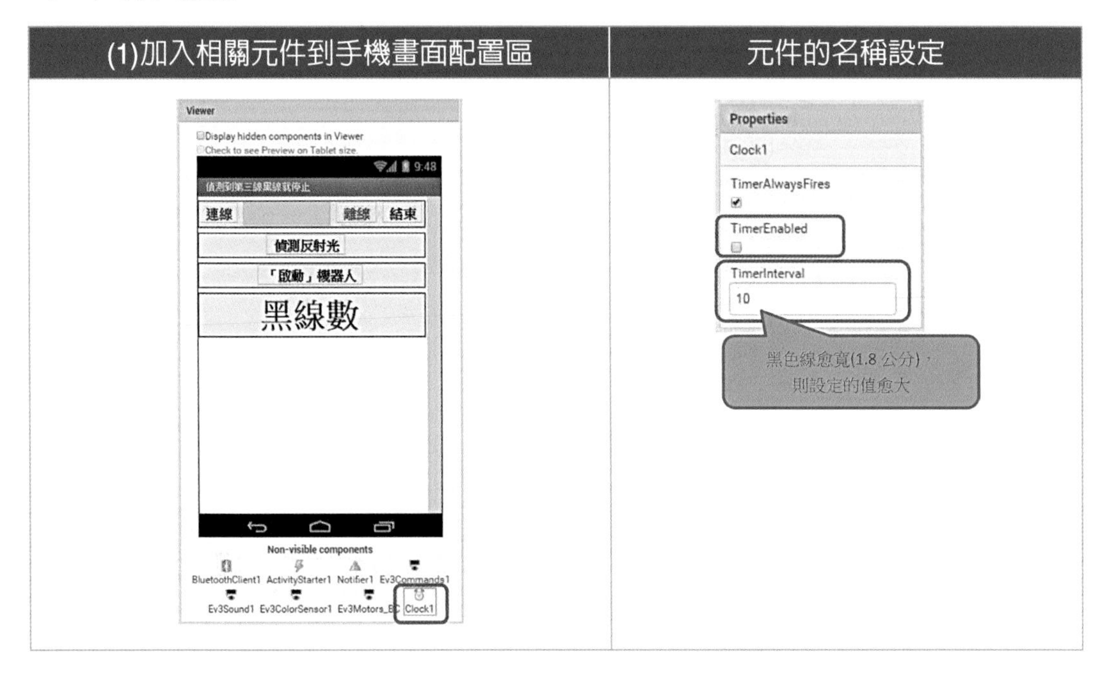

（二）關鍵拼圖程式

1. 偵測「黑線」的反射光：

拼圖程式	檔案名稱：ch11_3_EX2.aia

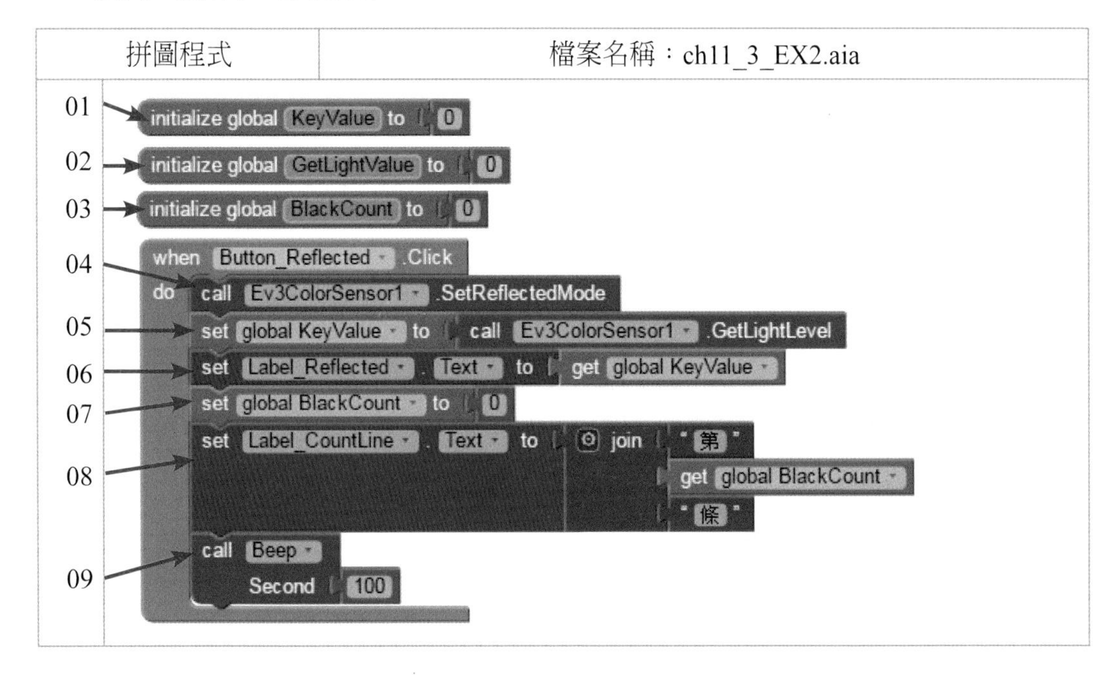

說明

行號01：宣告「KeyValue變數」為黑色線的「門檻值」，並且設定初值為0。

行號02：宣告「GetLightValue變數」為取得目前的「偵測值」並且設定初值為0。

行號03：宣告「BlackCount變數」為「偵測黑線數」並且設定初值為0。

行號04：設定為「反射光」偵測模式。

行號05~06：取得目前偵測巡線的值為「門檻值」KeyValue，並顯示在螢幕上。

行號07~08：設定BlackCount變數為0，並顯示目前第○條。

行號09：發出「嗶聲」0.1秒。

2. 「啓動」機器人：

拼圖程式	檔案名稱：ch11_3_EX2.aia

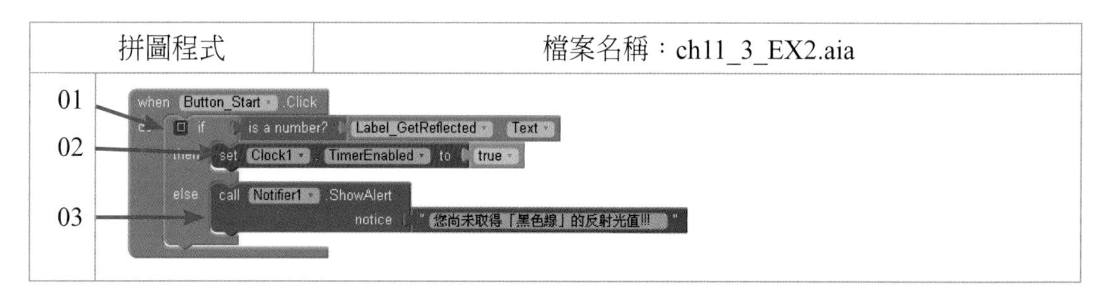

說明

行號01：判斷是否已經偵測「黑線的反射光」。

行號02：如果已經偵測完成，則啓動Clock元件來進行前進。

行號03：否則，在螢幕上會顯示「您尚未取得「黑色線」的反射光值！！！」。

3. 機器人前向，並計算經到「黑線」的數量

拼圖程式	檔案名稱：ch11_3_EX2.aia

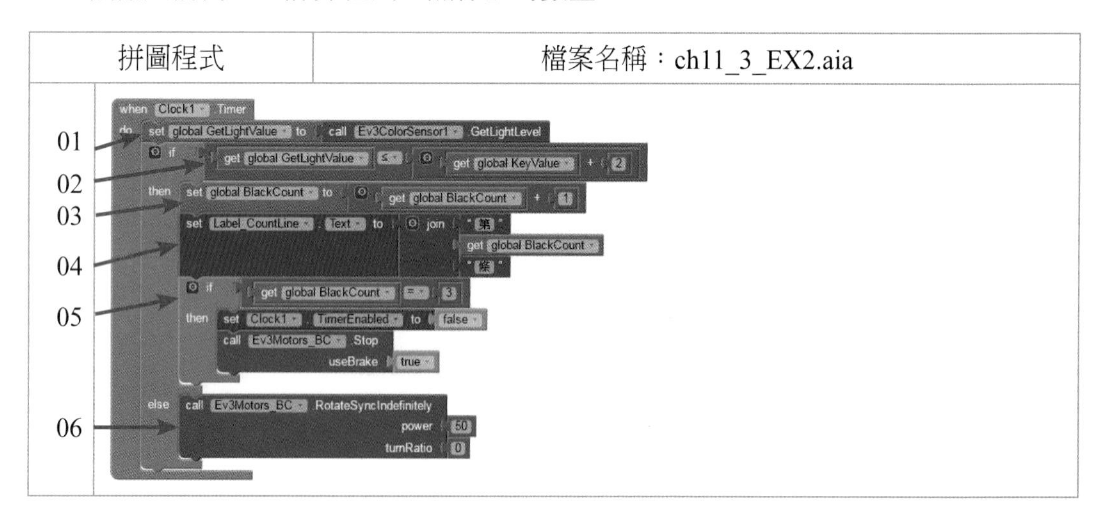

說明

行號01：取得目前的偵測的反射光值。

行號02：如果目前偵測的反射光值小於或等於「黑線的門檻值」時，則關閉Clock元件，並且停止機器人前進。

【注意】當你在實際操作時，往往產生明明偵測到黑色線，卻沒有停止。其因原就是它會有「誤差值」。因此，我們可以在「黑線的門檻值」加上2，以解決此問題。

行號03：計算經過黑色線的計數器BlackCount變數，每次加1。

行號04：顯示目前經過黑色線的計數器

行號05：檢定黑色線的計數器是否等於三條，如果是的話，則Clock元件關閉，並且停止馬達前進。

行號06：如果不是三條，則機器人繼續往前進，直到遇到3條黑色線為止。

11-4 太陽能車

在本單元中，藉由太陽能車的例子，來教導學生瞭解「顏色感應器」的運作原理與操作方式，並藉著遊戲的方式了解環境顏色的變化。

1. 以光線照射機器人，機器人開始直線前進
2. 移開顏色，機器人停止不動。

場地需求：利用手機中的「手電筒」或傳統的手電筒皆可。

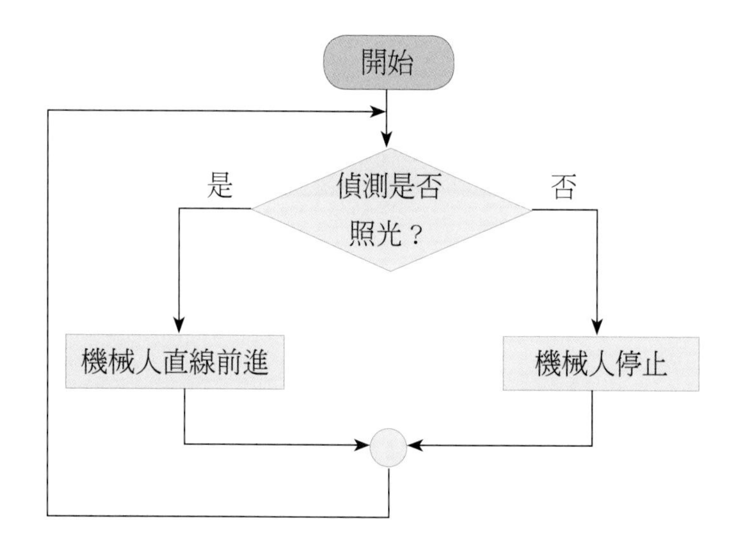

（一）介面設計

（二）關鍵拼圖程式

1. 偵測「黑線」的反射光：

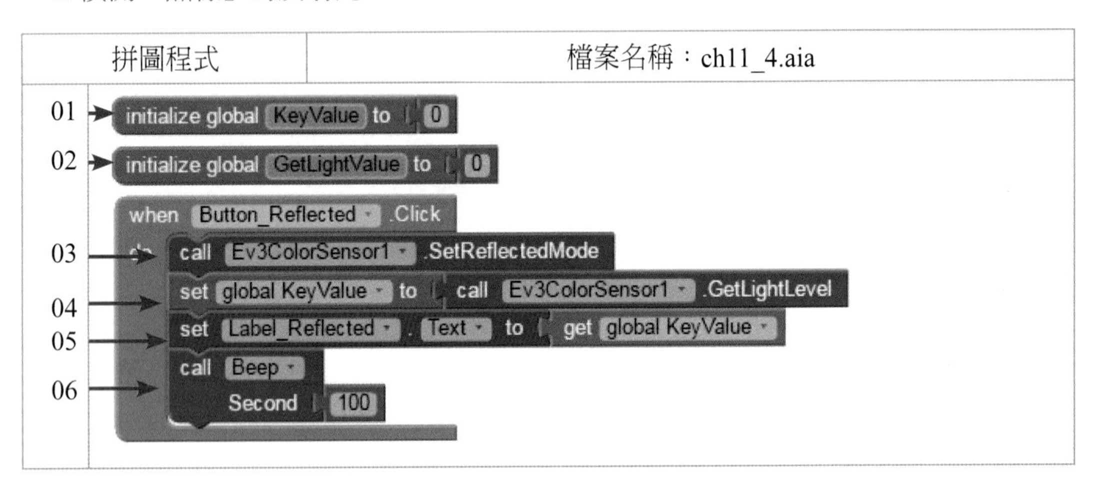

說明

行號01：宣告「KeyValue變數」爲黑色線的「門檻値」，並且設定初値爲0。

行號02：宣告「GetLightValue變數」爲取得目前的「偵測值」並且設定初値爲0。

行號03：設定爲「反射光」偵測模式。

行號04~05：取得目前偵測巡線的值爲「門檻值」KeyValue，並顯示在螢幕上。

行號06：發出「嗶聲」0.1秒。

2.「啓動」太陽能車：

拼圖程式	檔案名稱：ch11_4.aia
01 02 03	when Button_Start .Click do if is number? Label_Reflected . Text then set Clock1 . TimerEnabled to true else call Notifier1 .ShowAlert notice " 您尚未取得「自然光」的反射光值! "

說明

行號01：判斷是否已經偵測「自然光」。

行號02：如果已經偵測完成，則啓動Clock元件來進行前進。

行號03：否則，在螢幕上會顯示「您尚未取得「自然光」的反射光値！！！」。

3.「關閉」太陽能車：

拼圖程式	檔案名稱：ch11_4.aia
01 02	when Button_Off .Click do set Clock1 . TimerEnabled to false call Ev3Motors_BC .Stop useBrake true

說明

行號01：關閉Clock元件的功能。

行號02：停止伺服馬達的轉動。

4. 偵測顏色是否大於啟動馬達的「門檻值」

拼圖程式	檔案名稱：ch11_4.aia

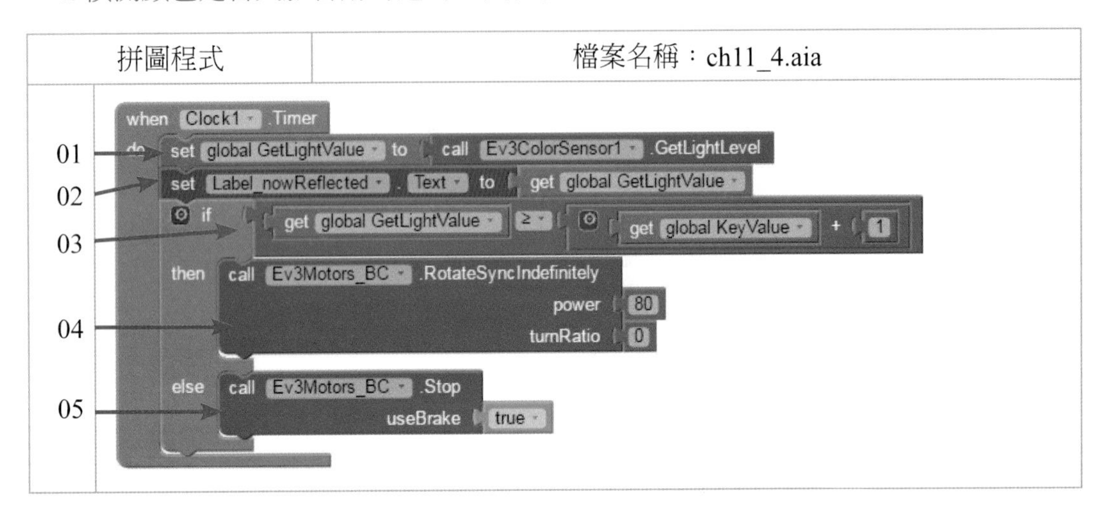

說明

行號01~02：取得目前的偵測的反射光值，並顯示在螢幕上。

行號03：如果目前偵測的反射光值大於或等於「門檻值+1」亦即代表較強的照射光。

行號04：機器人前進。

行號05：機器人停止。

11-5 設計樂高軌跡車

在國際奧林匹克機器人競賽（WRO）經常出現的軌跡賽，就可以利用顏色感測器來控制軌跡車如何前進。

引言

本單元要做一輛輪型或履帶式的機器人，它可以循著地上的軌跡前進，讓學生利用顏色感應器去實地量與偵測。

解析

1. 機器人的「顏色感測器」偵測「黑線或白線」時右轉，而偵測「白線或黑線」時左轉。
2. 如果單獨使用分岔結構（Switch），只能偵測一次，無法反覆執行。

解決方法

搭配無限制的「迴圈結構（Loop）」，可以讓你反覆操作此機器人的動作。而在App Inventor2中，我們可以使用Clock時鐘元件來產生無限迴圈的效果。

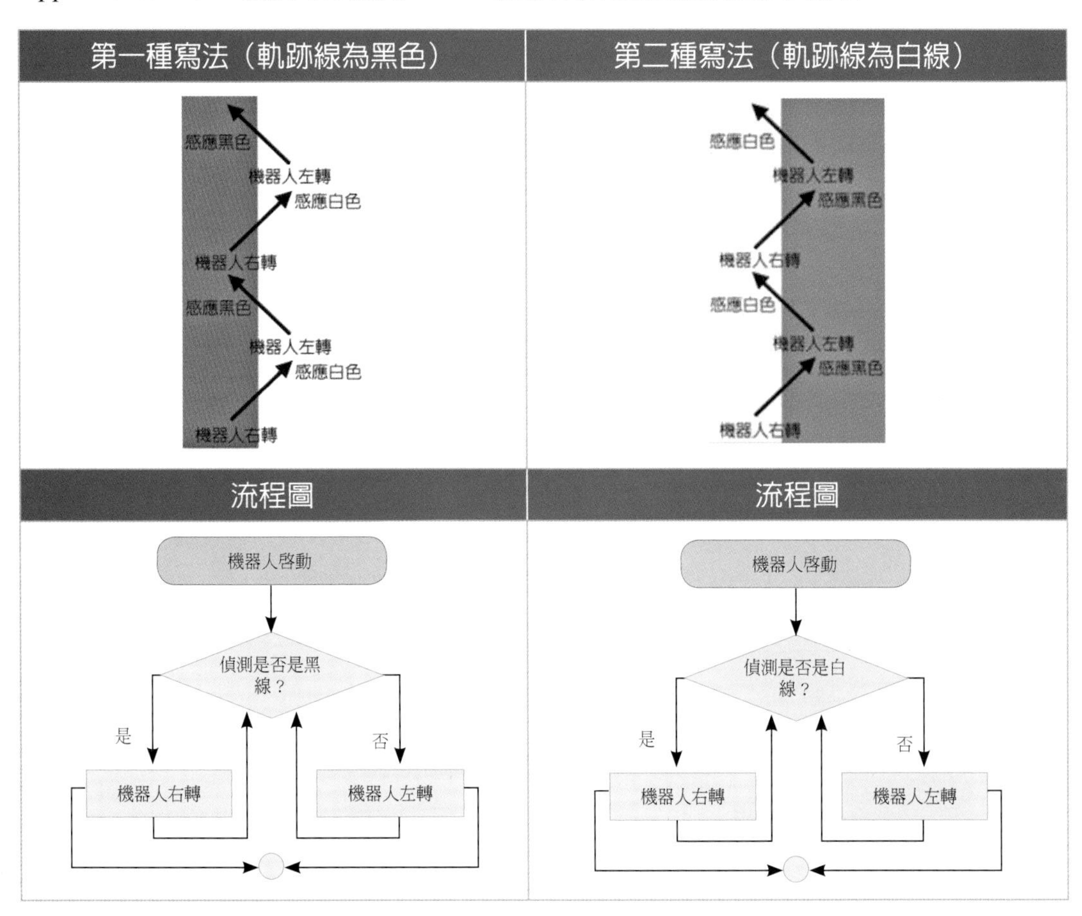

（一）介面設計

（二）關鍵拼圖程式

1. 黑、白線反射光：

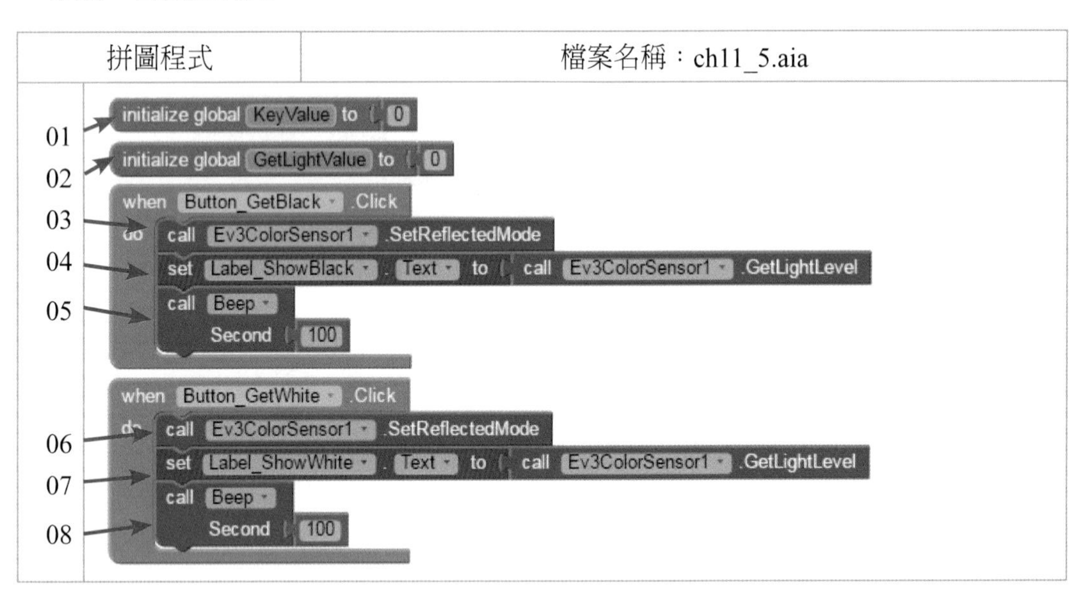

說明

行號01：宣告「KeyValue變數」爲黑色線的「門檻值」，並且設定初值爲0。

行號02：宣告「GetLightValue變數」爲取得目前的「偵測值」並且設定初值爲0。

行號03：設定爲「反射光」偵測模式。

行號04：取得「黑色線」的反射光值，並顯示在螢幕上。

行號05：發出「嗶聲」0.1秒。

行號06~07：取得「白色線」的反射光值，並顯示在螢幕上。

行號08：發出「嗶聲」0.1秒。

2. 計算黑白線的門檻值：

(1)先偵測「黑色地板」的反射光數值，假設是5。

(2)再偵測「白色地板」的反射光數值，假設是35。

門檻值=（黑色最小值+白色最大值）／2 = (5+35)/2 = 20。

因此，機器人行進過程中，如果反射光數值小於20，可判定爲黑色地板，否則爲白色地板。

拼圖程式	檔案名稱：ch11_5.aia

說明　計算黑白線的門檻值（KeyValue）。

3. 勾選「軌跡線的顏色」

拼圖程式	檔案名稱：ch11_5.aia

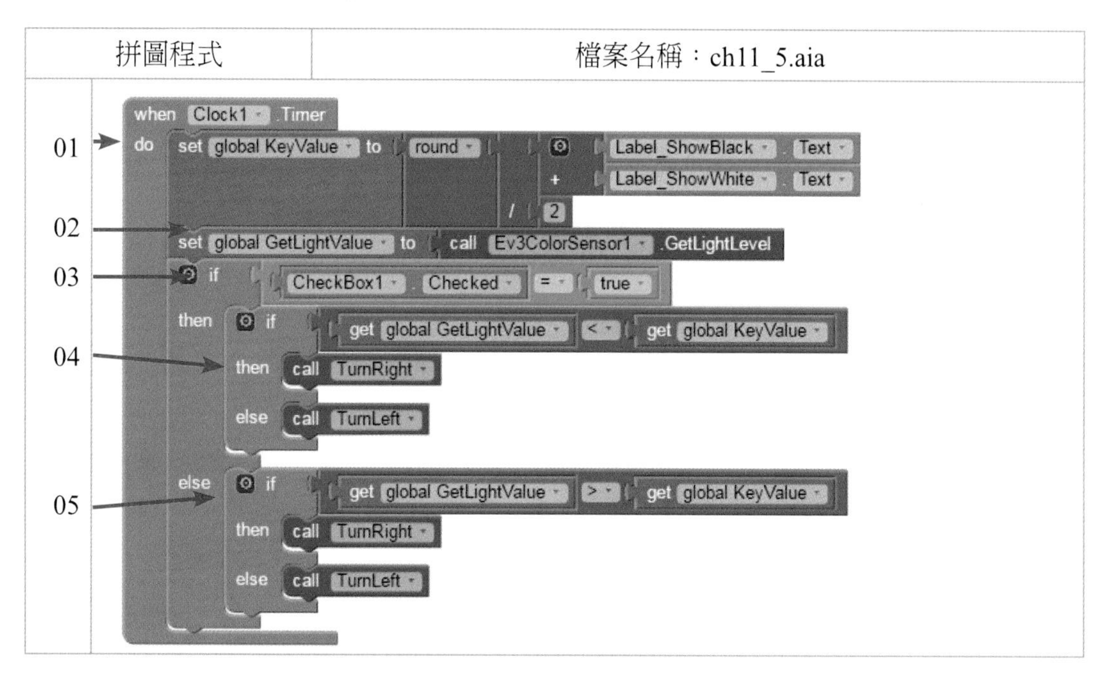

說明

行號01：計算黑白線的門檻值（KeyValue）。

行號02：取得目前偵測的反射光值。

行號03：如果勾選「黑色」，則代表機器人開始時，放在黑線上。

行號04：如果目前偵測的反射光值小於「黑白線的門檻值」時，則右轉，否則左轉。

行號05：如果您剛才沒有勾選「黑色」，則代表機器人開始時，放在非黑線上（亦即白色線或其他顏色的線上）。如果目前偵測的反射光值大於「黑白線的門檻值」時，則右轉，否則左轉。

4. 撰寫左轉與右轉拼圖之副程式：

拼圖程式	檔案名稱：ch11_5.aia

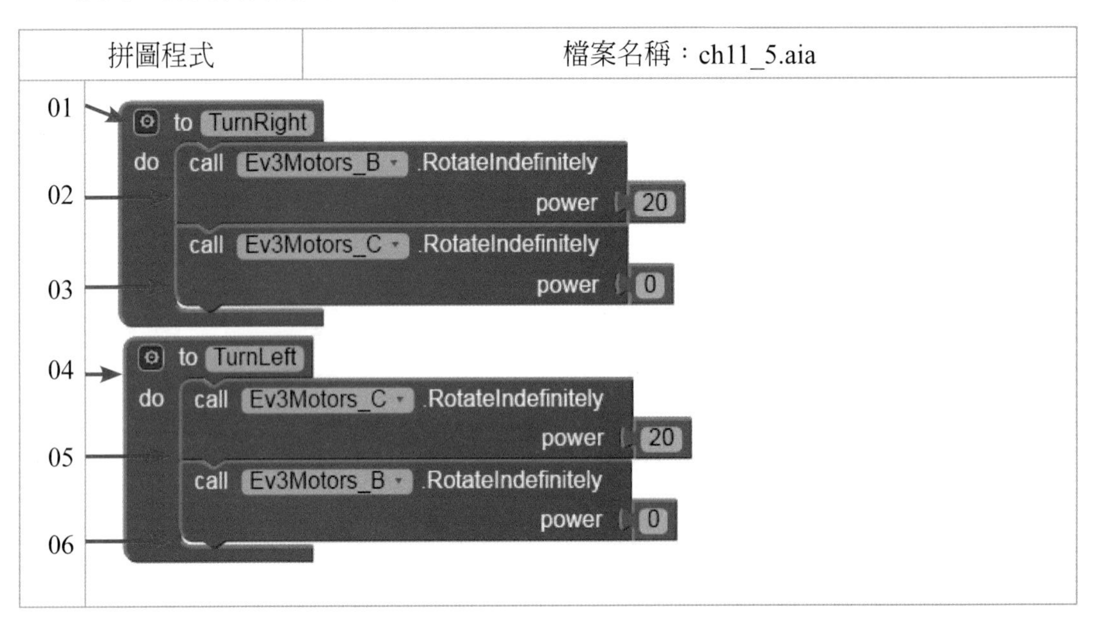

說明

行號01：定義「向右轉」的副程式。

行號02~03：Ev3Motors_B元件是控制機器人「左馬達」，Ev3Motors_C元件是控制機器人「右馬達」，因此，右馬達電力爲0時，代表停止，而左馬達電力爲20時，代表只有左馬達前進，所以，產生右轉的效果。

行號04：定義「向左轉」的副程式。

行號05~06：Ev3Motors_B元件是控制機器人「左馬達」，Ev3Motors_C元件是控制機器人「右馬達」，因此，左馬達電力爲0時，代表停止，而右馬達電力爲20時，代表只有右馬達前進，所以，產生左轉的效果。

註 由於在AppInventor中的Ev3ColorSensor元件反應不佳，所以，往往馬達電力無法設定應有的值。

5.「啓動」軌跡車之拼圖程式：

拼圖程式	檔案名稱：ch11_5.aia
01 02 03	 when Button_Start .Click do if is number? Label_ShowBlack . Text and is number? Label_ShowWhite . Text then set Clock1 . TimerEnabled to true else call Notifier1 .ShowAlert notice "您尚未取得「黑、白線」的反射光值!"

說明

行號01：判斷是否已經偵測「黑線與白線的反射光」。

行號02：如果已經偵測完成，則啓動Clock元件來進行軌跡車。

行號03：否則，在螢幕上會顯示「您尚未取得「黑、白線」反射光値！！！」。

6.「關閉」軌跡車之拼圖程式：

拼圖程式	檔案名稱：ch11_5.aia
01 02 03	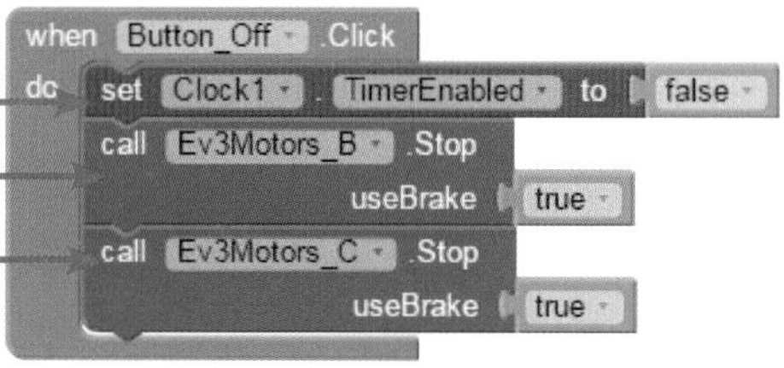 when Button_Off .Click do set Clock1 . TimerEnabled to false call Ev3Motors_B .Stop useBrake true call Ev3Motors_C .Stop useBrake true

說明

行號01：關閉Clock元件的功能。

行號02：讓機器人「左馬達」停止。

行號03：讓機器人「右馬達」停止。

章後評量

1. 請利用顏色感測器來偵測不同的色紙，並唸出顏色聲音。

   【參考介面】

偵測黑色紙	偵測白色紙
偵測色紙並唸出顏色聲 連線 藍牙連線成功! 離線 結束 偵測色紙 結果：Black	偵測色紙並唸出顏色聲 連線 藍牙連線成功! 離線 結束 偵測色紙 結果：White

2. 請利用顏色感測器來偵測不同的色紙的「反射光、環境光及顏色」。

   【參考介面】

偵測「黑色」紙	偵測「白色」紙	偵測「紅色」紙
連線 藍牙連線成功! 離線 結束 反射光模式 4 環境光模式 3 顏色模式 Black	連線 藍牙連線成功! 離線 結束 反射光模式 61 環境光模式 12 顏色模式 White	連線 藍牙連線成功! 離線 結束 反射光模式 68 環境光模式 6 顏色模式 Red

機器人走迷宮（超音波感測器）

本章學習目標

1. 讓讀者瞭解樂高機器人輸入端的「超音波感測器」之原理及應用時機。
2. 讓讀者瞭解如何利用撰寫「App Inventor 2拼圖程式」來控制「超音波感測器」。

本章內容

12-1 認識超音波感測器

定義

類似人類的眼睛，可以偵測距離的遠近。

目的

可以偵測前方是否有「障礙物」或「目標物」，以讓機器人進行不同的動作。

外觀圖示

四號輸入端（Port4）超音波感測器

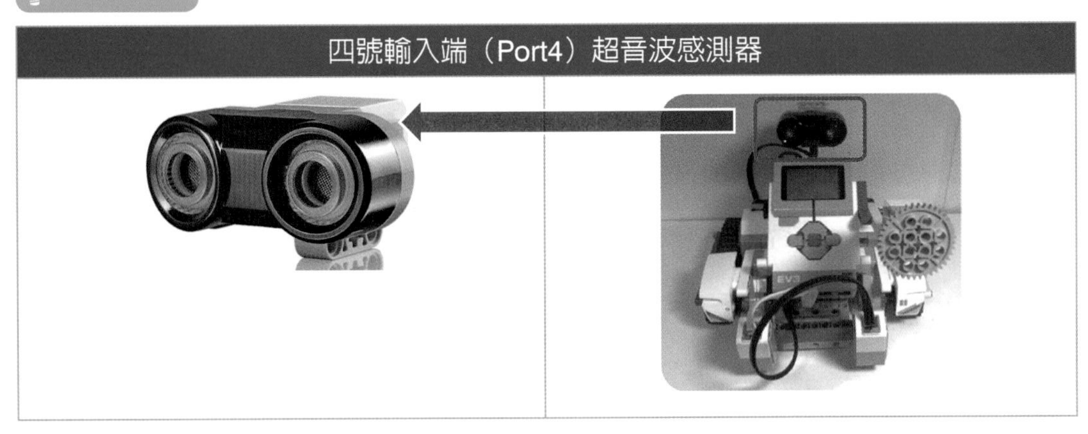

說明　超音波感測器的前端紅色部分爲「發射」與「接收」兩端，感測器主要是作爲偵測前方物體的距離。

回傳資訊　可分爲inch（英吋）和cm（公分）兩種不同的距離單位。

原理　利用「聲納」技術，「超音波」發射後，撞到物體表面並接收「反射波」，從「發射」到「接收」的時間差，即可求出「感應器與物體」之間的「距離」。

原理之圖解說明

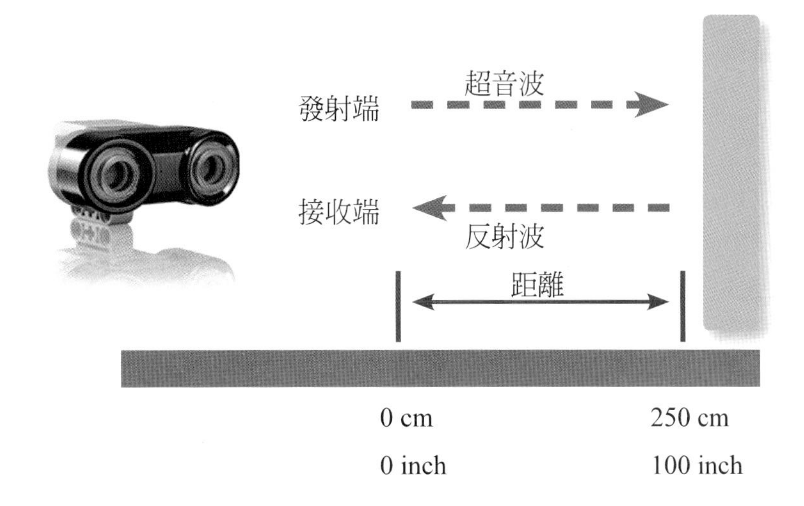

距離的單位　公分（cm）或英吋（inch）

感測值範圍　0~250公分或0~100英吋。

誤差值　+/-3cm

感測角度　150 度

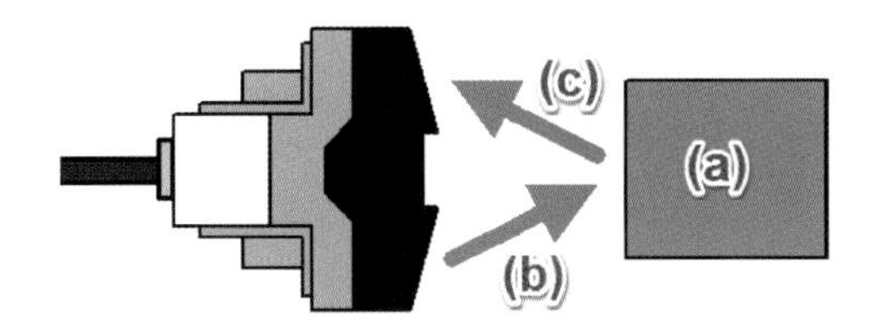

12-2 利用超音波感測器偵測距離

在App Inventor2拼圖程式偵測「距離」

請你先載入「ch9_4_4.aia」的手機與機器人「藍牙連線」程式，再加入「超音波感測器」來偵測「距離」。

(一) 介面設計

(二) 拼圖程式設計

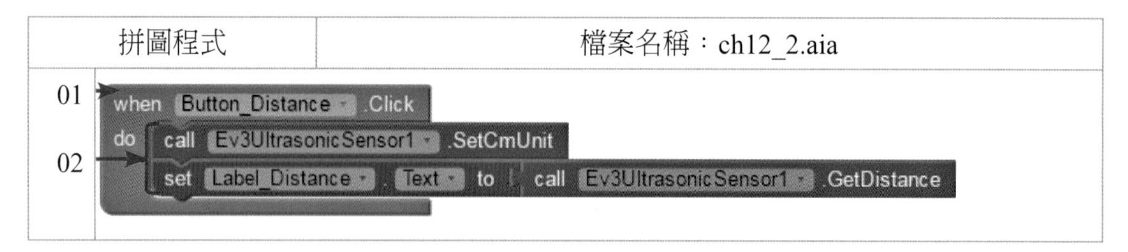

說明

行號01：當使用者按下「啓動偵測」鈕之後，就會觸發Click事件。

行號02：透過「超音波感測器」元件的「GetDistance」方法來取得「距離」。

測試方式　請你將超音波感測器先對準（遠方），再將你的手放在「超音波感測器」前面。你會在「回饋盒」中看到不同的傳回值。

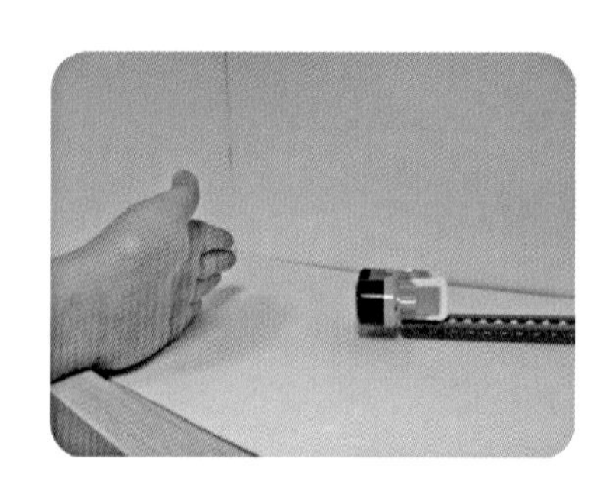

測試結果

偵測「遠方」傳回的距離	偵測「近處」傳回的距離
Android手機控制「EV3機器人」藍牙連線 連線 藍牙連線成功! 離線 結束 偵測距離 29.6 偵測	Android手機控制「EV3機器人」藍牙連線 連線 藍牙連線成功! 離線 結束 偵測距離 3.1 偵測

與觸碰感測器之不同處

機器人的超音波偵測到物體，並在撞上去之前躲開，此功能是觸碰感測器所辦不到的。

注意　它在測量環境改變的時候，反應的速度最慢，亦即有反映的「時間差」。

適用時機

1. 偵測前方的牆壁
2. 偵測有人靠近機器人
3. 量測距離

注意　有時會有反映的時間差。

超音波感測器（Ev3UltrasonicSensor）的相關屬性

屬性	說明
BluetoothClient	手機與EV3主機溝通的重要設定， 必須要Designer環境中設定。
SensorPort	感測器所連接的輸入端（預設值爲1）， 必須要Designer環境中設定。
BottomOfRange	設定偵測距離的最小值。
TopOfRange	設定偵測距離的最大值。
BelowRangeEventEn-abled	當偵測的距離低於 BottomOfRange時，是否要呼叫BelowRange事件。
WithinRangeEventEn-abled	當偵測的距離介於 BottomOfRange與TopOfRange 之間時，是否要呼叫 WithinRange事件。

屬性	說明
AboveRangeEventEnabled	當偵測的距離超過TopOfRange時，是否要呼叫AboveRange事件。

超音波感測器（Ev3UltrasonicSensor）的事件

事件	說明
when NxtUltrasonicSensor1 .AboveRange do	當偵測距離「大於指定範圍」時，執行本事件。
when NxtUltrasonicSensor1 .BelowRange do	當偵測距離「小於指定範圍」時，執行本事件。
when NxtUltrasonicSensor1 .WithinRange do	當偵測距離「介於指定範圍」時，執行本事件。

超音波感測器（Ev3UltrasonicSensor）的方法

方法	說明
call Ev3UltrasonicSensor1 .GetDistance	1.用來取得偵測的距離。單位爲公分。 2.偵測範介於0到254之間的整數。 3.如果回傳-1代表無法判斷距離。
call Ev3UltrasonicSensor1 .SetCmUnit	讀取距離轉成「公分」單位
call Ev3UltrasonicSensor1 .SetInchUnit	讀取距離轉成「英吋」單位

App Inventor2的作法

透過超音波感測器（Ev3UltrasonicSensor）的GetDistance方法來取得偵測距離。

Ev3UltrasonicSensor的GetDistance方法方法來取得偵測距離
set Label_Distance . Text to call Ev3UltrasonicSensor1 .GetDistance

12-3 機器人行進中偵測障礙物

輪型機器人往前走，直到「超音波感測器」偵測前方25公分處有「障礙物」時，就會「停止」。

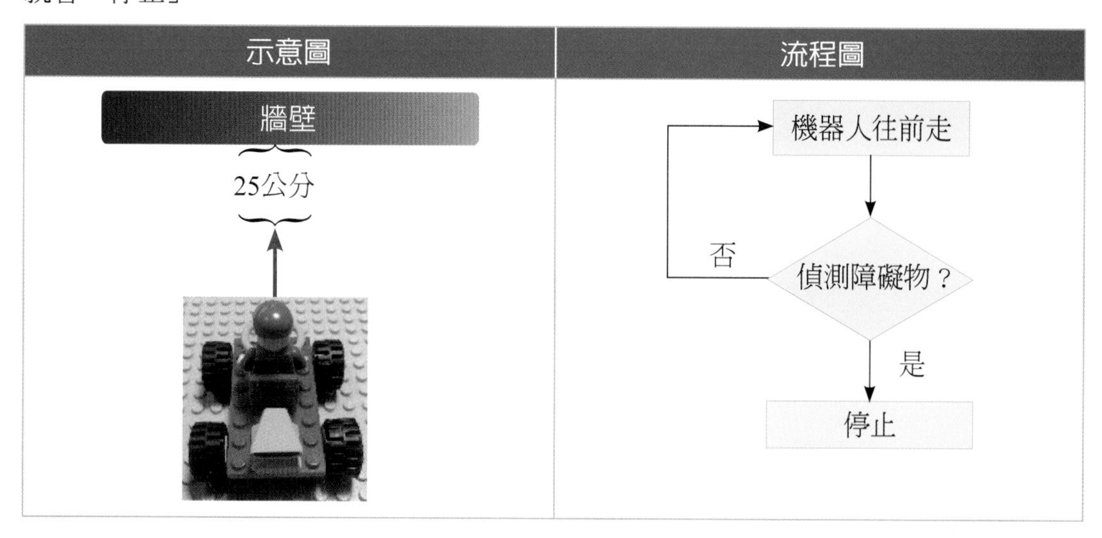

原始狀態

終點區	行走區	出發區

前進至偵測前方有牆壁停止

（一）介面設計

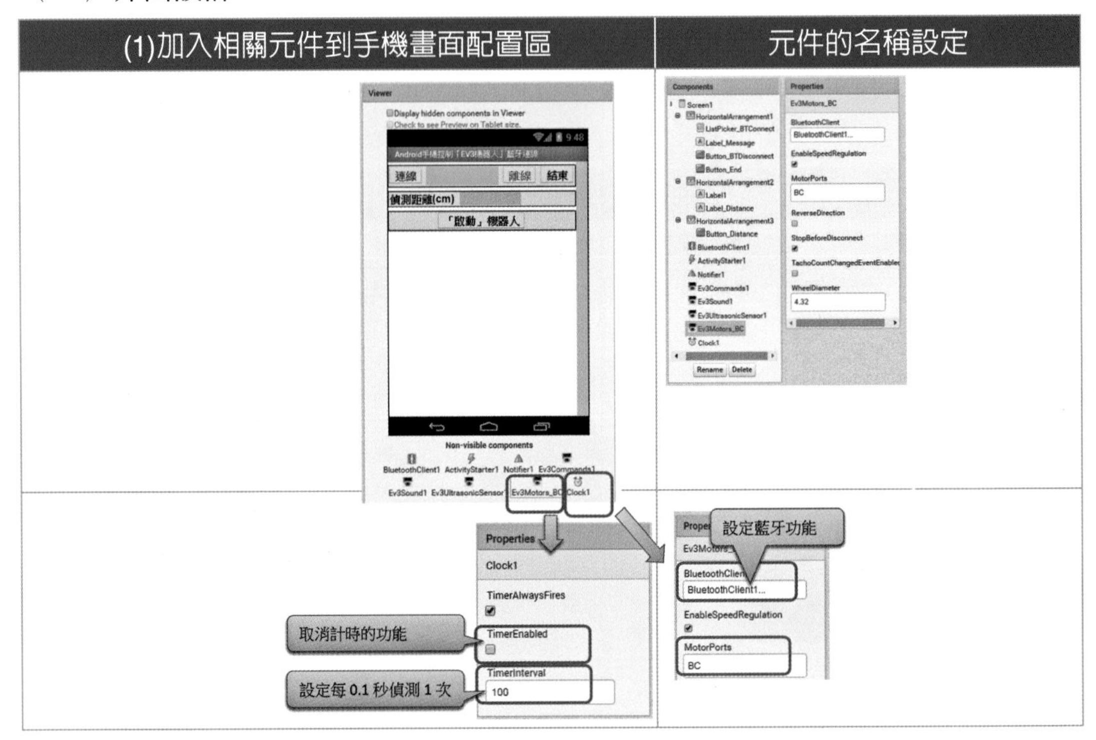

（二）關鍵拼圖程式

1. 「啟動」及「關閉」機器人：

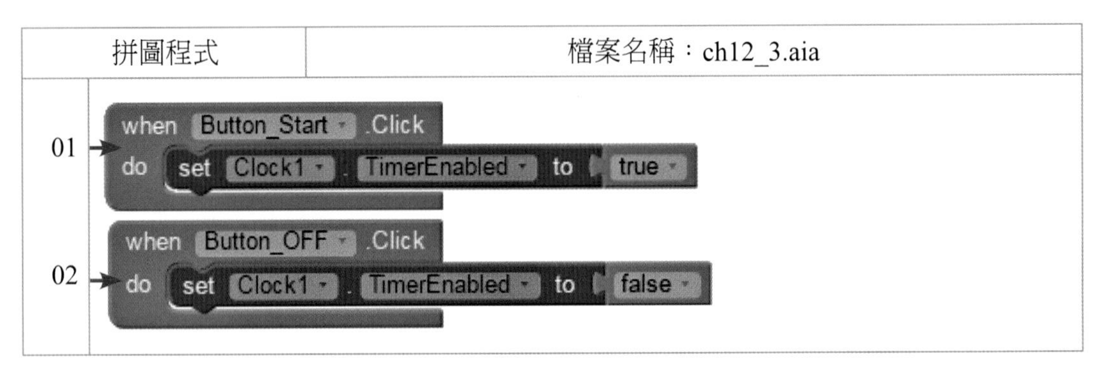

說明

行號01：當按下「啟動機器人」鈕時，啟動Clock元件功能。

行號02：當按下「關閉」鈕時，關閉Clock元件功能。

2. 「超音波感測器」定時偵測偵測前方的距離：

拼圖程式	檔案名稱：ch12_3.aia

```
01  initialize global GetDistance to 0
    when Clock1 .Timer
    do  call Ev3UltrasonicSensor1 .SetCmUnit
02      set global GetDistance to call Ev3UltrasonicSensor1 .GetDistance
03      set Label_Distance . Text to get global GetDistance
04      if get global GetDistance < 25
05
06      then call Ev3Motors_BC .Stop
                              useBrake true
07      else call Ev3Motors_BC .RotateIndefinitely
                                          power 75
```

說明

行號01：宣告GetDistance變數的初值爲0。

行號02~04：讀取距離轉成「公分」單位，透過「GetDistance方法」來取得超音波偵測的距離，並顯示到螢幕上。

行號05~07：輪型機器人往前走，直到「超音波感測器」偵測前方25公分處有「障礙物」時，就會「停止」。

12-4 機器人走迷宮

「機器人走迷宮」其實是源自於「老鼠走迷宮」它是堆疊在實際應用上一個很好的例子。它在一個實驗中，老鼠被放進一個迷宮裡，當老鼠走錯路時，就會重走一次並把走過的路記起來，避免重複走……。因此，在本單元中，我們也嘗試利用「樂高機器人」來走迷宮。

範例

在國際奧林匹克機器人競賽（WRO）經常出現的「機器人走迷宮」，它就是利用超音波感測器來完成。

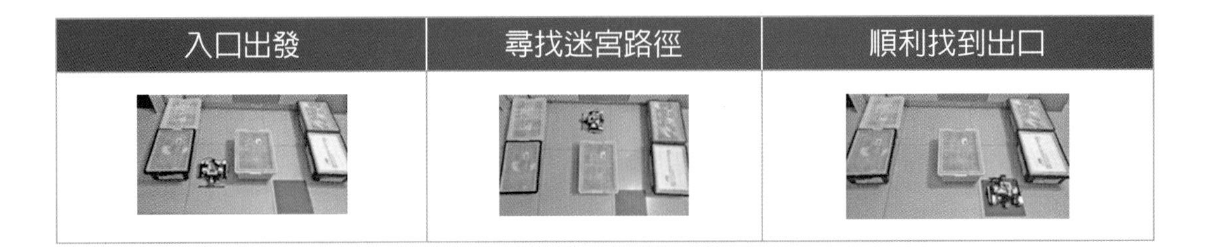

解析

1. 機器人的「超音波感測器」偵測前方有「障礙物」時，「向右轉」或「向左轉」1/4圈，否則向前走。
2. 如果單獨使用「判斷式」，只能執行一次，無法反覆執行。

解決方法　搭配無限制的「迴圈結構（Loop）」，可以讓你反覆操作此機器人的動作。

而在App Inventor2中，我們可以使用Clock時鐘元件來產生無限迴圈的效果。

常見的兩種情況

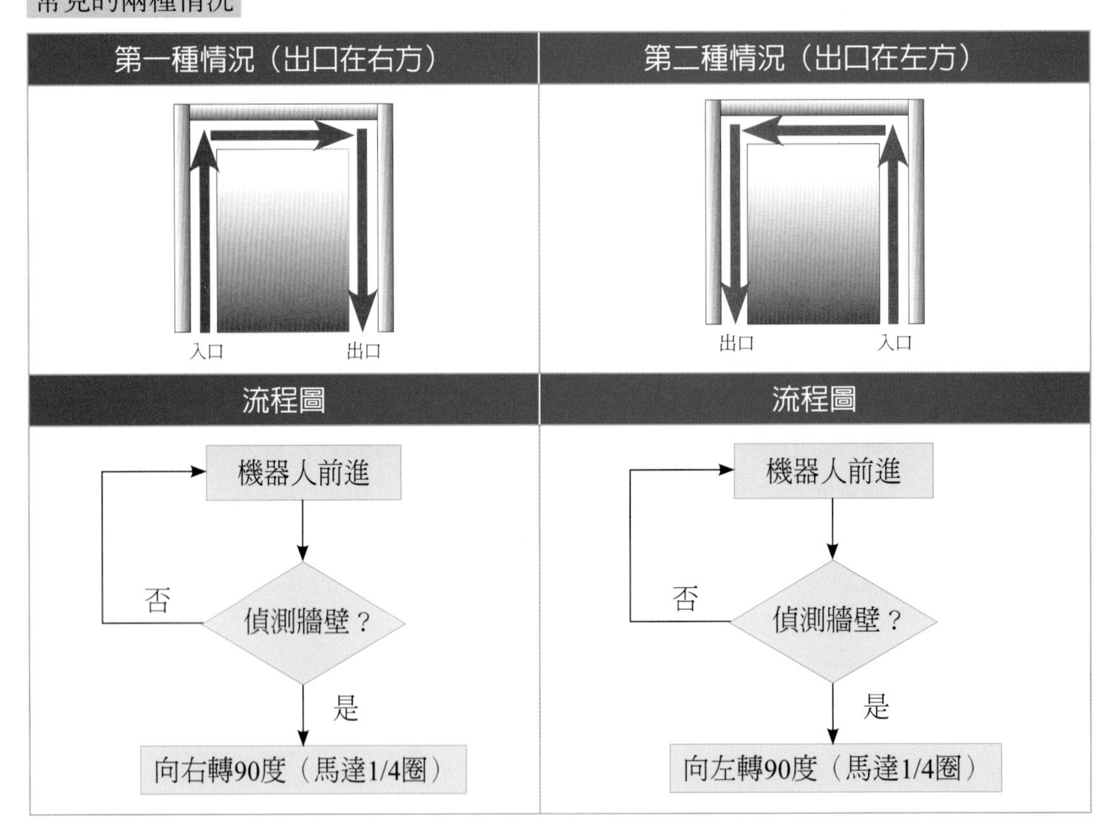

（一）介面設計

（二）關鍵拼圖程式

1. 「啓動」及「停止」機器人走迷宮：

拼圖程式	檔案名稱：ch12_4.aia
01	when Button_Start .Click do set Clock1 . TimerEnabled to true
02	when Button_OFF .Click do set Clock1 . TimerEnabled to false
03	call Ev3Motors_BC .Stop useBrake true

說明

行號01：當按下「啓動機器人」鈕時，啓動Clock元件功能。

行號02~03：當按下「關閉」鈕時，關閉Clock元件功能，並讓機器人停止。

2.「超音波感測器」定時偵測偵測前方的距離：

拼圖程式	檔案名稱：ch12_4.aia

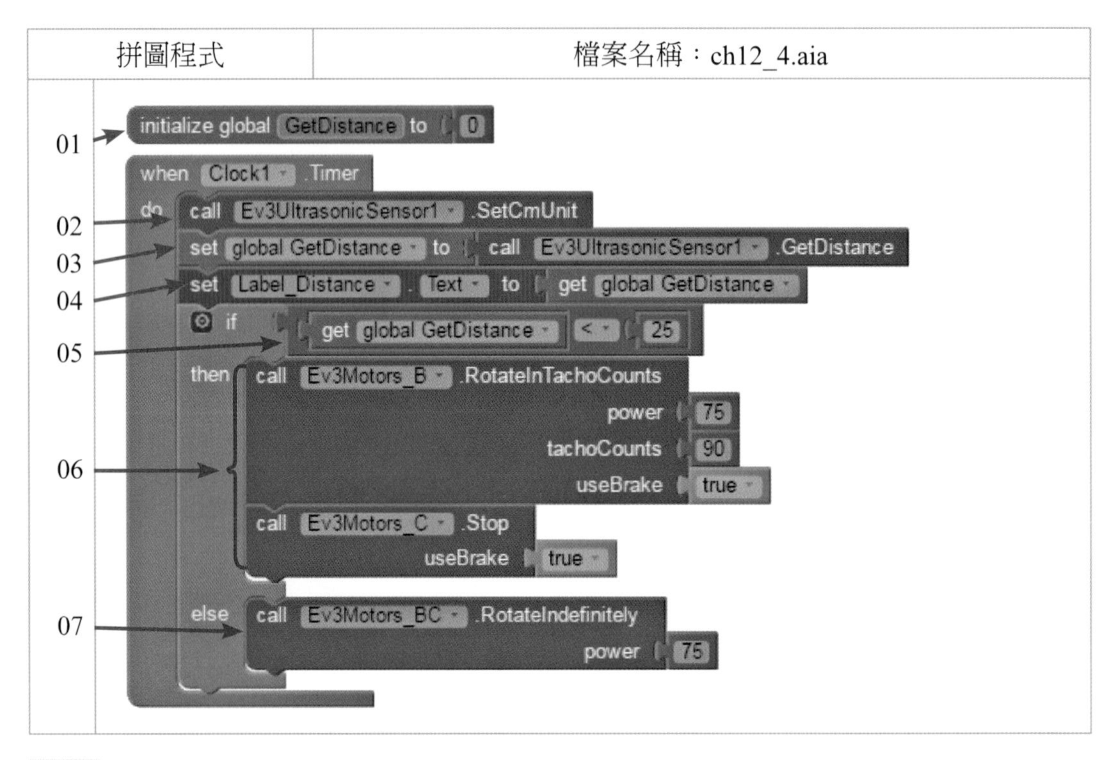

說明

行號01：宣告GetDistance變數的初值爲0。

行號02~04：讀取距離轉成「公分」單位，透過「GetDistance方法」來取得超音波偵測的距離，並顯示到螢幕上。

行號05~07：輪型機器人往前走，直到「超音波感測器」偵測前方25公分處有「障礙物」時，就會「向右轉動1/4圈」，直到找到出口爲止。

實例1

承上一題，可以讓使用者設定進入迷宮的方向，因爲入口方向不同時，則機器人轉動的方向也會不相同。

（一）介面設計

（二）關鍵拼圖程式，請參考附書光碟：

1.「啓動」及「停止」機器人走迷宮：

拼圖程式	檔案名稱：ch12_4_EX1.aia
01 02 03	when Button_Start .Click do set Clock1 . TimerEnabled to true when Button_OFF .Click do set Clock1 . TimerEnabled to false call Ev3Motors_BC .Stop useBrake true

說明

行號01：當按下「啓動機器人」鈕時，啓動Clock元件功能。

行號02~03：當按下「關閉」鈕時，關閉Clock元件功能，並讓機器人停止。

2.「超音波感測器」定時偵測偵測前方的距離：

拼圖程式	檔案名稱：ch12_4_EX1.aia
01 02 03 04 05 06 07	initialize global GetDistance to 0 when Clock1 .Timer do call Ev3UltrasonicSensor1 .SetCmUnit set global GetDistance to call Ev3UltrasonicSensor1 .GetDistance set Label_Distance . Text to get global GetDistance if CheckBox_LeftIn . Checked = true then call Left_Enter else call Right_Enter

說明

行號01：宣告GetDistance變數的初值為0。

行號02~04：讀取距離轉成「公分」單位，透過「GetDistance方法」來取得超音波偵測的距離，並顯示到螢幕上。

行號05~07：如果設定「左側」入口時，則呼叫「Left_Enter」副程式，否則，呼叫「Right_Enter」副程式。

3.「左側」及「右側」入口之單項勾選處理程式：

拼圖程式	檔案名稱：ch12_4_EX1.aia
01	when CheckBox_LeftIn .Changed do if CheckBox_LeftIn . Checked = true then set CheckBox_RightIn . Checked to false
02	when CheckBox_RightIn .Changed do if CheckBox_RightIn . Checked = true then set CheckBox_LeftIn . Checked to false

說明

行號01：當勾選「左側」鈕時，則左側被勾選，而右側就會被取消勾選。

行號02：當勾選「右側」鈕時，則右側被勾選，而左側就會被取消勾選。

4. 定義「左側」入口之副程式：

拼圖程式	檔案名稱：ch12_4_EX1.aia
01 02 03 04 05	to Right_Enter do if get global GetDistance < 25 then call Ev3Motors_C .RotateInTachoCounts power 75 tachoCounts 90 useBrake true call Ev3Motors_B .Stop useBrake true else call Ev3Motors_BC .RotateIndefinitely power 75

說明

行號01：定義「左側」入口之副程式。

行號02~05：如果「超音波感測器」偵測前方25公分處有「障礙物」時，輪型機器人就會「向右轉動1/4圈」，否則，就會直走，直到找到出口為止。

5. 定義「右側」入口之副程式：

拼圖程式	檔案名稱：ch12_4_EX1.aia
01 02 03 04 05	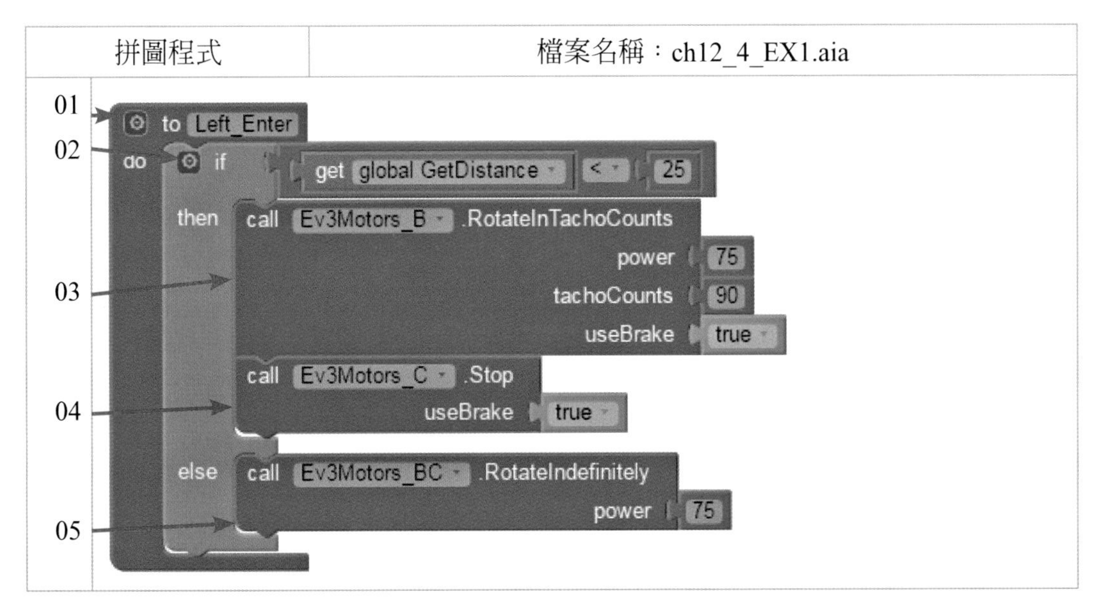

說明

行號01：定義「左側」入口之副程式。

行號02~05：如果「超音波感測器」偵測前方25公分處有「障礙物」時，輪型機器人就會「向左轉動1/4圈」，否則，就會直走，直到找到出口爲止。

章後評量

1. 請利用EV3機器人「超音波感測器」設計「入場人數計數器」。

   作法：

   請先讀取ch9_4_4.aia 檔案，加入「超音波感測器」元件，當每按下一次，螢幕上的計數器自動加1，並發出「嗶聲」。

   偵測距離爲：25~40公分時間，會自動加1。

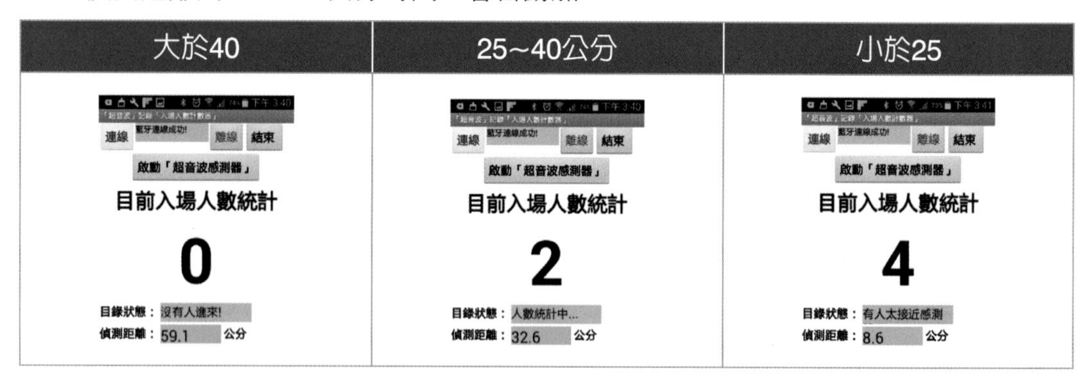

2. 承上一題，模擬「捷運站入口感測器」，當「嗶1聲」代表「感應成功！」，計數器自動加1，如果「嗶2聲」代表「感應異常！」，如果「沒有嗶聲」，代表「沒有人進站！」。

沒有人進站！	感應成功！	感應異常！
連線 藍牙連線成功! 離線 結束 啟動「超音波感測器」 目前入場人數統計 0 目錄狀態：沒有人進站! 偵測距離：32.1 公分	連線 藍牙連線成功! 離線 結束 啟動「超音波感測器」 目前入場人數統計 11 目錄狀態：感應成功! 偵測距離：3.1 公分	連線 藍牙連線成功! 離線 結束 啟動「超音波感測器」 目前入場人數統計 33 目錄狀態：感應異常! 偵測距離：-1 公分

不倒翁機器人（陀螺儀感測器）

本章學習目標

1. 讓讀者瞭解樂高機器人輸入端的「陀螺儀感測器」之定義及傾斜測試方法。
2. 讓讀者瞭解樂高機器人的「陀螺儀感測器」之四大模組的各種使用方法。

本章內容

13-1. 認識陀螺儀感測器

13-2. 利用陀螺儀感測器偵測角度變化

13-3. 動態取得移動「角度及速度」

13-1 認識陀螺儀感測器（Gyroscope; Gyro）

定義

是指用來偵測機器人的角度變化及轉動速率。

功能

1. 用來維持機器人的平衡。例如：單輪機器人保持平衡。
2. 用來保持某一特定角度旋轉。例如：機器人自體旋轉360度。

外觀圖示

二號輸入端（Port2） 陀螺儀感測器

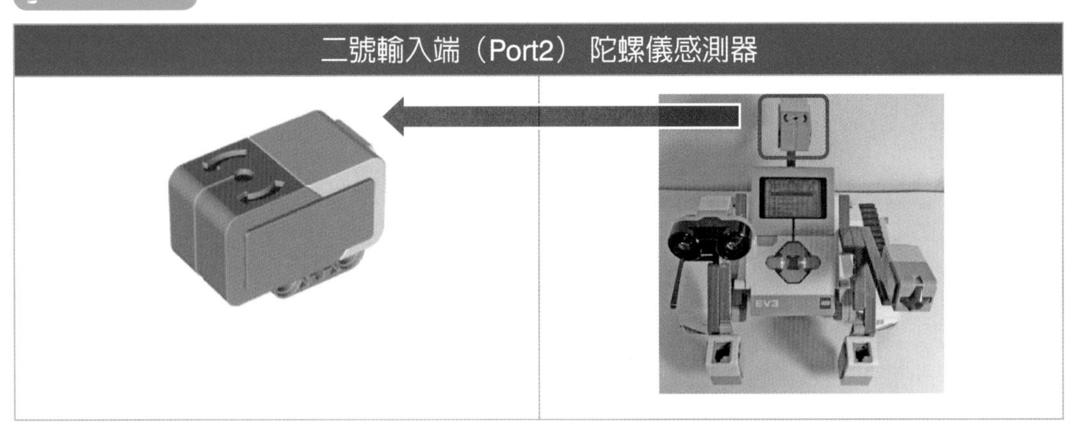

說明1 陀螺儀感測器在組裝時必須要「水平」放置，並且安裝在「中間」位置。

說明2 在組裝陀螺儀感應器時「要完全固定住」，才能插上資料線，以便減少誤差值的情況。

EV3陀螺儀感測器的規格表

項目	EV3陀螺儀感測器
誤差值	約±3度
測量模式	3種模式：「角度」、「速率」、「角度及速率」
比較模式	2種模式：「角度」、「速率」
感應能力	每秒可達440度（每秒約可偵測1.22圈）
感應速度	每秒1000次（亦即1kHz）

項目	EV3陀螺儀感測器
自動識別	有支援

註 「測量及比較模式」中的「速率」代表「每秒角度的變化量」

13-2 利用陀螺儀感測器偵測角度變化

在App Inventor2拼圖程式偵測「距離」

請你先載入「ch9_4_4.aia」的手機與機器人「藍牙連線」程式，再加入「陀螺儀感測器」來偵測「角度」。

（一）介面設計

(1)加入「陀螺儀感測器」元件到手機畫面配置區	(2)設定藍牙功能

（二）拼圖程式設計

拼圖程式	檔案名稱：ch13_2.aia

說明

行號01：當使用者按下「啓動偵測」鈕之後，就會觸發Click事件。

行號02：透過「陀螺儀感測器」元件的「GetSensorValue」方法來取得「角度」。

測試傾斜情況

請你將手分別將機器人向左、平放及向右來偵測不同的值。

「向左」	「向前」	「向右」
連線 藍牙連線成功! 離線 結束 偵測傾斜度 -8 偵測	連線 藍牙連線成功! 離線 結束 偵測傾斜度 76 偵測	連線 藍牙連線成功! 離線 結束 偵測傾斜度 168 偵測

說明 傳回值爲「正數」時，代表「順時鐘」旋轉，否則爲「逆時鐘」旋轉。

注意 樂高的陀螺儀感測器在多次使用之後，偏移量會越來越大（亦即越不準確），因此，建議在執行之前，先將陀螺儀感測器設定「重置」，亦即陀螺儀感測器的RJ11的線重插一次。

適用時機

1. 要求機器人旋轉固定角度。例如：機器人自身旋轉360度。
2. 要求機器人行走幾何圖形。例如：走三角形、四角形……多邊形。

陀螺儀感測器（Ev3GyroSensor）的相關屬性

屬性	說明
BluetoothClient	手機與EV3主機溝通的重要設定， 必須要Designer環境中設定。
SensorPort	感測器所連接的輸入端（預設值爲1）， 必須要Designer環境中設定。
Mode	設定兩種讀取陀螺儀感測器現在的模式， 1.rate 2.angle
Sensor Value Changed EventEnabled	設定感測器值改變事件是否被啓動。如果設爲 false，則SensorValueChanged事件無法使用。

陀螺儀感測器（Ev3GyroSensor）的事件

事件	說明
when Ev3GyroSensor1 .SensorValueChanged sensorValue do	當感測器值發生變化時，執行本事件。

陀螺儀感測器（Ev3GyroSensor）的方法

方法	說明
call Ev3GyroSensor1 .GetSensorValue	用來取得陀螺儀感測器偵測的值。 偵測介於0到1023之間的整數。 如果回傳-1代表無法讀取感測器。
call Ev3GyroSensor1 .SetAngleMode	設定爲「角度」模式，可量測位於感測器空間中的姿態，單位爲「度」
call Ev3GyroSensor1 .SetRateMode	設定爲「速度」模式，可測量感測器的「角速度」

App Inventor2的作法

當陀螺儀感測器移動不同方向時，它就會自動執行本事件，並將偵側值回傳給sensorValue參數。

說明　在螢幕上顯示，機器人上的陀螺儀感測器被旋轉的「角度」。

13-3 動態取得移動「角度及速度」

在本單元中，我們再來設計一個介面，可以動態取得陀螺儀感測器被移動「角度及速度」。

（一）介面設計

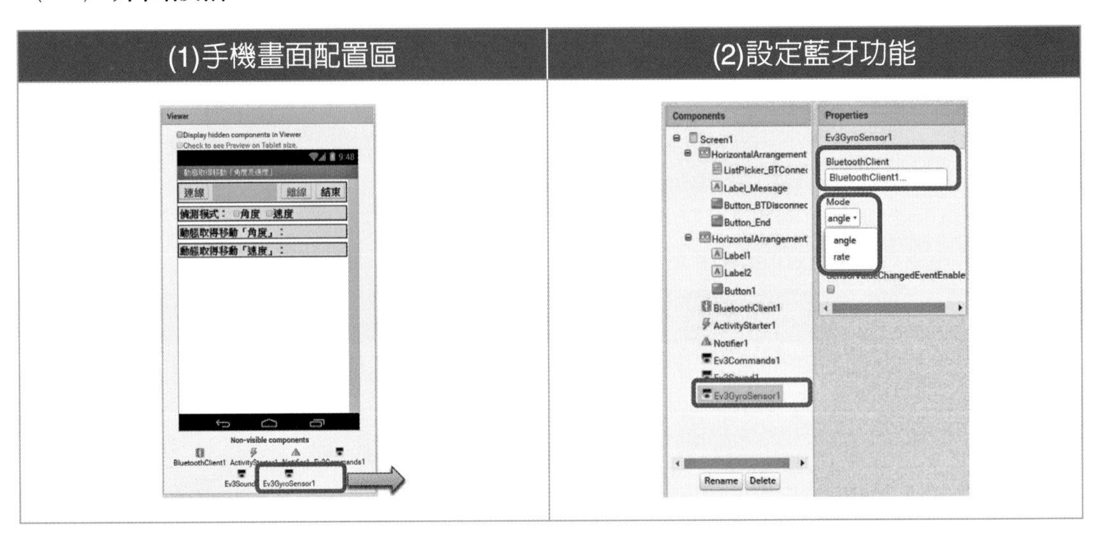

（二）拼圖程式設計（關鍵程式）

1. 選擇不同的偵測模式

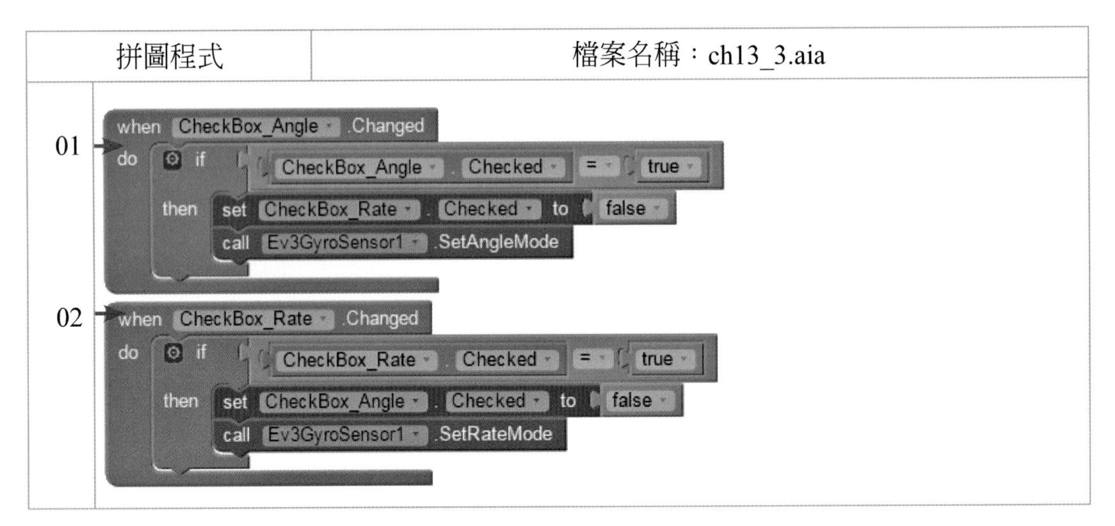

說明

行號01：選擇動態取得移動「角度」模式。

行號02：選擇動態取得移動「速度」模式。

2. 動態取得移動「角度及速度」

拼圖程式	檔案名稱：ch13_3.aia

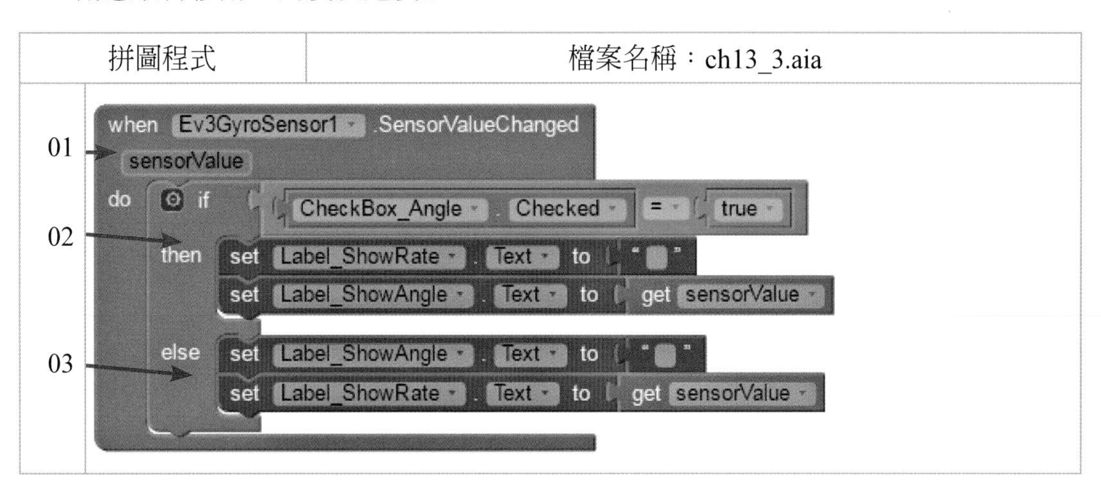

說明

行號01~03：在螢幕上顯示，動態取得機器人上的陀螺儀感測器被移動的「角度」或「速度」。

章後評量

1. 利用陀螺儀感測器來設計追縱「左、右轉」移動的角度及速度

   作法：

   請先讀取ch13_3.aia 檔案，再加入「追縱「右轉及左轉」移動的角度」之馬達轉動，來動追縱「角度」及「速度」的變化。

角度0	角度93
追縱「左、右轉」移動的角度及速度 連線 藍牙連線成功! 離線 結束 偵測模式：角度 速度 動態取得移動「角度」：0 動態取得移動「速度」： 追縱「右轉」移動的角度 追縱「左轉」移動的角度 速度 14	追縱「左、右轉」移動的角度及速度 連線 藍牙連線成功! 離線 結束 偵測模式：角度 速度 動態取得移動「角度」：93 動態取得移動「速度」： 追縱「右轉」移動的角度 追縱「左轉」移動的角度 速度 21

2. 承上一題，利用螺儀感測器讓機器人自身轉90度。

N
O
T
E

Chapter 14

機器人的聲音及直接控制指令之應用

本章學習目標

1. 讓讀者瞭解樂高機器人「聲音及直接控制指令」元件及應用時機。
2. 讓讀者瞭解如何利用撰寫「App Inventor 2拼圖程式」來使用「聲音及直接控制指令」元件之方法。

本章內容

14-1. 認識EV3機器人的喇叭

14-2. EV3機器人喇叭綜合應用

14-3. Ev3Commands直接控制指令

14-1 認識EV3機器人的喇叭

定義

類似人類的嘴巴，可以發出聲音。

圖示

功能 依照不同的情況，發出不同的頻率聲音。

使用元件 Palette/LEGO MINDSTORMS/Ev3Sound元件。

目的 用來控制EV3機器人發出指令頻率之聲音。

Ev3Sound元件的方法

方法	說明
call Ev3Sound1 .PlayTone volume frequency milliseconds	用來讓EV3主機的喇叭發出聲響。其中： 1.volume代表：音量 2.frequency代表：聲音頻率，單位為 Hz。 3.milliseconds代表：播放時間，單位為毫秒。
call Ev3Sound1 .StopSound	停止播放所有音效

範例 當藍牙連線成功時，發出0.5秒的嗶「長音」，而藍牙離線時，發出0.1秒的嗶「短音」。

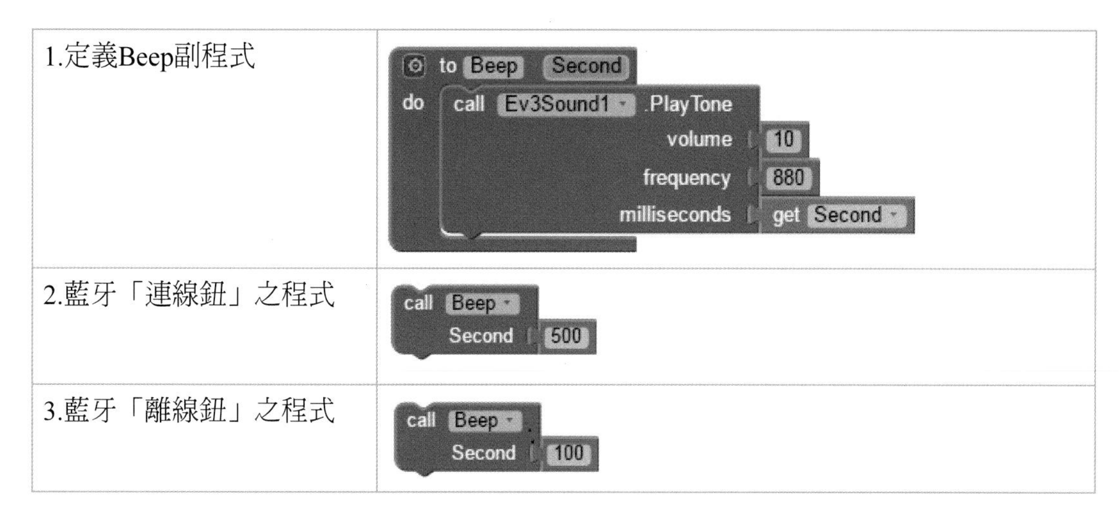

1.定義Beep副程式	to Beep Second do call Ev3Sound1 .PlayTone volume 10 frequency 880 milliseconds get Second
2.藍牙「連線鈕」之程式	call Beep Second 500
3.藍牙「離線鈕」之程式	call Beep Second 100

註 完整程式碼，請參考ch14_1.aia檔案。

14-2 EV3機器人喇叭綜合應用

想要利用EV3機器人喇叭來發出不同的音樂時，則必需先要了解七個音符對照表，如下表所示：

七個音符對照表

	EV3機器人喇叭的音調						
音階	C4	D4	E4	F4	G4	A4	B4
頻率（tone）	262	294	330	349	392	440	494
鋼琴音符	Do	Re	Mi	Fa	So	Ra	Si

14-2-1 發出「小星星」的音樂聲

在瞭解七個音符對照表之後，接下來，我們就可以利用它來設計各種音樂聲。

實作 請利用EV3機器人喇叭來發出「小星星」的音樂聲。

小星星	1155665 4433221 5544332 5544332 1155665 4433221

說明 簡譜的 1代表手機畫面的Do，2代表Re～6代表Ra，7代表Si，空格待表暫停。

在App Inventor2拼圖程式開發環境

請你先載入「ch9_4_5_EX5.aia」的手機與機器人「藍牙連線」程式，再加入「EV3Sound元件」來發出「音樂聲」。

（一）介面設計

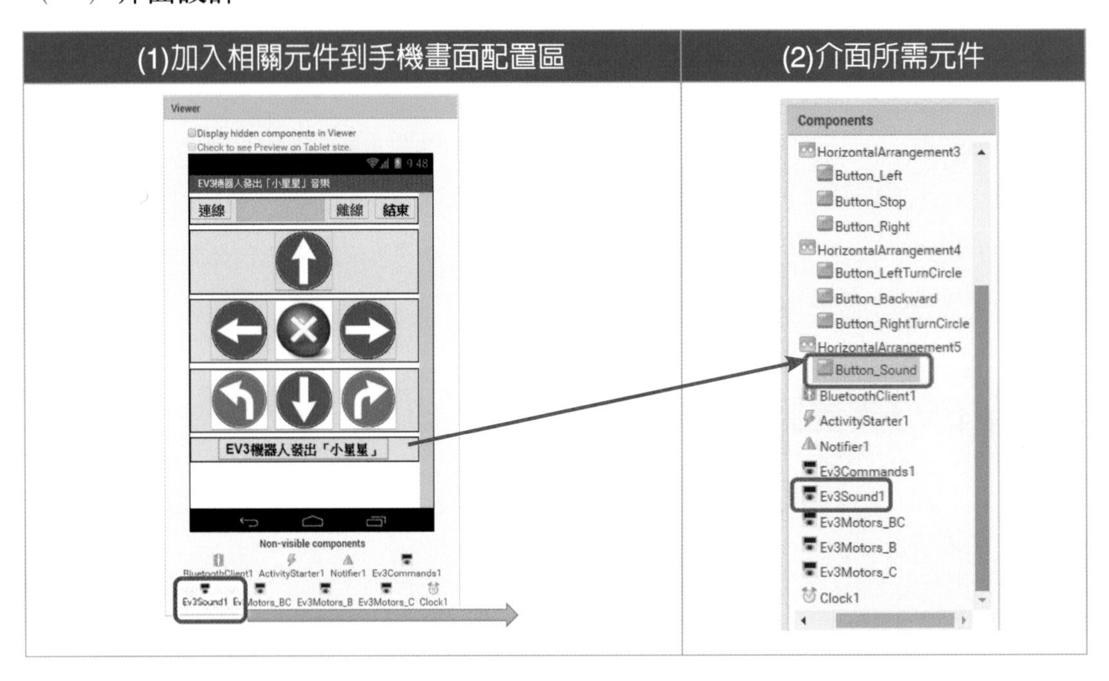

（二）關鍵拼圖程式設計

1. 宣告變數、分割音符及啟動時鐘

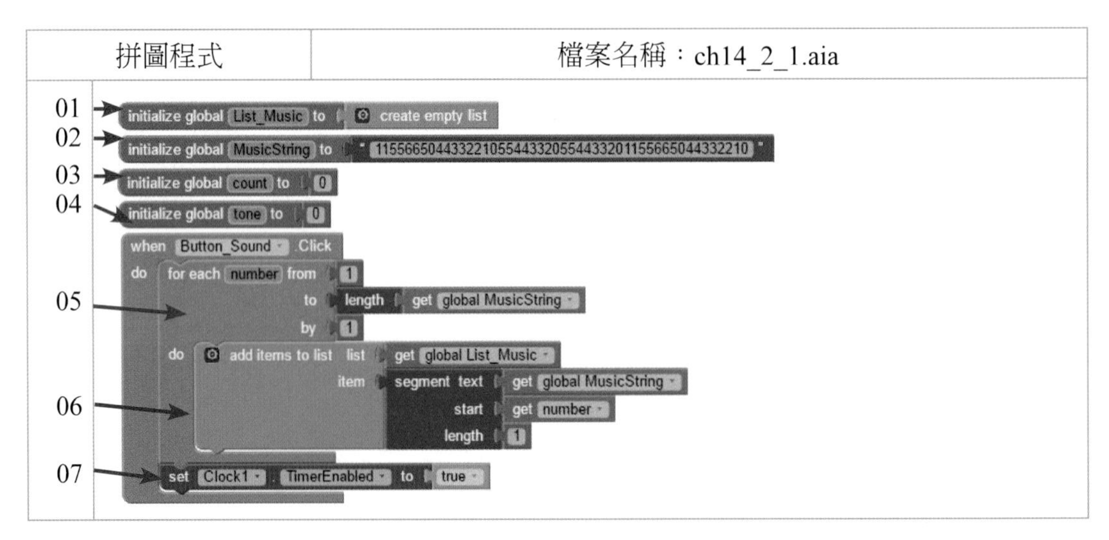

說明

行號01：宣告List_Music爲清單變數，並且設爲空清單。

行號02：宣告MusicString爲字串變數，並設定小星星的音符。

行號03~04：宣告count與tone變數，分別代表記錄音符順序及音頻。

行號05~06：分割音符到List_Music清單中。

行號07：啓動時鐘，亦即開始發出「小星星」的音樂聲。

2. 啓動時鐘後，計數器開發讀取小星星的音符

拼圖程式	檔案名稱：ch14_2_1.aia

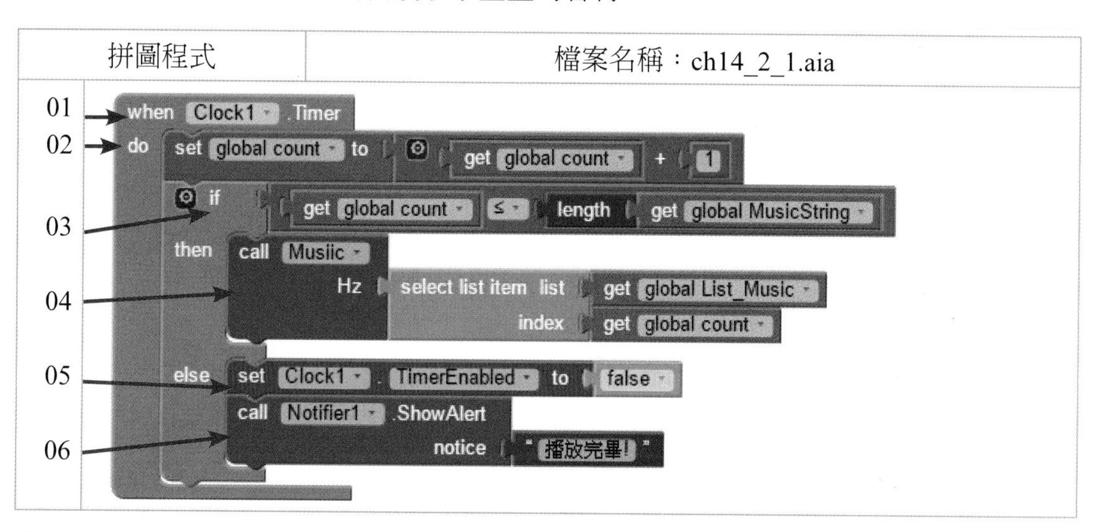

說明

行號01：當啓動時鐘後，會觸發計數器。

行號02：計數變數count每0.5秒自動加1，亦即每0.5秒播放一個音符。

行號03~04：如果變數count小於或等於音符的全部長度時，就會繼續播放。

行號05~06：如果已經播完時，就會關閉時鐘並顯示「播放完畢!」。

3. 定義播放音樂的副程式（Music）

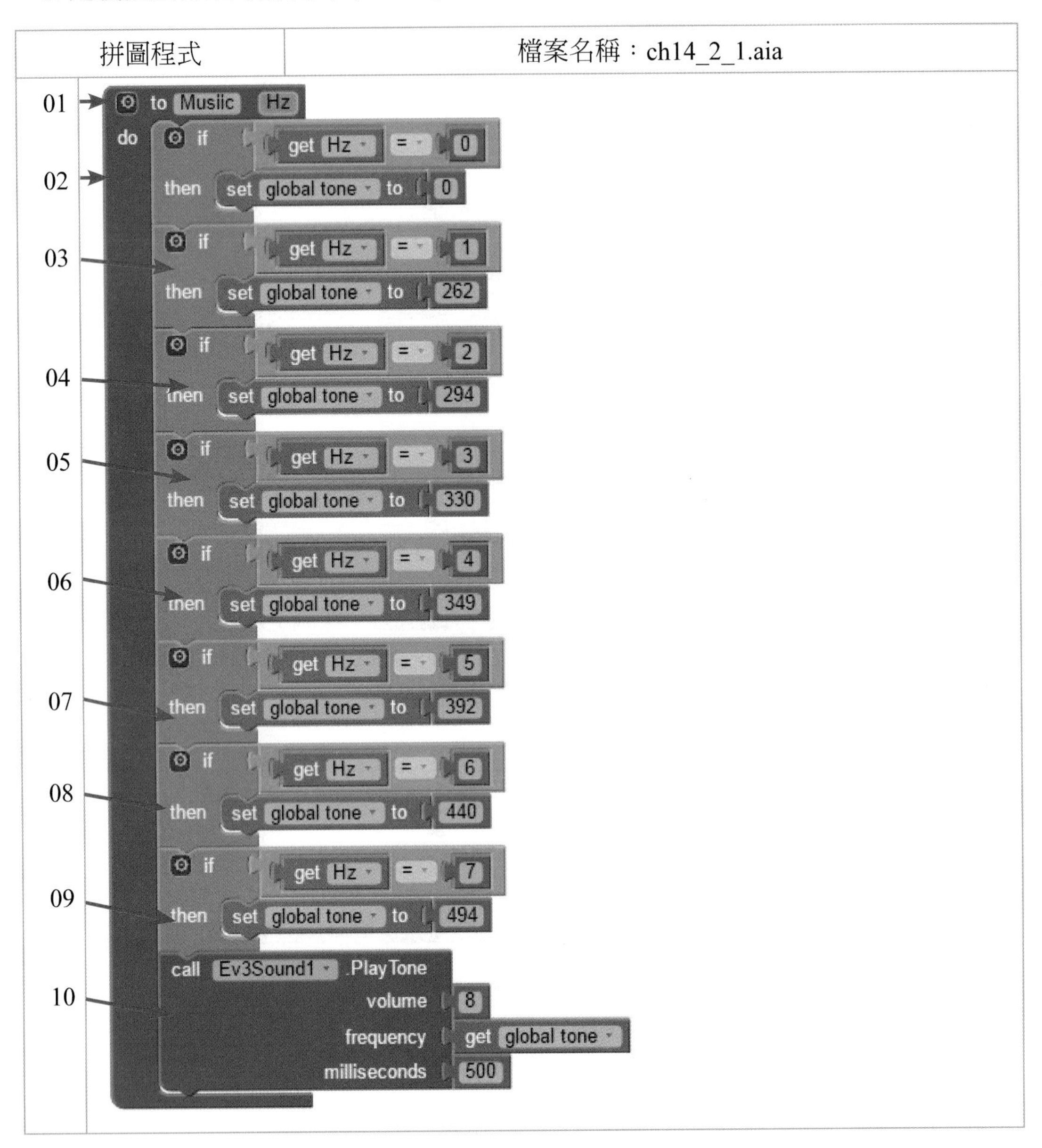

說明

行號01：定義Music播放音樂的副程式。

行號02：如果是「0」代表「停半拍」

行號03：如果是「1」代表設定音頻爲262。

行號04：如果是「2」代表設定音頻爲294。

行號05：如果是「3」代表設定音頻為330。
行號06：如果是「4」代表設定音頻為349。
行號07：如果是「5」代表設定音頻為392。
行號08：如果是「6」代表設定音頻為440。
行號09：如果是「7」代表設定音頻為494。
行號10：依照不同的音頻，來發出不同的音樂聲。

14-2-2 會叫的看家狗

利用「超音波感測器」來模擬「一隻會叫看家狗」。
假設「前進速度與距離的方程式」：速度= (距離(cm)-30)*10

解答

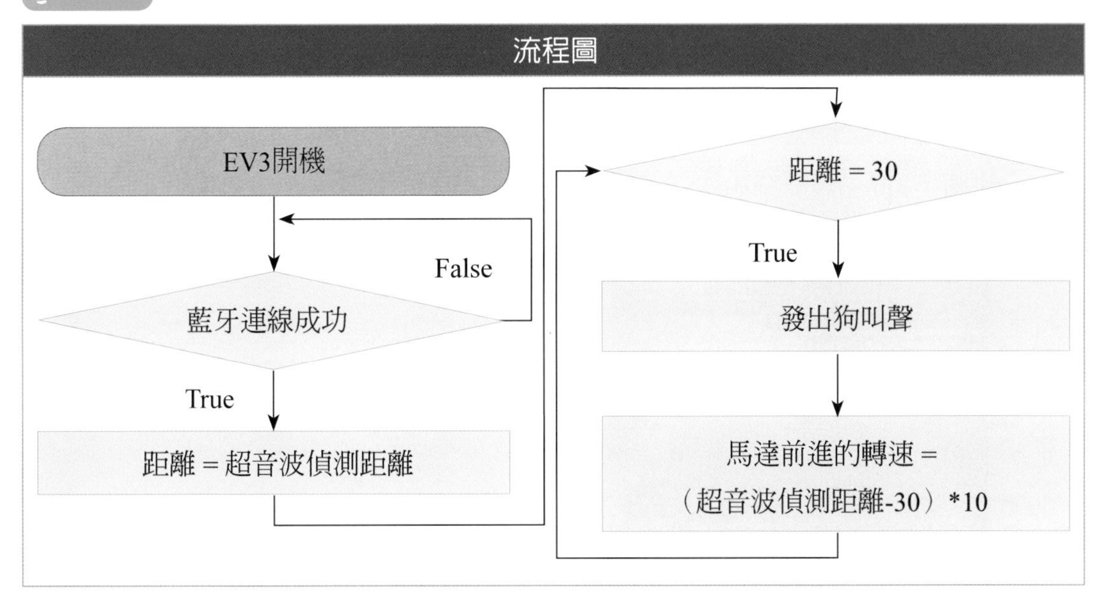

註 狗叫聲以「嗶聲」表示。

在App Inventor2拼圖程式開發環境

請你先載入「ch9_4_5_EX5.aia」的手機與機器人「藍牙連線」程式，再加入「EV3Sound元件」來發出「音樂聲」。

（一）介面設計

（二）關鍵拼圖程式設計

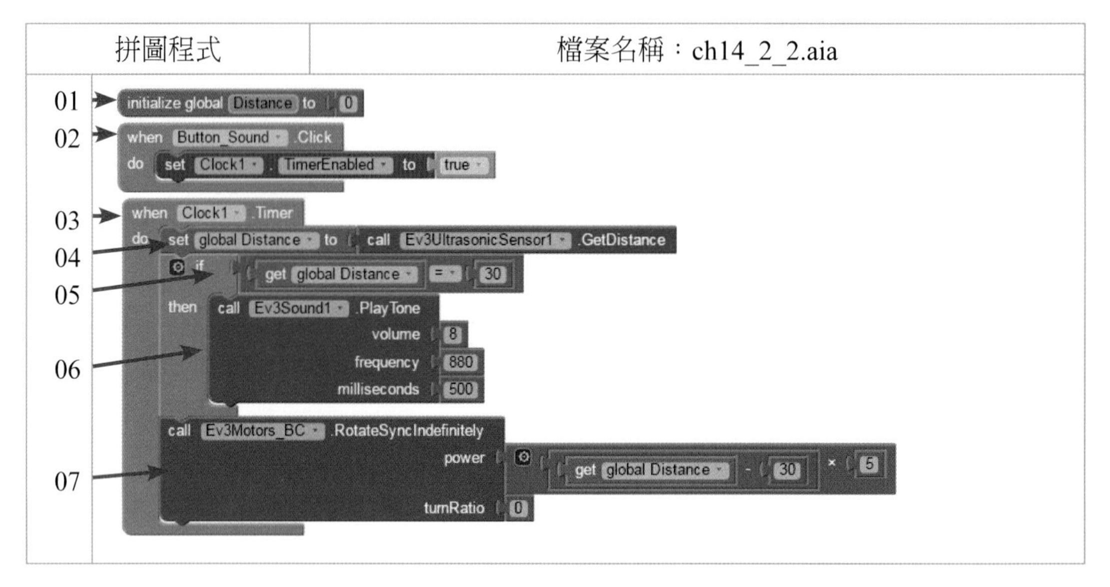

說明

行號01：宣告Distance變數爲0，其目的用來記錄超音波偵測的距離。

行號02：用來啓動Clock時鐘元件。

行號03：如果Clock時鐘被啓動時，就會觸發Timer計時器事件。

行號04：將超音波偵測的距離記錄到Distance變數。

行號05~06：如果偵測的距離剛好為30公分，則發出「嗶聲」。模擬狗叫聲。

行號07：將超音波偵測的(距離-30)*5，當作機器狗前進的速度。

14-2-3 前方自動偵測剎車系統

請利用「超音波感應器」來設計一台「前方自動偵測剎車系統」。

條件

1. 機器人前進時，越靠近障礙物時，會發出越高的頻率聲音。
2. 假設「距離與頻率的方程式」設為：Hz = -50 × cm + 2000。
3. 假設前進時，離障礙物20cm(回傳值設定約為20)時，自動停止。

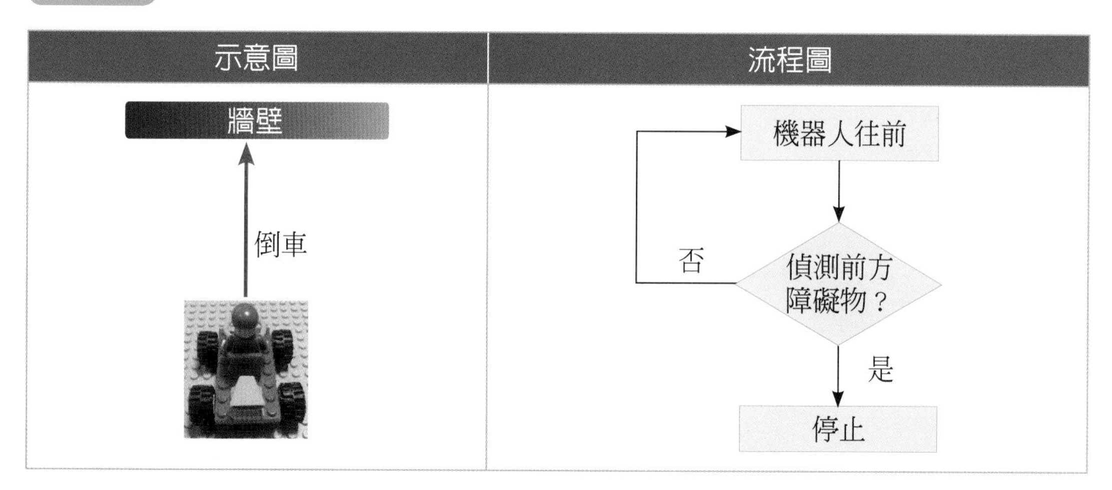

在App Inventor2拼圖程式開發環境

請你先載入「ch9_4_5_EX5.aia」的手機與機器人「藍牙連線」程式，再加入「EV3Sound元件」來發出「音樂聲」及「超音波感測器」來偵測距離。

（一）介面設計

（二）關鍵拼圖程式設計

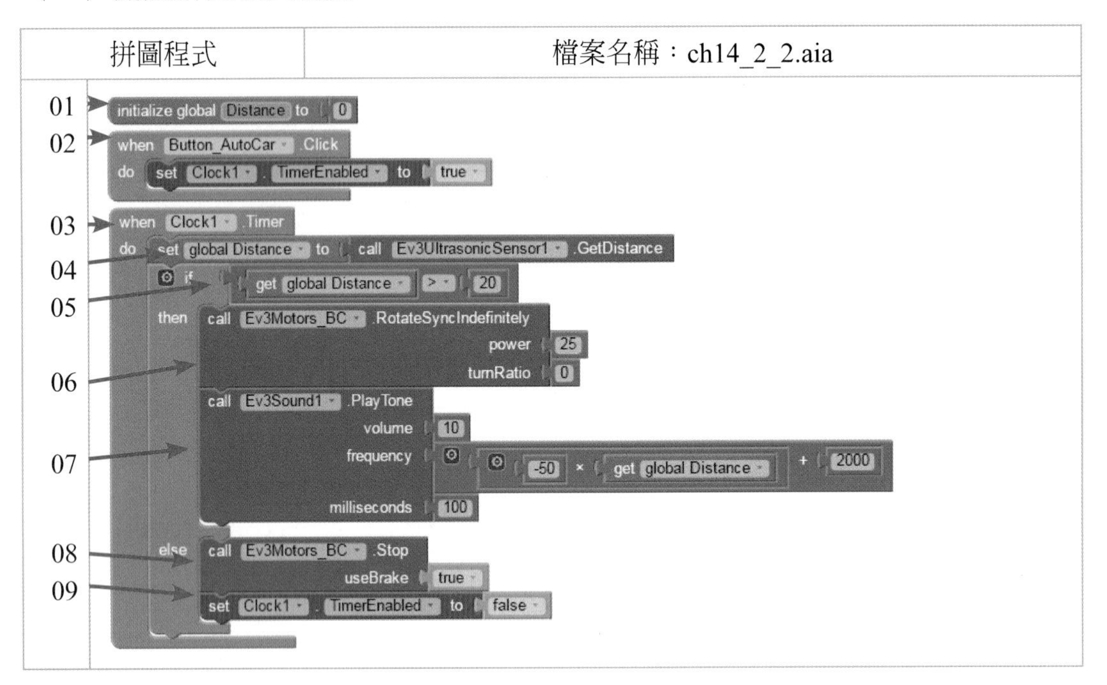

說明

行號01：宣告Distance變數爲0，其目的用來記錄超音波偵測的距離。

行號02：用來啓動Clock時鐘元件。

行號03：如果Clock時鐘被啟動時，就會觸發Timer計時器事件。
行號04：將超音波偵測的距離記錄到Distance變數。
行號05~07：機器人前進，如果偵測的距離大於20公分，則發出「嗶聲」。
行號08~09：如果偵測的距離小於20公分，車子就會停止前進，並關閉時鐘計時器。

14-3 Ev3Commands直接控制指令

功能

提供使用者讀取或設定EV3主機的狀態。

Ev3Commands元件的方法

方法	說明
call Ev3Commands1 .GetBatteryCurrent	讀取EV3主機目前的電流消耗狀況。 單位：毫安培（mA）
call Ev3Commands1 .GetBatteryVoltage	讀取EV3主機目前的電壓狀態。 單位：毫伏特（mV）
call Ev3Commands1 .GetFirmwareBuild	讀取EV3主機目前的韌體組建編號
call Ev3Commands1 .GetFirmwareVersion	讀取EV3主機目前的韌體版本
call Ev3Commands1 .GetHardwareVersion	讀取EV3主機目前的硬體版本
call Ev3Commands1 .GetOSBuild	讀取EV3主機目前的作業系統組建編號
call Ev3Commands1 .GetOSVersion	讀取EV3主機目前的作業系統版本
call Ev3Commands1 .KeepAlive minutes	設定EV3主機保持開機狀態的時間。 單位：分鐘

在App Inventor2拼圖程式開發環境

請你先載入「ch9_4_4.aia」的手機與機器人「藍牙連線」程式，再加入「Ev-3Commands元件的方法」來讀取各項EV3主機的訊息。

（一）介面設計

（二）關鍵拼圖程式設計

1. 宣告變數、分割音符及啟動時鐘

拼圖程式	檔案名稱：ch14_2_1.aia

```
   when Button_GetBatteryCurrent .Click
01 do set Label_GetBatteryCurrent . Text to join call Ev3Commands1 .GetBatteryCurrent
                                                  "毫安培"
02    call Beep
         Second 200

   when Button_GetBatteryVoltage .Click
03 do set Label_GetBatteryVoltage . Text to join call Ev3Commands1 .GetBatteryVoltage
                                                  "毫伏特"
04    call Beep
         Second 200

05 when Button_GetFirmwareVersion .Click
   do set Label_GetFirmwareVersion . Text to call Ev3Commands1 .GetFirmwareVersion
06    call Beep
         Second 200
```

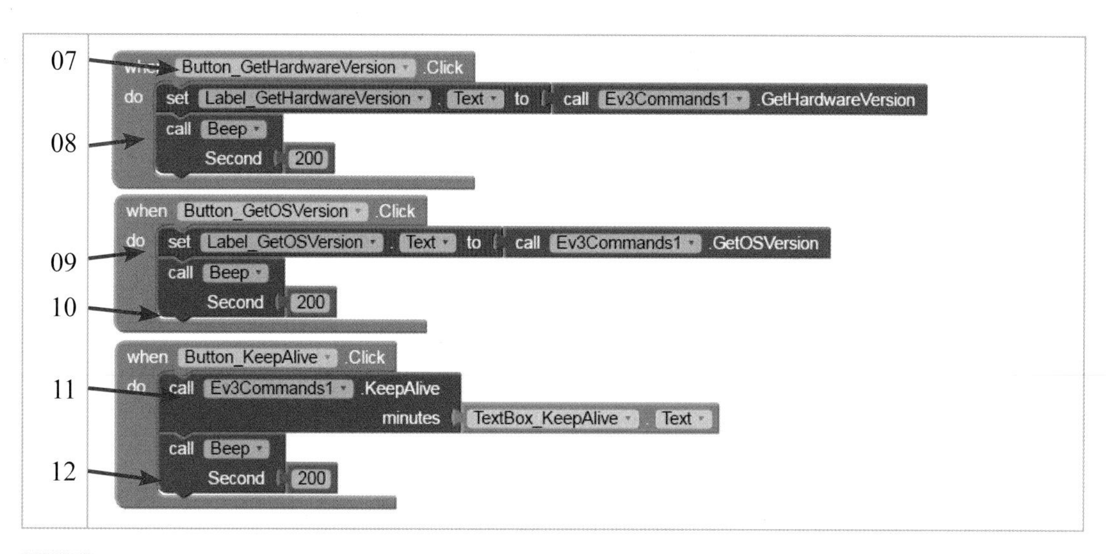

說明

行號01~02：讀取EV3主機目前的電流消耗狀況。單位：毫安培（mA），並發出「嗶聲」。

行號03~04：讀取EV3主機目前的電壓狀態。單位：毫伏特（mV），並發出「嗶聲」。

行號05~06：讀取EV3主機目前的韌體版本，並發出「嗶聲」。

行號07~08：讀取EV3主機目前的硬體版本，並發出「嗶聲」。

行號09~10：讀取EV3主機目前的作業系統版本，並發出「嗶聲」。

行號11~12：設定EV3主機保持開機狀態的時間。單位：分鐘，並發出「嗶聲」。

章後評量

1. 請EV3機器人模擬「手機鈴聲」。
2. 請EV3機器人模擬「救護車」的警報聲。

NOTE

傾斜操作機器人（加速感測器）

本章學習目標

1. 讓讀者瞭解感測器的目的、應用領域及如何利用App Inventor2拼圖程式來開發有趣的App。
2. 讓讀者瞭解如何透過「加速感測器」，來讓機器人可以依照不同的傾斜程度來控制機器人的行動。

本章內容

15-1 何謂感測器（Sensor）？

還記得「阿凡達」電影中的「機器人」的動作是可以由人類的肢體動作來控制嗎？其實它就是透過「感測器（Sensor）」的原理。而在我們的智慧型手機中，也具有此功能。

在Android手機中，目前已經提供了十多種感測器的功能，例如：「加速感測器」、「位置感測器」、「方向感測器」、溫度感測器、光線感測器、陀螺儀、……等等各種偵測環境變化的感測器。

定義

是指可以偵測環境變化的電子設備。

App Inventor2支援的種類

在App Inventor2拼圖程式中，它支援 3 種感測器分別為加速感測器、方向感測器以及位置感測器。

1. 加速感測器（Accelerometer Sensor）➔本章節詳細介紹。
2. 位置感測器（Location Sensor）
3. 方向感測器（Orientation Sensor）

15-2 加速感測器（Accelerometer Sensor）

定義

是指用來偵測行動載具的傾斜程度。

功能

偵測行動載具在X, Y及Z三軸加速度的變化量。

提供三個參數

XAccel（X軸），YAccel（Y軸），ZAccel（Z軸）

1. XAccel（X軸）：變化範圍為-9.8~+9.8

2. YAccel（Y軸）：變化範圍為-9.8~+9.8
3. ZAccel（Z軸）：變化範圍為-9.8~+9.8

示意圖

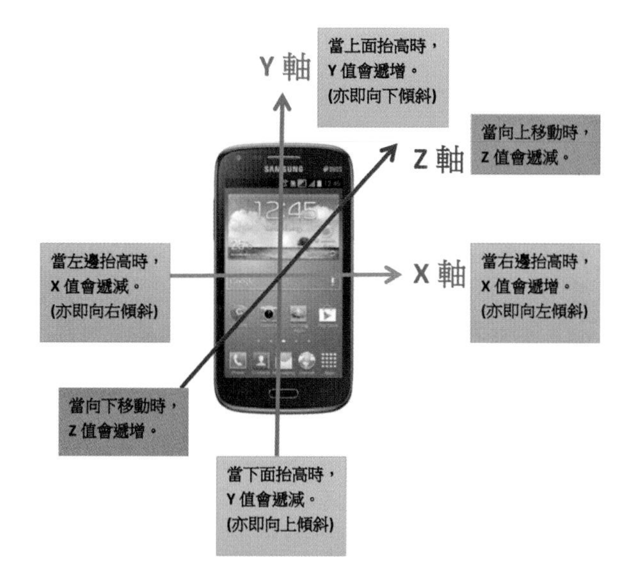

應用時機

1. 模擬機器人的行走方向。
2. 模擬飛機的行駛方向。
3. 偵測個人的運動次數。例如：跑步、打球等各種運用。

範例

加速感測器（Accelerometer Sensor）的實作步驟如下所示：

注意　當你從「元件區」拖曳加速感測器（Accelerometer Sensor）到「手機畫面配置區」時，它不會顯示在「手機畫面配置區」中，而是在最下方。因為它屬於「非視覺化元件」。

加速感測器（Accelerometer Sensor）的相關屬性

屬性	說明	靜態（屬性表）	動態（拼圖）
Available	偵測行動載具是否具有加速感測器的功能		✓
Enabled	是否要啓動加速感測器（勾選：代表啓動）	✓	✓
MinimumInterval	設定行動載具搖動（Shaking事件）的最小間隔時間。預設值爲400ms（代表0.4秒）	✓	✓
Sensitivity	加速感測器的敏感度。預設爲（moderate；中等程度）	✓	✓
XAccel	加速感測器X軸加速的變化量。		✓
YAccel	加速感測器Y軸加速的變化量。		✓
ZAccel	加速感測器Z軸加速的變化量。		✓

加速感測器（Accelerometer Sensor）的動態屬性

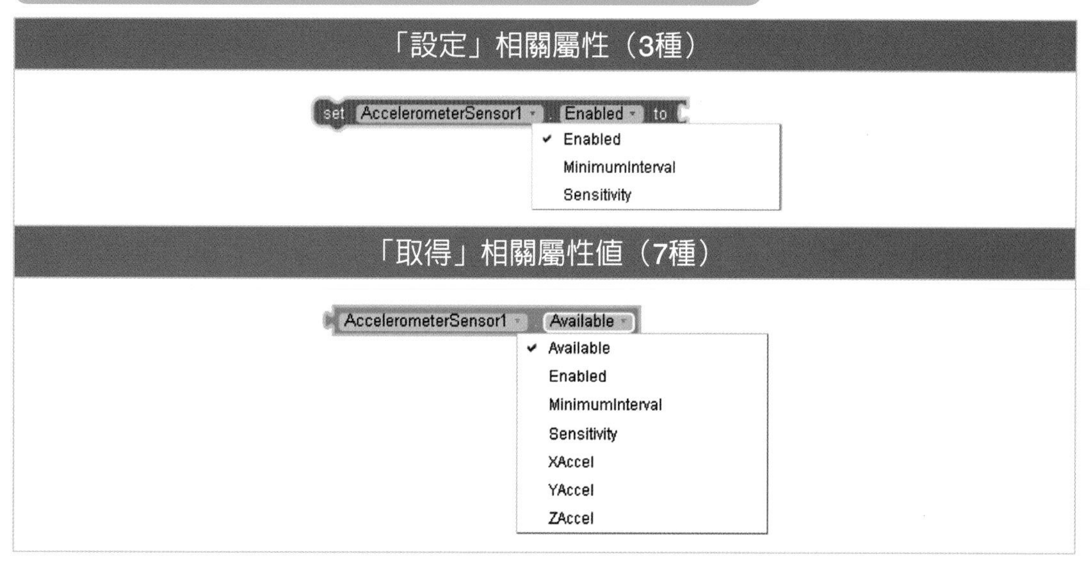

加速感測器（Accelerometer Sensor）的2個事件

事件	說明
when AccelerometerSensor1 .AccelerationChanged xAccel yAccel zAccel do	當「加速度感測器」的變化量改變時，就會觸發本事件。
when AccelerometerSensor1 .Shaking do	當手機被搖動時，就會觸發本事件。

App Inventor2的作法

當「加速度感測器」的變化量改變時，則其加速度感測器的AccelerationChanged事件就會觸發，因此，它會傳回XAccel（X軸），YAccel（Y軸），ZAccel（Z軸）三個參數的變化量。

實作1

請利用加速感測器（Accelerometer Sensor）來模擬一架飛機在天空飛行（上升、下降、向左及向右），並且畫面上顯示目前的飛行狀態。

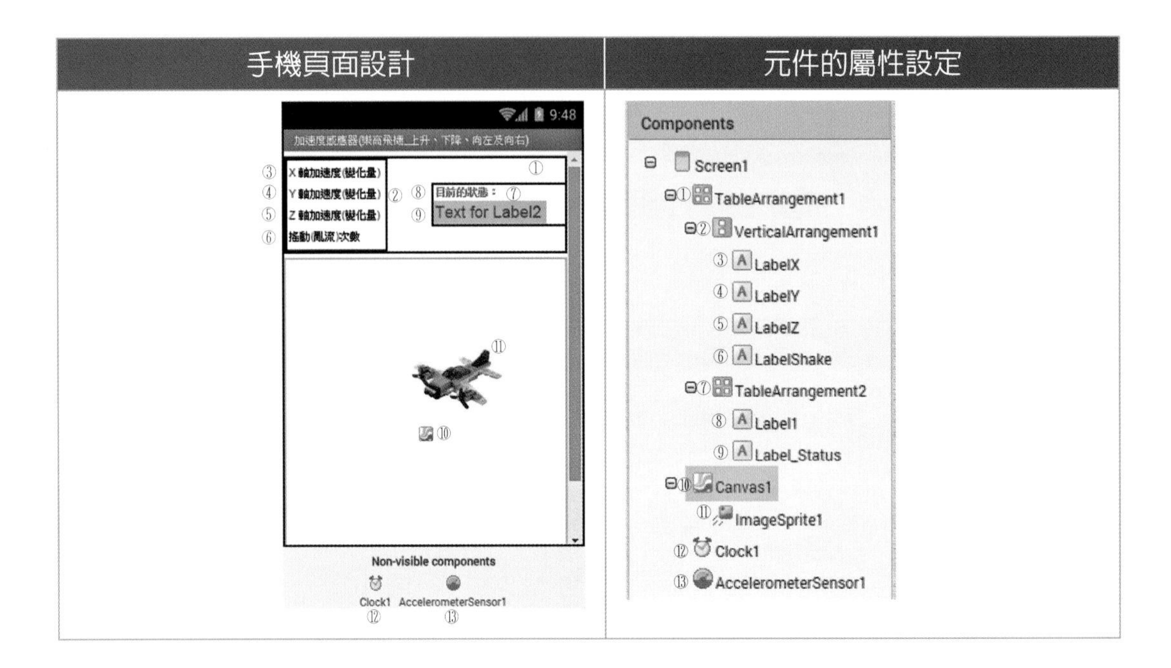

參考解答

拼圖程式	檔案名稱：ch15_2_EX1.aia

```
01  when AccelerometerSensor1 .AccelerationChanged
      xAccel  yAccel  zAccel
02  do  call ImageSprite1 .MoveTo
            x  ImageSprite1 . X  -  get xAccel
            y  ImageSprite1 . Y  +  get yAccel
03      if  get yAccel  <  0.5
        then  set Label_Status . Text to "上升中..."
        else  set Label_Status . Text to "下降中..."
04      if  get yAccel  >  3.8
        then  set Label_Status . Text to "地面滑行..."
05      if  get xAccel  >  0.5
        then  set Label_Status . Text to "向左..."
06      if  get xAccel  <  -0.5
        then  set Label_Status . Text to "向右..."
```

07

說明

行號01：當「加速度感測器」的變化量改變時，就會觸發本事件，並且傳回XAccel（X軸），YAccel（Y軸），ZAccel（Z軸）的變化量。

行號02：它會將傳回的XAccel（X軸），YAccel（Y軸）變化量來改變「樂高飛機」的位置。

行號03：當YAccel（Y軸）的值小於0.5時，則代表飛機正在「上升中……」，否則就是「下降中……」。

行號04：當YAccel（Y軸）的值大於3.8時，則代表飛機正在「地面滑行……」。

行號05：當XAccel（X軸）的值大於0.5時，則代表飛機正在「向左……」。

行號06：當XAccel（X軸）的值小於0.5時，則代表飛機正在「向右……」。

行號07：利用Clock元件來記錄每間隔0.2秒，XAccel（X軸），YAccel（Y軸），ZAccel（Z軸）的變化量，並且顯示在螢幕上。

執行畫面

實作2

承上一題，請再加入可以計算「亂流次數」，亦即Z軸的搖動。

參考解答

拼圖程式	檔案名稱：ch15_2_EX2.aia
01	initialize global times to 0
02	when Screen1 .Initialize do set global times to 0
03	when AccelerometerSensor1 .Shaking do set global times to get global times + 1
04	set LabelShake . Text to join " 搖動(亂流)次數 " get global times
	…… ……
05	if absolute get zAccel ≥ 16 then call Sound1 .Play

說明

行號01：宣告times全域性變數，用來記錄Z軸的搖動次數。

行號02：Screen1在初始化時，設定times的初值爲0。

行號03：當手機強烈搖晃時，就會觸發Shaking事件。

行號04：用來記錄手機強烈搖晃的次數，亦即飛機遇到亂流的次數。

行號05：當ZAccel（Z軸）的變化量大於等於16時（代表亂流），就會出發出聲音。

實作3

承上一題，請再加入天空飛行「上升」與「下降」時的不同引擎聲音。

參考解答

拼圖程式	檔案名稱：ch15_2_EX3.aia

```
01  when AccelerometerSensor1 .AccelerationChanged
      xAccel  yAccel  zAccel
    do  call ImageSprite1 .MoveTo
02            x  ImageSprite1 . X  -  get xAccel
              y  ImageSprite1 . Y  +  get yAccel
        if    get yAccel < 1
03      then  call Sound_FlyUp .Play
        else if  get yAccel > -1
        then  call Sound_FlyUp .Pause
        if    get yAccel ≥ -1
04      then  call Sound_FlyDown .Play
        else if  get yAccel > 1
        then  call Sound_FlyDown .Pause
    ……
    ……
```

說明

行號01~02：同上。

行號03：當YAccel（Y軸）的值小於1時，則代表飛機正在「上升中……」，因此，就會播放上升引擎聲音，否則就會停止播放聲音。

行號04：當YAccel（Y軸）的值大於等於-1時，則代表飛機正在「下降中……」，因此，就會播放下降引擎聲音，否則就會停止播放聲音。

15-3 傾斜操作機器人

引言

在前面的章節中，我們利用Android手機來操控機器人時，不外乎都是利用「按鈕」或「語音」。而在本單元中，我們將帶領各位讀者如何藉由手機的傾斜程度來控制機器人的動作，也就是利用「加速感測器（Accelerometer Sensor）元件中的X、Y軸的變化量，來決定樂高機器人的行走的方向。

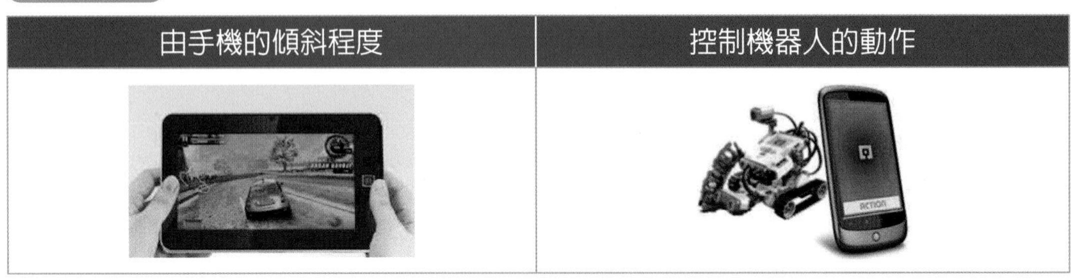

實作

請匯入「ch9_4_5_EX5.aia」的拼圖程式，請再加入一個「加速感測器（Accelerometer Sensor）元件，「搖晃圖示」加入下方，來讓使用者可以利用「傾斜方式」控制機器人的行走方向。

介面設計

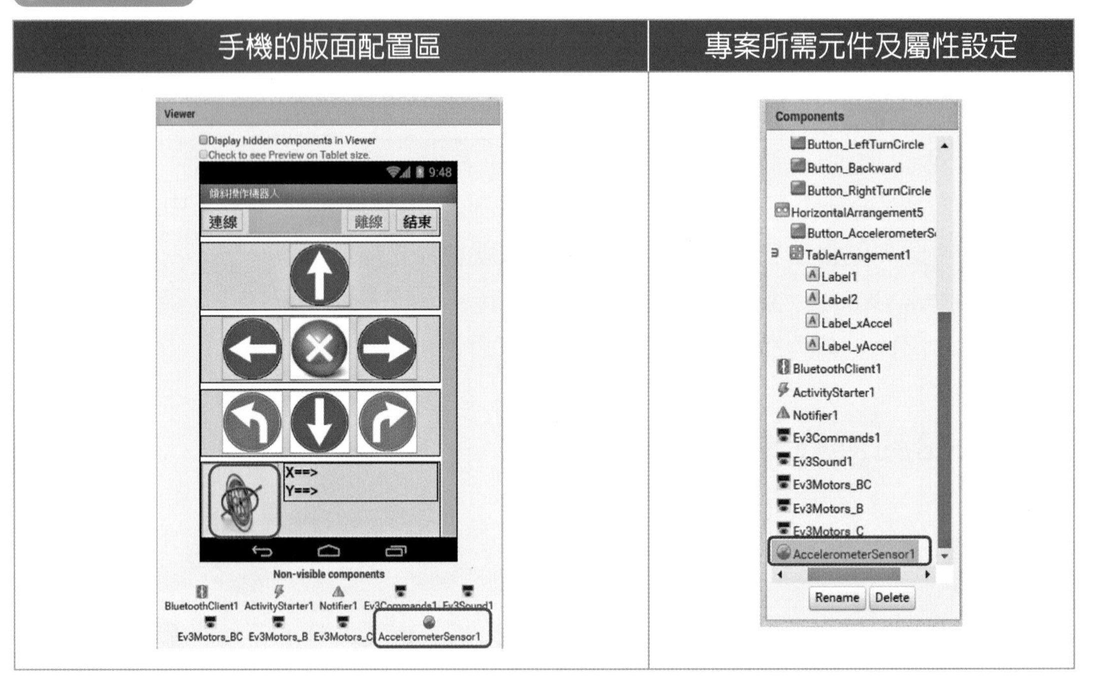

關鍵拼圖程式

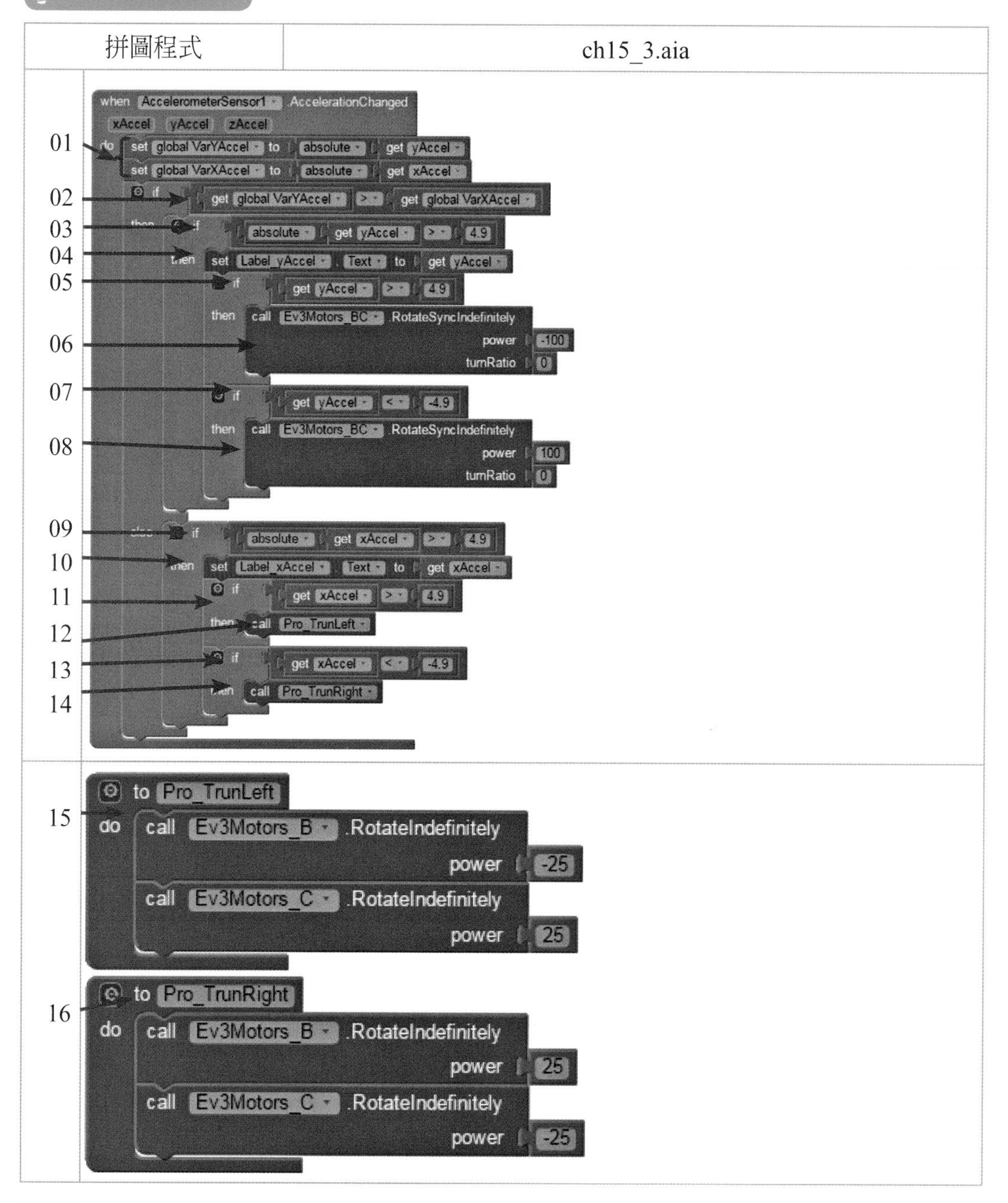

說明

行號01：當「加速度感測器」的變化量改變時，就會觸發本事件，並且傳回XAccel（X軸），YAccel（Y軸），ZAccel（Z軸）的變化量。

行號02：判斷YAccel（Y軸）變化量的絕對值是否大於XAccel（X軸）。

行號03：如果是的話，再判斷YAccel的絕對值是否大於4.9，

行號04：顯示「YAccel（Y軸） 變化量的值」。

行號05~06：當YAccel（Y軸）的值大於4.9時，則機器人「後往退」。

行號07~08：當YAccel（Y軸）的值小於-4.9時，則機器人「往前進」。

行號09：當YAccel（Y軸）變化量小於XAccel（X軸）時，再判斷xAccel的絕對值是否大於4.9。

行號10：顯示「XAccel（X軸） 變化量的值」。

行號11~12：當XAccel（X軸）的值大於4.9時，則機器人「向左轉」。

行號13~14：當XAccel（X軸）的值小於-4.9時，則機器人「向右轉」。

行號15：定義「向左轉」的副程式。

行號16：定義「向右轉」的副程式。

章後評量

1. 請利用「滑板控制」來控制機器人行走方向。

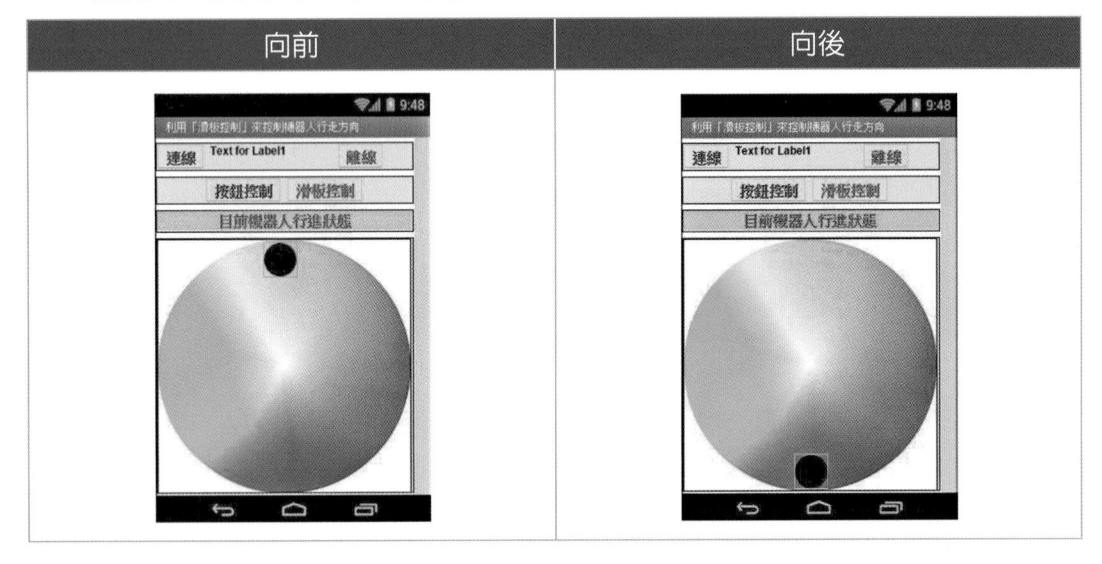

2. 承上一題，請再加入「距圓心愈遠速度愈快」的方式，來控制機器人行走速度。

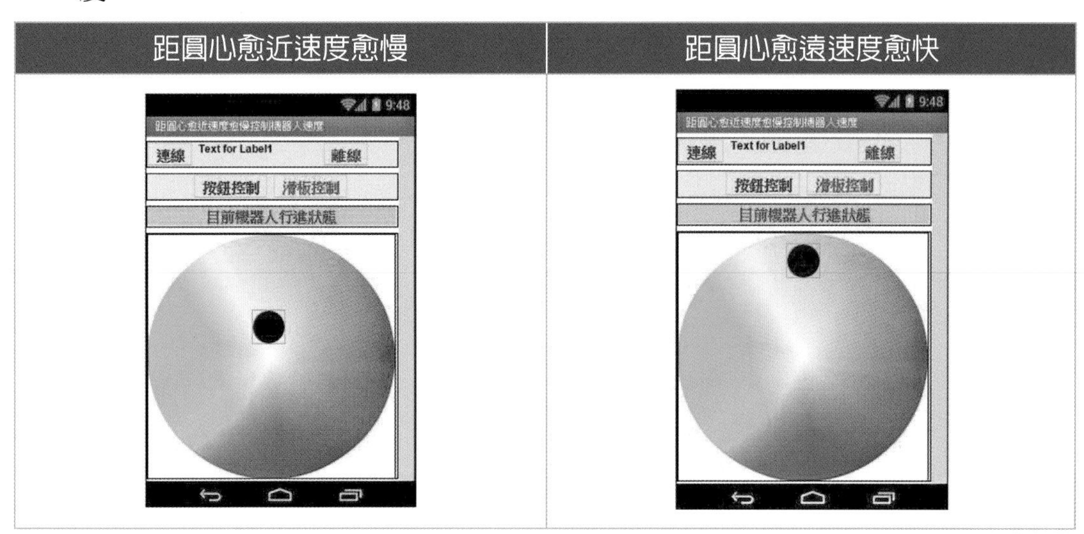

NOTE

Chapter 16

語音操控機器人（語音辨識）

本章學習目標

1. 讓讀者瞭解語音辨識的目的、應用領域及如何利用App Inventor2拼圖程式來開發有趣的App。
2. 讓讀者瞭解如何透過「語音操控」樂高機器人，讓機器人可以聽人類的語言來動作。

本章內容

16-1 語音辨識

早期的智慧型手機要搜尋資料時，勢必要用手寫輸入，但是，往往螢幕小再加上辨識力並非百分百，年長者並不喜歡使用它。但是，目前的智慧型手機的語音辨識程度非常的強大，因此，可以大幅減輕手寫輸入的負擔，所以，它的應用層面也越來越廣了。

目的

人類透過說話的聲音，來命令電腦或手機執行各項工作。

應用

1. 電腦產品：語音聽寫、遊戲軟體、語言訓練。
2. 電話產品：電話語音辨識 / 驗證服務。
3. 消費性電子產品：語音撥號行動電話、電視遙控、聲控玩具、語言學習。
4. 汽車產品：汽車導覽系統、車用行動電話等。

Google的語音搜尋

啓動語音搜尋	精準又快速查詢功能
 Google 請開始說話	 正修科技大學

16-2 語音轉成文字功能（SpeechRecognizer元件）

功能

將人類的語音轉成文字。

設備需求

智慧型手機，不可使用「模擬器」。

範例

語音轉成文字元件（SpeechRecognizer）的實作步驟如下所示：

說明　從「元件區」拖曳「SpeechRecognizer」元件到「手機畫面配置區」，由於「SpeechRecognizer」元件是屬於非視覺化元件，所以，不會顯示在「配置區」內部，而是顯示在「配置區」的最下方。

語音轉成文字元件（SpeechRecognizer）的屬性

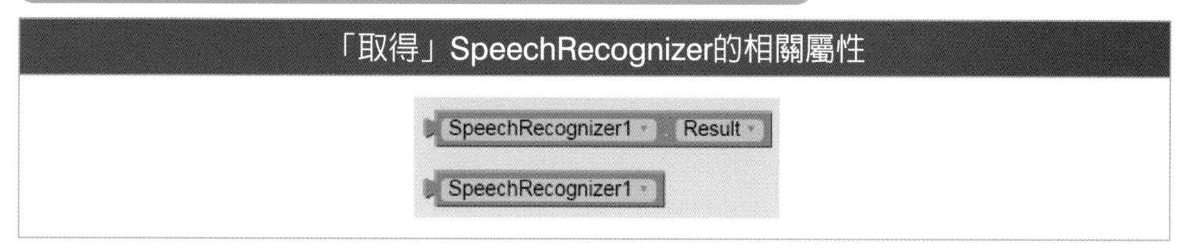

語音轉成文字元件（SpeechRecognizer）的1個方法

方法	說明
call SpeechRecognizer1 .GetText	啓動語音辨識器功能，來取得使用者的語音

語音轉成文字元件（SpeechRecognizer）的2個事件

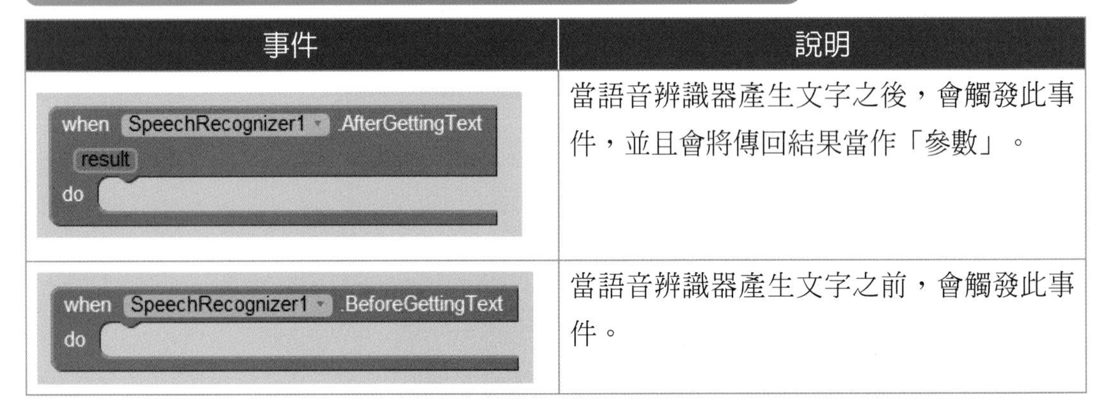

事件	說明
when SpeechRecognizer1 .AfterGettingText result do	當語音辨識器產生文字之後，會觸發此事件，並且會將傳回結果當作「參數」。
when SpeechRecognizer1 .BeforeGettingText do	當語音辨識器產生文字之前，會觸發此事件。

實作　請利用語音輸入您的最愛的事物

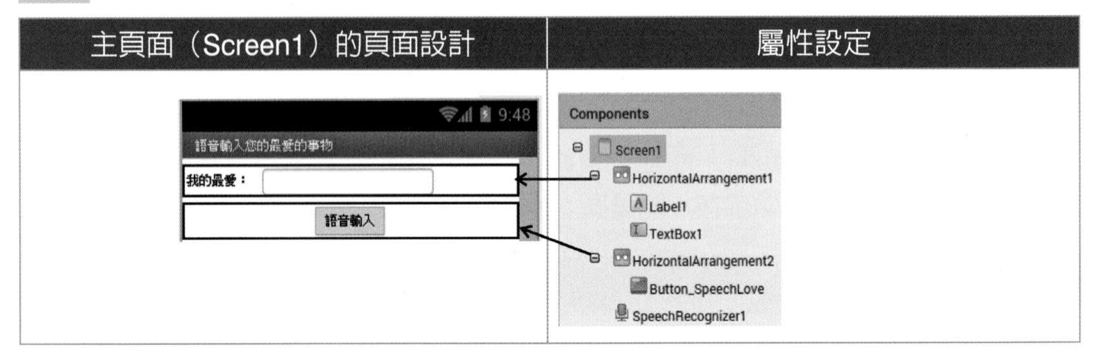

主頁面（Screen1）的頁面設計	屬性設定
9:48 語音輸入您的最愛的事物 我的最愛： 語音輸入	Components Screen1 HorizontalArrangement1 Label1 TextBox1 HorizontalArrangement2 Button_SpeechLove SpeechRecognizer1

參考解答

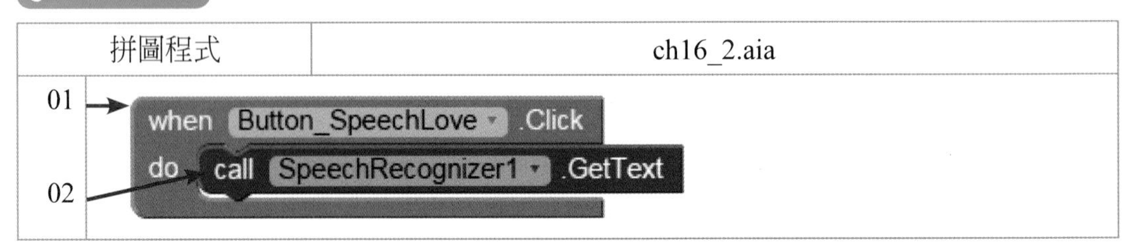

拼圖程式	ch16_2.aia
01 02	when Button_SpeechLove .Click do call SpeechRecognizer1 .GetText

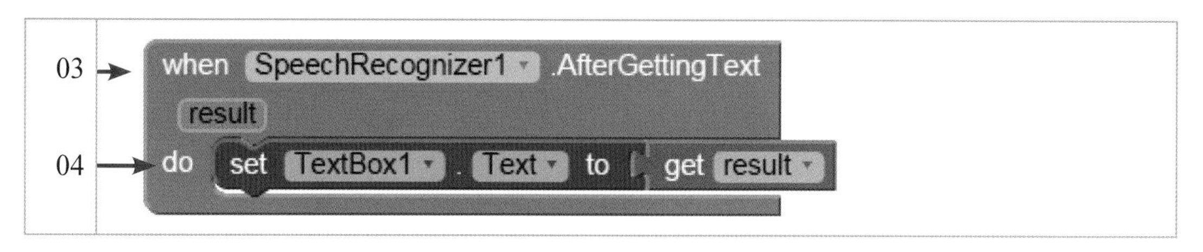

說明

行號01：先拖曳一個「Button_SpeechRecognizer1」元件的Click事件。

行號02：再加入「SpeechRecognizer1」元件的「GetText」方法。此時，會啓動「語音」功能畫面。

行號03：當使用者利用「語音」之後，馬上會執行「「SpeechRecognizer1」元件的「AfterGettingText」事件。

行號04：將剛才「語音」轉換成「文字」指定給「標題」框，亦即TextBox_Input-Title元件的Text屬性。

16-3 文字轉成語音功能（TextToSpeech元件）

功能

將人類的文字轉成語音。

設備需求

智慧型手機，不可使用「模擬器」。

範例

文字轉成語音元件（TextToSpeech）的實作步驟如下所示：

①從「元件區」拖曳元件	②到「手機畫面配置區」

說明 從「元件區」拖曳「TextToSpeech」元件到「手機畫面配置區」，由於「TextToSpeech」元件是屬於非視覺化元件，所以，不會顯示在「配置區」內部，而是顯示在「配置區」的最下方。

文字轉成語音元件（TextToSpeech）的相關屬性

屬性	說明	靜態（屬性表）	動態（拼圖）
Country	設定語音輸出的國家代碼	✓	✓
Language	設定語音輸出的語言代碼	✓	✓
Pitch	設定音調高低（0~2），其中0代表音調最低，而2最高。	✓	✓
SpeechRate	設定語音的速度	✓	✓

文字轉成語音元件（TextToSpeech）的動態屬性

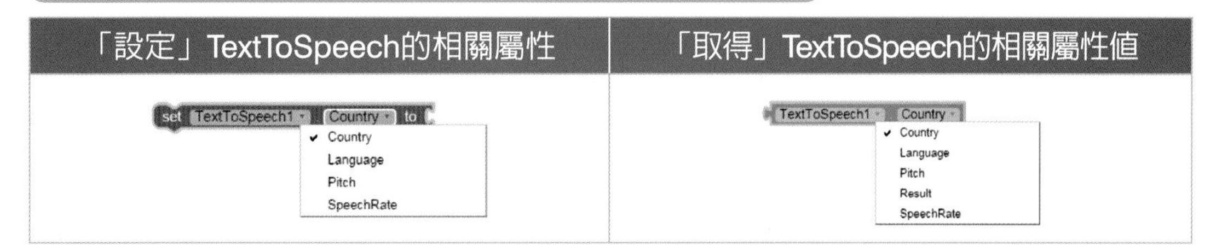

「設定」TextToSpeech的相關屬性	「取得」TextToSpeech的相關屬性值
set TextToSpeech1 . Country to ✔ Country Language Pitch SpeechRate	TextToSpeech1 . Country ✔ Country Language Pitch Result SpeechRate

文字轉成語音元件（TextToSpeech）的1個方法

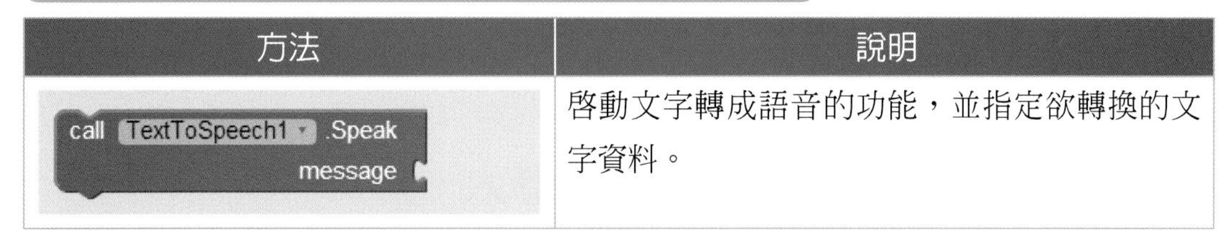

方法	說明
call TextToSpeech1 .Speak message	啓動文字轉成語音的功能，並指定欲轉換的文字資料。

語音轉成文字元件（SpeechRecognizer）的2個事件

事件	說明
when TextToSpeech1 .AfterSpeaking result do	當文字轉成語音之後，會觸發此事件，並且會將傳回結果當作「參數」。
when TextToSpeech1 .BeforeSpeaking do	當文字轉成語音之前，會觸發此事件。

實作1　請利用語音輸出功能，來將您的最愛的事物文字讀出

主頁面（Screen1）的頁面設計	屬性設定
9:48 文字輸入您的最愛的事物 ② ③ 我的最愛： 樂高機器人 ① 語音輸出 ⑤ ④	Components ⊟ Screen1 ⊟① HorizontalArrangement1 ② Label1 ③ TextBox1 ⊟④ HorizontalArrangement2 ⑤ Button_SpeechLove ⑥ TextToSpeech1

參考解答

拼圖程式	ch16_3.aia
01 02	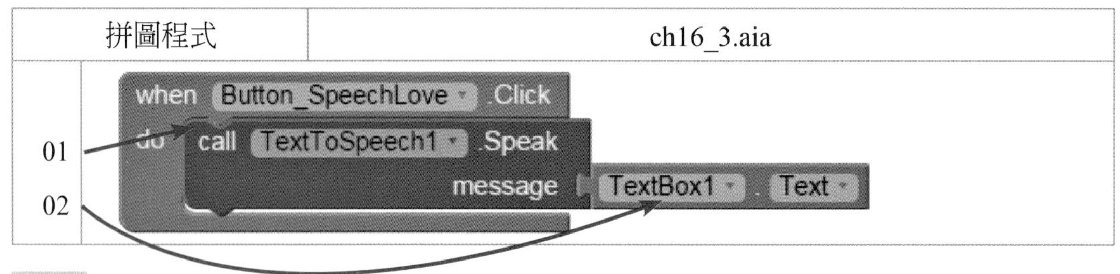

說明

行號01：啟動文字轉成語音的功能。

行號02：指定欲轉換的文字資料。

16-4 利用「語音操控」樂高機器人

定義

是指利用「語音」來操控樂高機器人，亦即「只需動口，不用動手」。

優點

1. 不需要「方向按鈕」也能操控機器人。
2. 對於視力不佳的使用者，也能輕易操控。

缺點

1. 由於語音辨識必須透過網路送到Google伺服器進行分析，因此，如果沒有網路，則無法使用。
2. 每個人的發音可能不盡相同，導致語音辨識效果可能不佳。

提高語音辨識效果之解決方法

1. 建立「語音詞庫」

透過多人發音結果，建立在語音資料庫中。例如：命令機器人「向前」時，則可以建立與「前」字的同音字到「詞庫」中。例如：建立「前、錢、潛、虔」或相近音的「淺、遣、全、權」等等。

2. 使用「句子」發音

當命令機器人「向前」時，如果只唸「前」，往往會辨識為「錢」或其它同音字。但是，如果完整的唸「向前」句子，則辨識率非常高。

3. 透過「模糊比對」模式

當我們使用「句子」發音時，如何將它辨識出來呢？切記盡量不要使用等號「=」，因為每個人的發音不盡相同，亦即你我的發音或音調可能不同。因此，建議使用第八章已經介紹的「contains」包含子字串函數。

功能

判斷text主字串（Str1）是否有包括指定的pice副字串（Str2）

拼圖程式

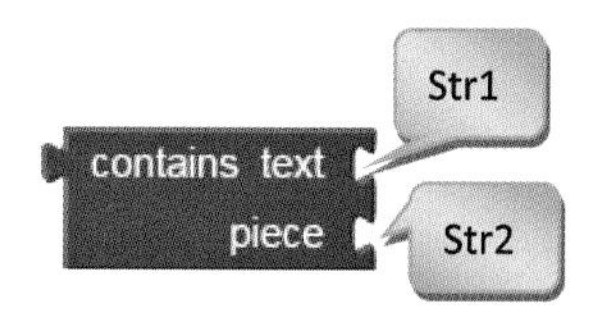

說明

1. Str1字串：是指「使用者發音」的句子。
2. Str2字串：是指「語音詞庫」的單子。

範例

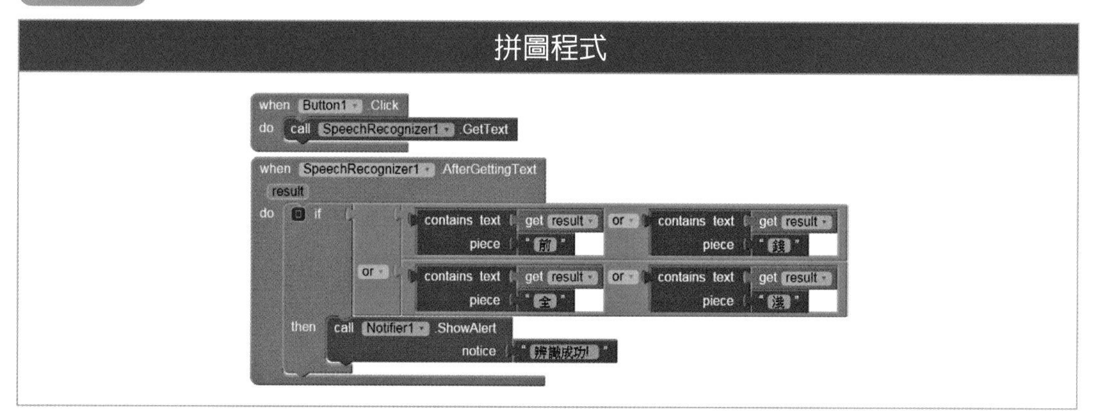

實作

請匯入「ch9_4_5_EX5.aia」的拼圖程式，請再加入一個「Speech Recognizer」語音輸入元件，讓使用者可以利用「語音」控制機器人的行走方向。

介面設計

手機的版面配置區	專案所需元件及屬性設定

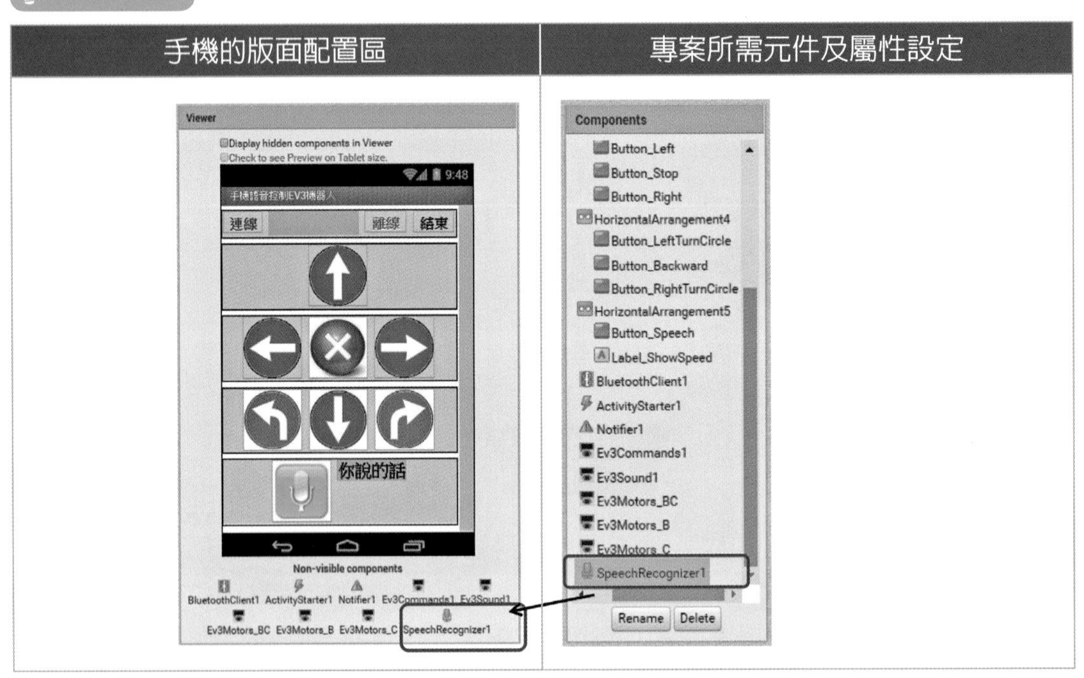

參考解答

拼圖程式	ch16_4.aia
01	when Button_Speech .Click do call SpeechRecognizer1 .GetText

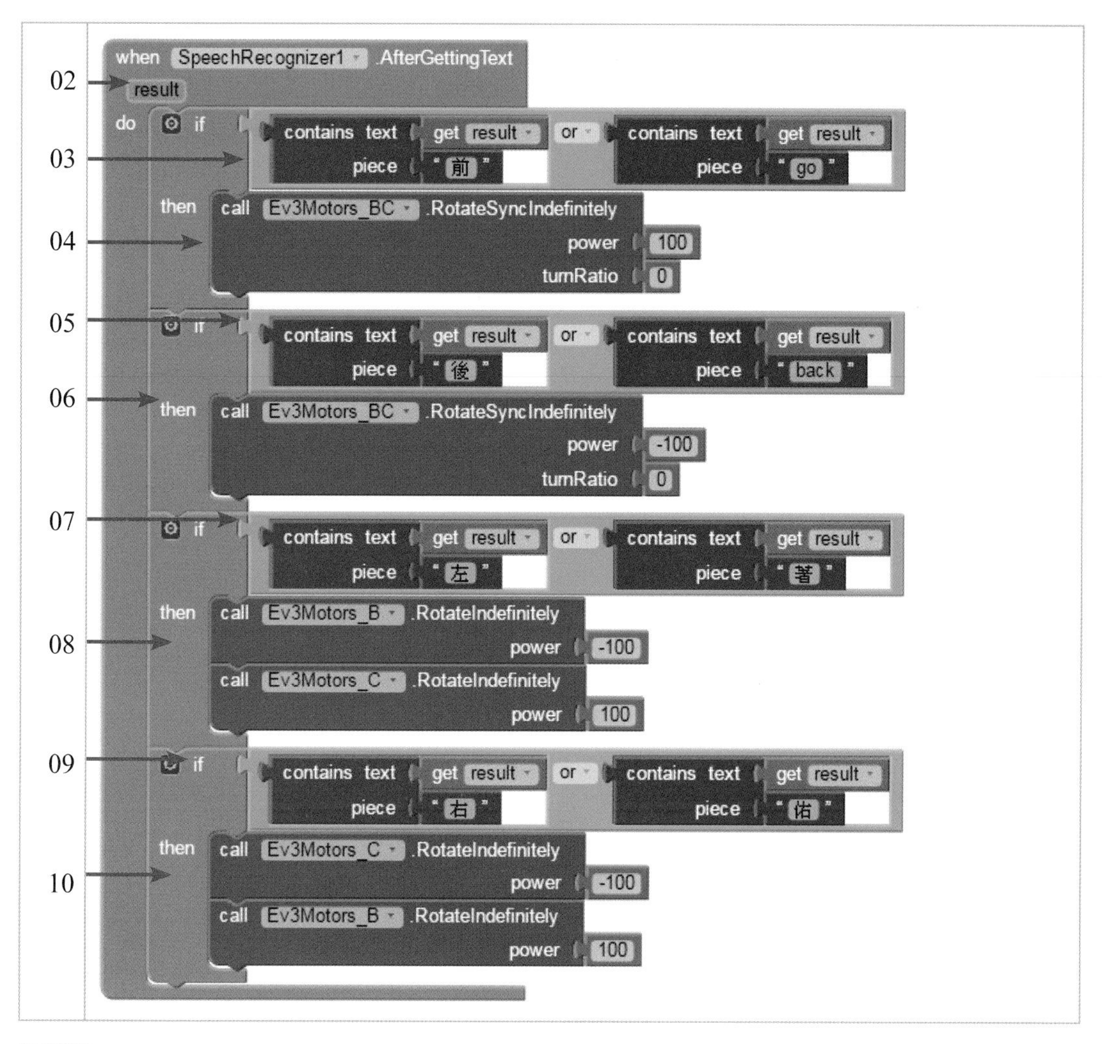

說明

行號01：【語音輸入】啓動語音辨識器功能，來取得使用者的語音

行號02：【語音辨識】當您啓動語音輸入之後，它馬上會觸發「AfterGettingText」事件，來辨識您剛才輸入的語音並傳回值result爲「文字」內容。

行號03~04：判斷傳回值result爲「文字」內容是否有包含「前」或英文字的「go」。如果辨識結果爲true時，則機器人以100電力「向前走」。

行號05~06：判斷傳回值result爲「文字」內容是否有包含「後」或英文字的「back」。如果辨識結果爲true時，則機器人以-100電力「往後退」。

行號07~08：判斷傳回值result爲「文字」內容是否有包含「左」或「著」。如果辨識結果爲true時，則機器人的左馬達B電力設爲-100（反轉），而右馬達C電力設爲100「正轉」，因此，就會產生「左轉」的效果。

行號09~10：判斷傳回值result爲「文字」內容是否有包含「右」或「佑」。如果辨識結果爲true時，則機器人的右馬達C電力設爲-100（反轉），而左馬達電力設爲100「正轉」，因此，就會產生「右轉」的效果。

專題製作：建立語音詞庫操控機器人

本章學習目標

讓讀者瞭解專題製作的設計步驟及App的開發流程。

本章內容

任何專案的進行都必須要經過計劃、執行及考核。而資訊系統的開發也不例外。基本上，當我們想要開發APP專題程式時，必須要依循以下六大步驟：

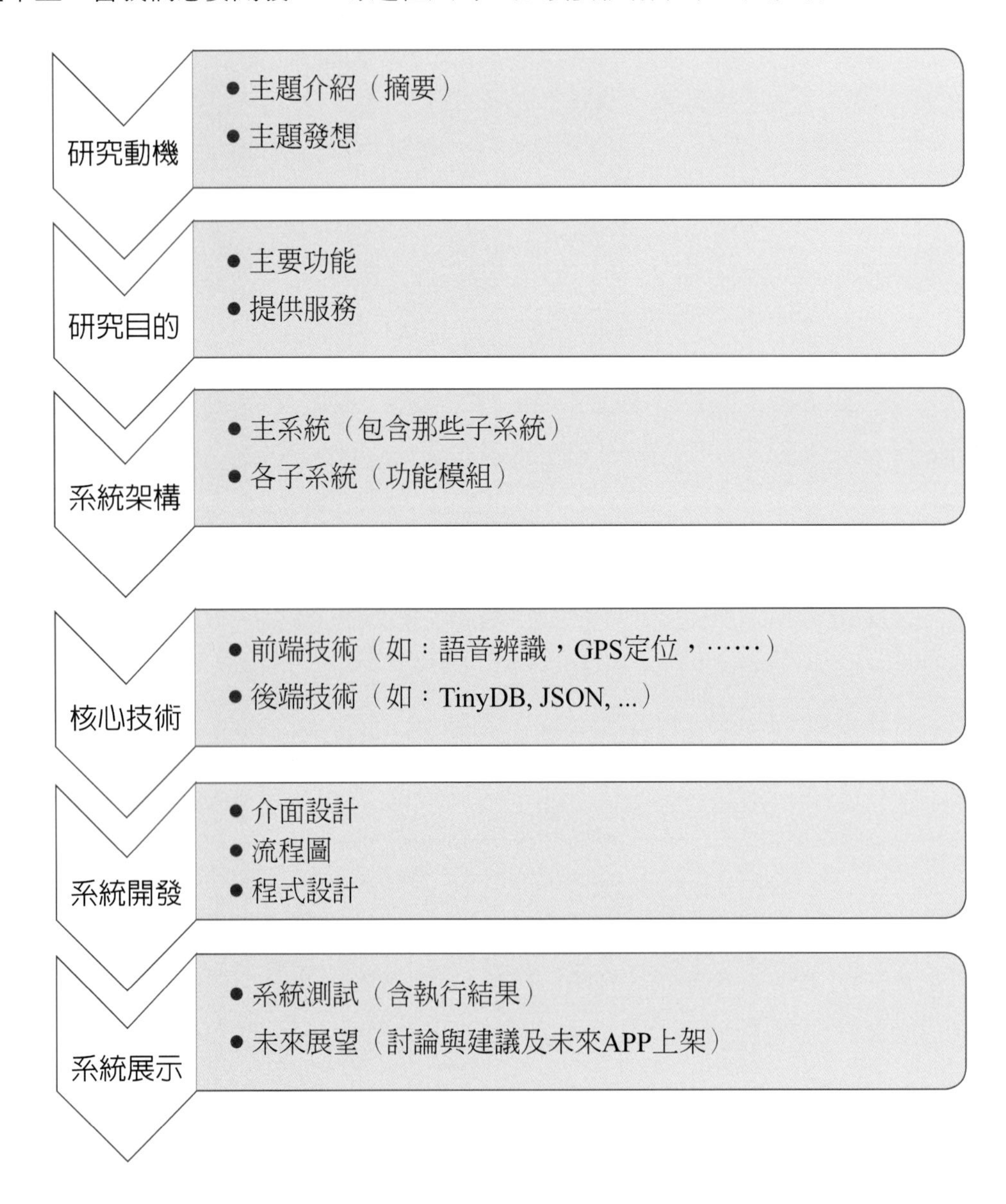

主題

建立語音詞庫操控機器人

17-1 研究動機（主題發想）

隨著資訊科技的進步，智慧型手機已經不再只是你我溝通的工具，它還可以透過藍牙技術來命令「機器人」執行某持定任務。目前常看到的作就是利用手機的按鈕來控制機器人「前、後、左、右及停止」等動作，甚至使用Google語音辨識功能來直接語音控制機器人，但是，如果利用「語音」來命令機器人，雖然達到「只需動口，不用動手」的最佳操控效果，但往往由於每個人的發音可能不盡相同，導致語音辨識效果可能不佳，使得機器人無法即時接受「主人的命令」。

有鑑於此，本專題收集控制機器人「前、後、左、右及停止」五大動作的各種正確讀音、相近音及英文版的發音，建立成「語音詞庫」，再透過專題提出的「語音詞庫模糊比對模式」來開發一套「聲控機器人系統」，以達更精準「人機互動」的境界。

17-2 主題目的（研究目的）

根據主題發想，本專題的目的歸納如下：

1. 建立「語音詞庫」來收集語音操控機器人的使用者之不同的語調及句子。
2. 利用手機資料庫TinyDB來儲存使用者之「語音詞庫」。
3. 讓使用者可以更方便及隨意的利用語音操控機器人的各種活動（前、後、左、右及停止）。

17-3 系統架構

在本專題中，「聲控機器人（建立語音詞庫）系統」的架構圖是由兩個子系統組合而成。

1. 建立「語音詞庫」子系統：是指用來編輯及管理語音詞庫之內容。
2. 語音「操控機器人」子系統：是指利用使用者的語音來「操控機器人」。

其架構圖如下圖所示：

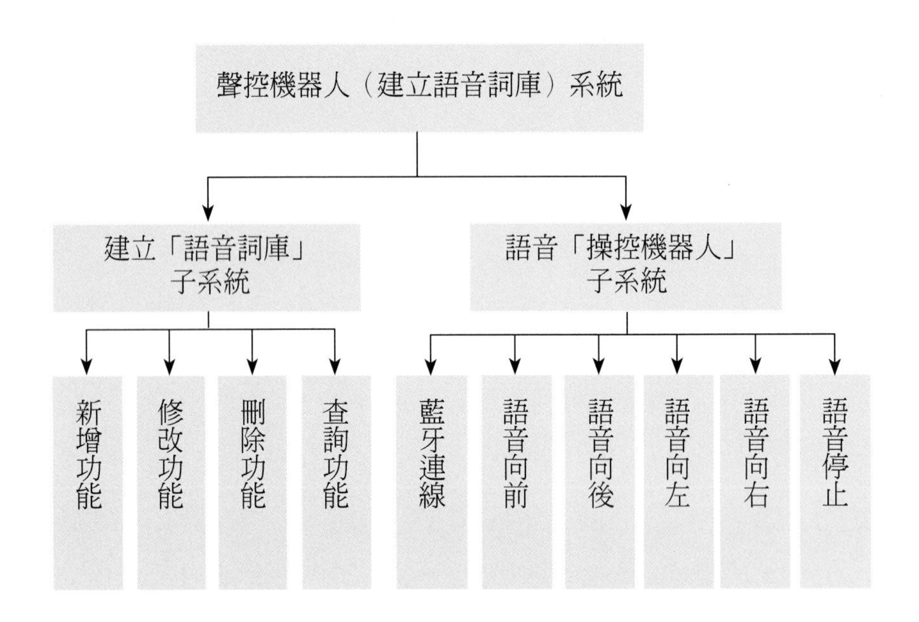

17-4 核心技術

根據系統架構圖，我必須要找出及瞭解它的核心技術，以便未來在進行程式開發，才能順利的進行。

（一）語音元件

1. 語音轉成文字功能元件（SpeechRecognizer），將人類的語音轉成文字。
2. 文字轉成語音功能元件（TextToSpeech），將人類的文字轉成語音。

功能 / 元件	語音轉成文字	文字轉成語音
圖示	SpeechRecognizer1	TextToSpeech1

（二）資料庫元件（TinyDB）

定義　是指嵌入在手機上的資料庫。

目的　提供手應用程式存取的小型資料庫。

寫入 / 讀取方法

寫入方法	讀取方法
call TinyDB1 .GetValue tag valueIfTagNotThere	call TinyDB1 .StoreValue tag valueToStore
以指定的tag（標籤名稱）來儲存一筆記錄。其儲存資料拼圖，有兩個參數： 1.tag（標籤名稱）：字串資料 2.value（資料值）：字串或清單（陣列）資料	取得指定標籤下的資料，透過tag（標籤名稱）來取出資料，如果找不到時，則傳回空字串或是設定某文字內容。

語音詞庫TinyDB資料庫　實例

透過多人發音結果，建立在語音資料庫中。例如：命令機器人「向前」時，則可以建立與「前」字的同音字到「詞庫」中。例如：建立「前、錢、潛、虔」或相近音的「淺、遣、全、權」等等。

index	MyTitle	NxtForward	NxtBack	NxtLeft	NxtRight	NxtStop
1	第1則詞庫	向前	向後	向左	向右	停止
2	第2則詞庫	前	後	左	右	停
3	第3則詞庫	錢	厚	佐	佑	庭
…	…					
N	第N則詞庫	Go	Back	Left	Right	Stop

注意　務必使用「句子」發音

當命令機器人「向前」時，如果只唸「前」，往往會辨識爲「錢」或其它同音字。但是，如果完整的唸「向前」句子，則辨識率非常高。

（三）語音詞庫模糊比對模式

當我們使用「句子」發音時，如何將它辨識出來呢？切記盡量不要使用等號「=」，因爲每個人的發音不盡相同，亦即你我的發音或音調可能不同。因此，建議使用「contains」包含子字串函數。

17-5 系統開發

（一）介面設計

（二）程式流程圖

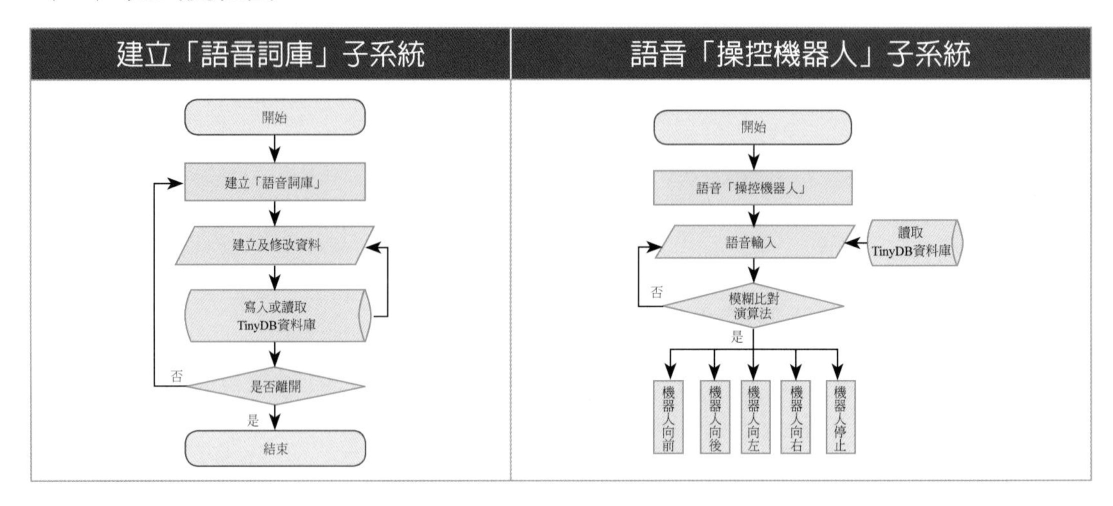

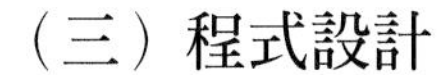

（三）程式設計

1. 宣告變數

拼圖程式	ch17_LegoCar.aia
01	initialize global Record_Index to 0
02	initialize global Count to 1
03	initialize global NotNull to false
04	initialize global ListCount to create empty list
05	initialize global ListForward to create empty list
06	initialize global ListBack to create empty list
07	initialize global ListLeft to create empty list
08	initialize global ListRight to create empty list
09	initialize global ListStop to create empty list

說明

行號01：宣告Record_Index變數爲清單的索引值，亦即查詢記錄時的清單位置。

行號02：宣告Count變數用來記錄目前記錄的筆數。

行號03：宣告NotNull變數用來記錄目前使用者輸入是否有空值，如果沒有空值，則記錄true，否則記錄false。

行號04：宣告ListCount清單變數用來儲存「第××筆詞庫」資料。

行號05~09：宣告ListForward,ListBack,ListLeft,ListRight及ListStop清單變數用來儲存控制機器人「前、後、左、右及停止」五大動作的各種正確讀音、相近音及英文版的發音，目的用來建立成「語音詞庫」。

2. 定義「檢查目前資料庫是否爲空值」的副程式

拼圖程式	ch17_LegoCar.aia
01	to Check_DBisNull
02	do if is a list? thing call TinyDB1 .GetValue tag " NxtForward " valueIfTagNotThere " " ≠ true
03	then set ListPicker_Query . Enabled to false
04	set Label_Status . Text to " 目前尚未建立任何語音詞庫!!! "
	else set ListPicker_Query . Enabled to true
05	

說明

行號01：定義「檢查目前資料庫是否爲空值的副程式」名稱

行號02~05：檢查目前資料庫是否有記錄，如果沒有記錄，則將「查詢」鈕設定爲「沒有作用」，否則就可以提供使用者來「查詢」。

3. Screen1頁面初始化

拼圖程式	ch17_LegoCar.aia

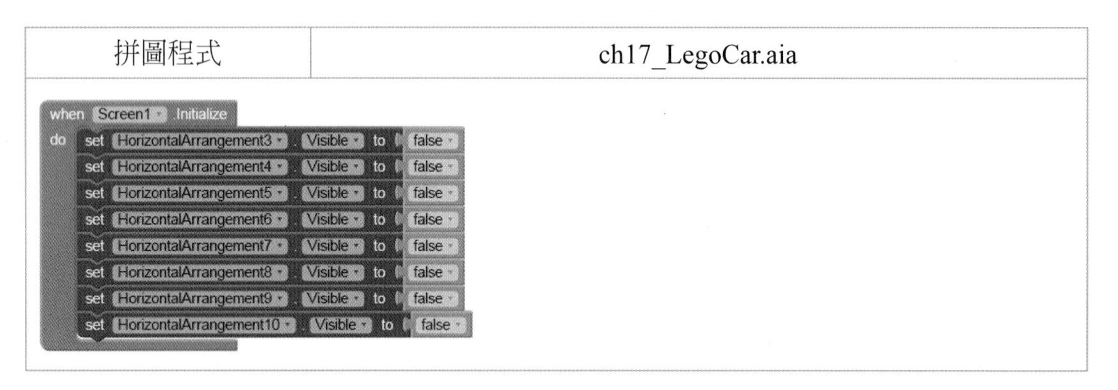

說明 Screen1頁面在第一次載入時，只顯示「目前的狀態」及「建立語音詞庫與語音操控機器人」兩顆按鈕的功能。其餘畫面「隱藏」不顯示。

4. 啓動「建立語音詞庫」鈕

拼圖程式	ch17_LegoCar.aia

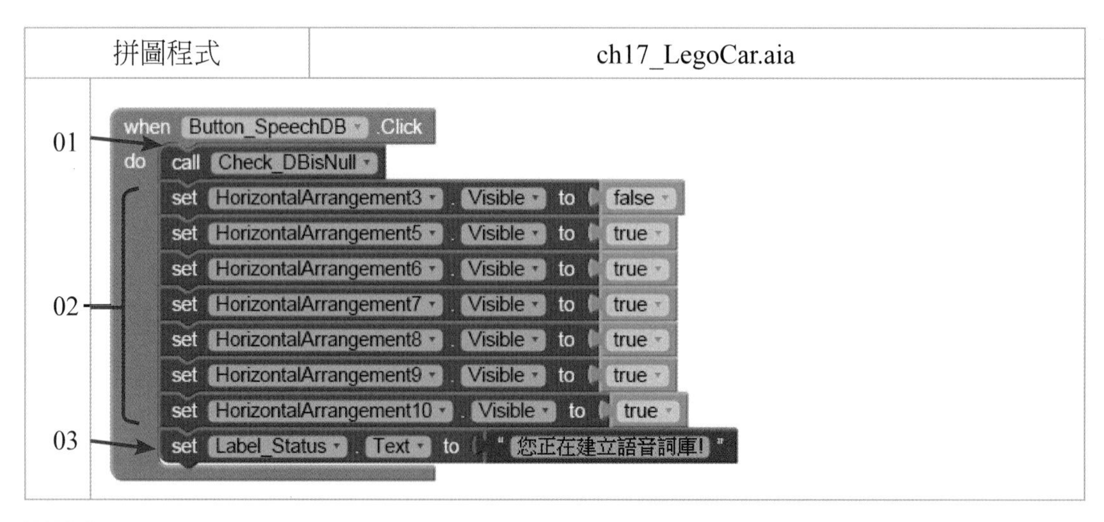

說明

行號01：呼叫「檢查目前資料庫是否爲空值」的副程式

行號02：在啓動「建立語音詞庫」時，只隱藏「連線」鈕及「離線」鈕功能。其餘畫面皆顯示。

行號03：在狀態列中顯示「您正在建立語音詞庫！」

5. 定義「檢查非空值」的副程式

拼圖程式	ch17_LegoCar.aia
01 02 03 04 05	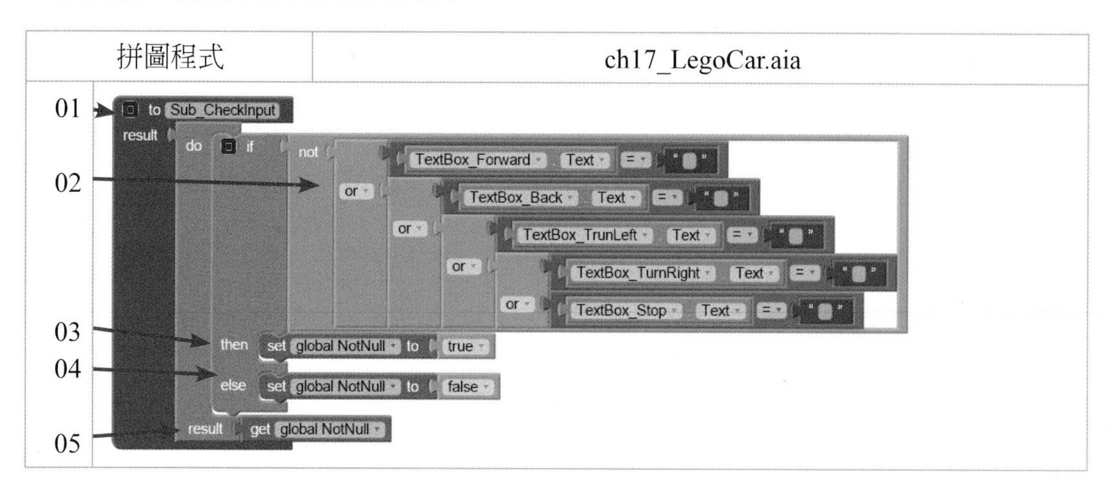

說明

行號01：用來定義「檢查非空值」的副程式。

行號02：檢查五個TextBox元件內容是否皆為「非空值」。

行號03~04：如果皆非空值，則NotNull設定為true，否則設定為false。

行號05：回傳NotNull變數值。

6. 定義「儲存五個清單List陣列內容」的副程式

拼圖程式	ch17_LegoCar.aia
01 02 03 04 05 06	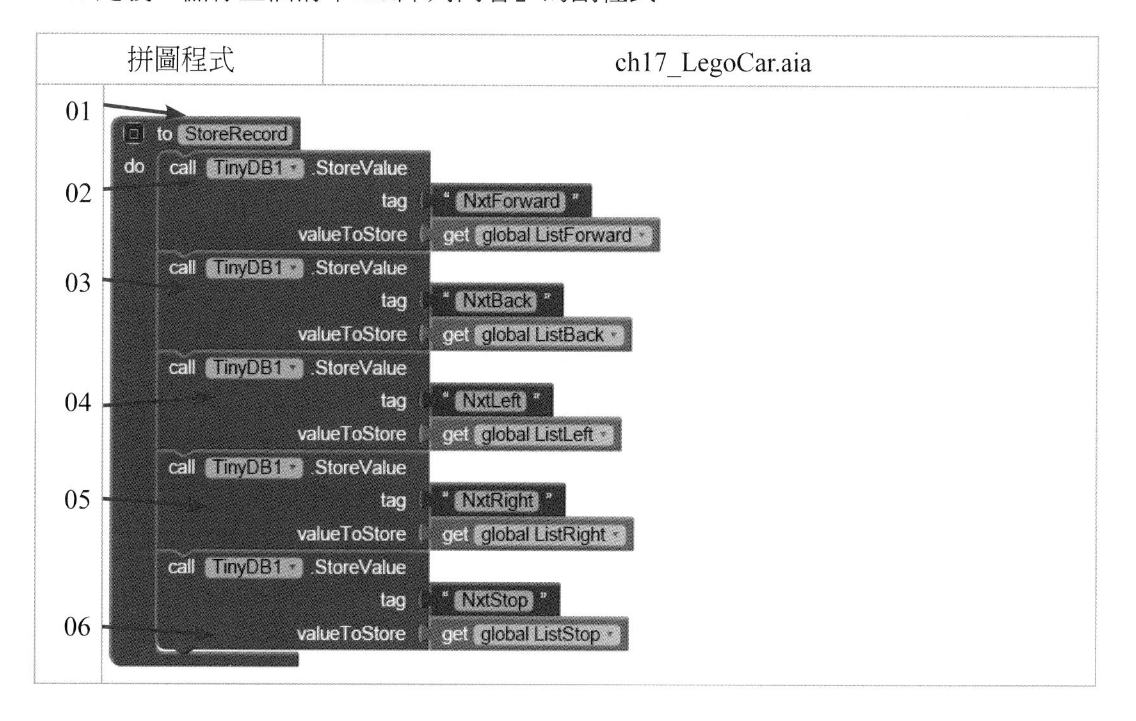

說明

行號01：用來定義「儲存五個清單List陣列內容」的副程式。

行號02~06：利用TinyDB元件的StoreValue方法來以指定的tag（標籤名稱）來儲存五個清單List陣列內容。亦即儲存五個欄位值到五個List清單陣列中。

7. 定義「清空文字框」的副程式

拼圖程式	ch17_LegoCar.aia
01	to SetNull
02	do set TextBox_Forward . Text to " "
03	set TextBox_Back . Text to " "
04	set TextBox_TrunLeft . Text to " "
05	set TextBox_TurnRight . Text to " "
06	set TextBox_Stop . Text to " "

說明

行號01：用來定義「清空五個TextBox元件」的副程式。

行號02~06：清空五個TextBox元件，亦即清空「前、後、左、右及停止」五個文字框內容。

8. 定義「計算目前詞庫的筆數」之副程式

拼圖程式	ch17_LegoCar.aia
01 02 03 04 05	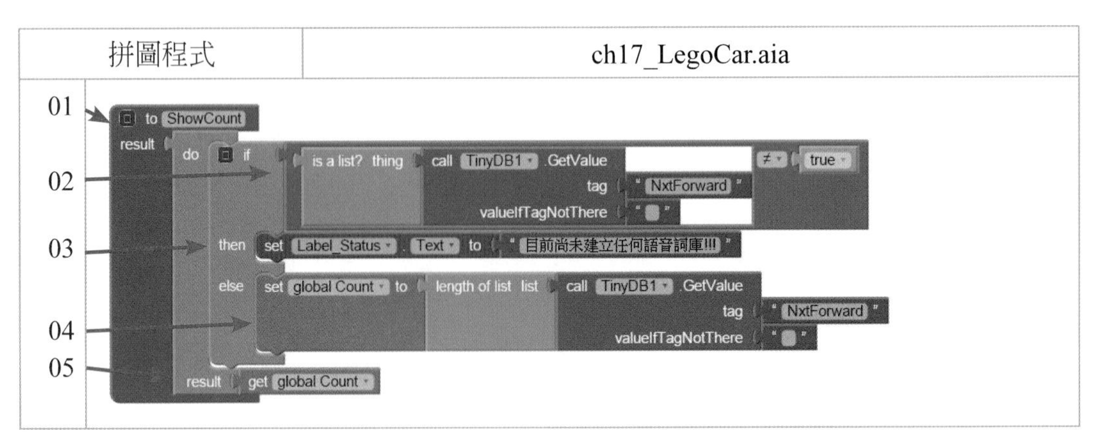

說明

行號01：定義「計算目前詞庫的筆數之副程式」名稱

行號02~03：檢查目前資料庫是否有記錄，如果沒有記錄，則顯示「目前尚未建立任何語音詞庫！！！」

行號04：計算目前詞庫的筆數

行號05：回傳詞庫的筆數

9. 語音輸入「前、後、左、右及停止」的相似詞

拼圖程式	ch17_LegoCar.aia

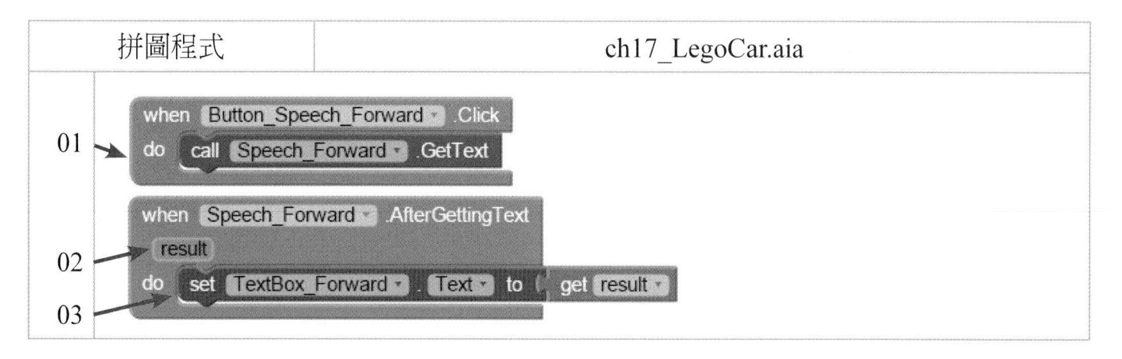

說明

行號01：利用「SpeechRecognizer1」元件的「GetText」方法。來啓動「語音」功能。

行號02：在使用者「語音辨識」之後，執行「「SpeechRecognizer1」元件的「AfterGettingText」事件時，會傳回「語音」轉換成「文字」給result。

行號03：將回傳值result指定給「向前」的文字框中。

註 其他四個（後、左、右及停止）的內容，皆可以利用「語音辨識」元件來輸入資料。

10.定義「讀取資料庫記錄到清單陣列」的副程式

拼圖程式	ch17_LegoCar.aia

```
01  to ShowRecord
    do
02    set global ListForward to call TinyDB1 .GetValue
                                  tag "NxtForward"
                                  valueIfTagNotThere " "
03    set global ListBack to call TinyDB1 .GetValue
                               tag "NxtBack"
                               valueIfTagNotThere " "
04    set global ListLeft to call TinyDB1 .GetValue
                               tag "NxtLeft"
                               valueIfTagNotThere " "
05    set global ListRight to call TinyDB1 .GetValue
                                tag "NxtRight"
                                valueIfTagNotThere " "
06    set global ListStop to call TinyDB1 .GetValue
                               tag "NxtStop"
                               valueIfTagNotThere " "
```

說明

行號01：定義「讀取資料庫記錄到清單陣列」的副程式

行號02：將TinyDB1資料庫中的「向前」語音詞庫，載入到ListForward清單陣列中。

行號03：將TinyDB1資料庫中的「向後」語音詞庫，載入到ListBack清單陣列中。

行號04：將TinyDB1資料庫中的「向左」語音詞庫，載入到ListLeft清單陣列中。

行號05：將TinyDB1資料庫中的「向右」語音詞庫，載入到ListRight清單陣列中。

行號06：將TinyDB1資料庫中的「停止」語音詞庫，載入到ListStop清單陣列中。

11.「新增」記錄之程式

拼圖程式	ch17_LegoCar.aia

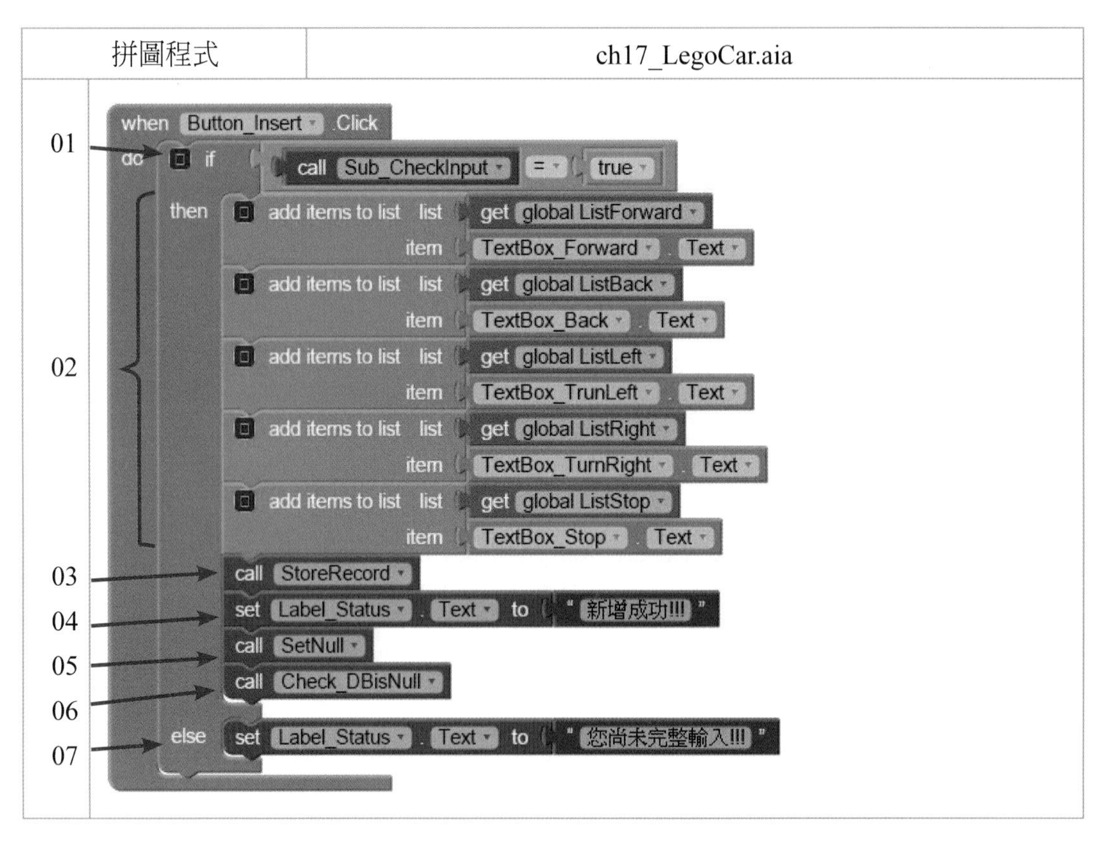

說明

行號01：在新增寫入之前，先檢查五個TextBox元件內容是否皆為「非空值」。

行號02：如果皆為「非空值」時，則可以利用「add items to list」拼圖來新增「前、後、左、右及停止」資料到五個清單變數中。

行號03：呼叫「儲存五個清單List陣列內容」的副程式

行號04：用來顯示「新增成功」在狀態列中。
行號05：呼叫「清空五個TextBox元件內容」的副程式。
行號06：呼叫「檢查目前資料庫是否為空值」的副程式
行號07：如果五個TextBox元件內容中有一個為「空值」時，則顯示「您尚未完整輸入！！！」。

12.「修改」記錄之程式

拼圖程式	ch17_LegoCar.aia

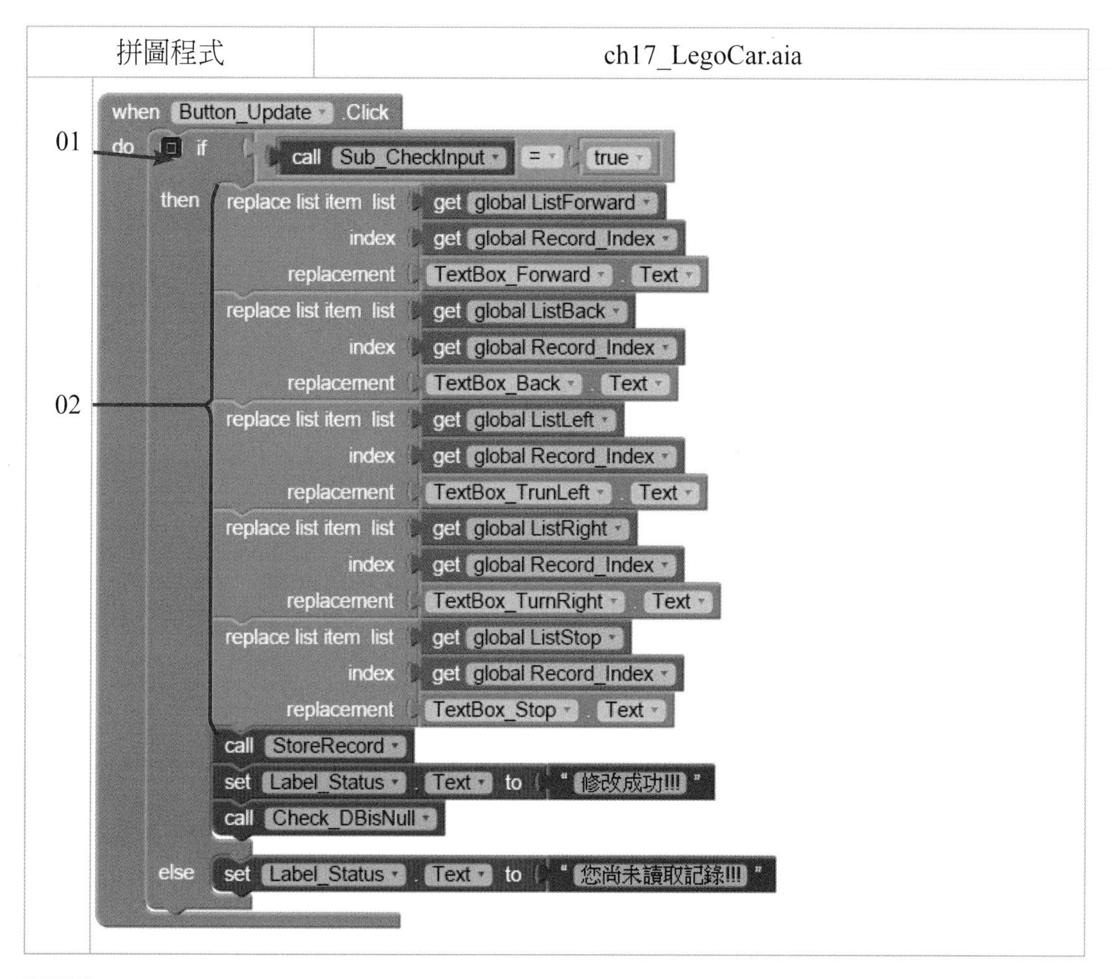

說明

行號01：在「修改」資料之前，先檢查五個TextBox元件內容是否皆為「非空值」。
行號02：如果皆為「非空值」時，則可以利用「replace list item list」拼圖來「修改」機器人的五大動作「前、後、左、右及停止」資料到五個清單變數中。

註 其餘程式的說明，同上。

13.「刪除」記錄之程式

拼圖程式	ch17_LegoCar.aia

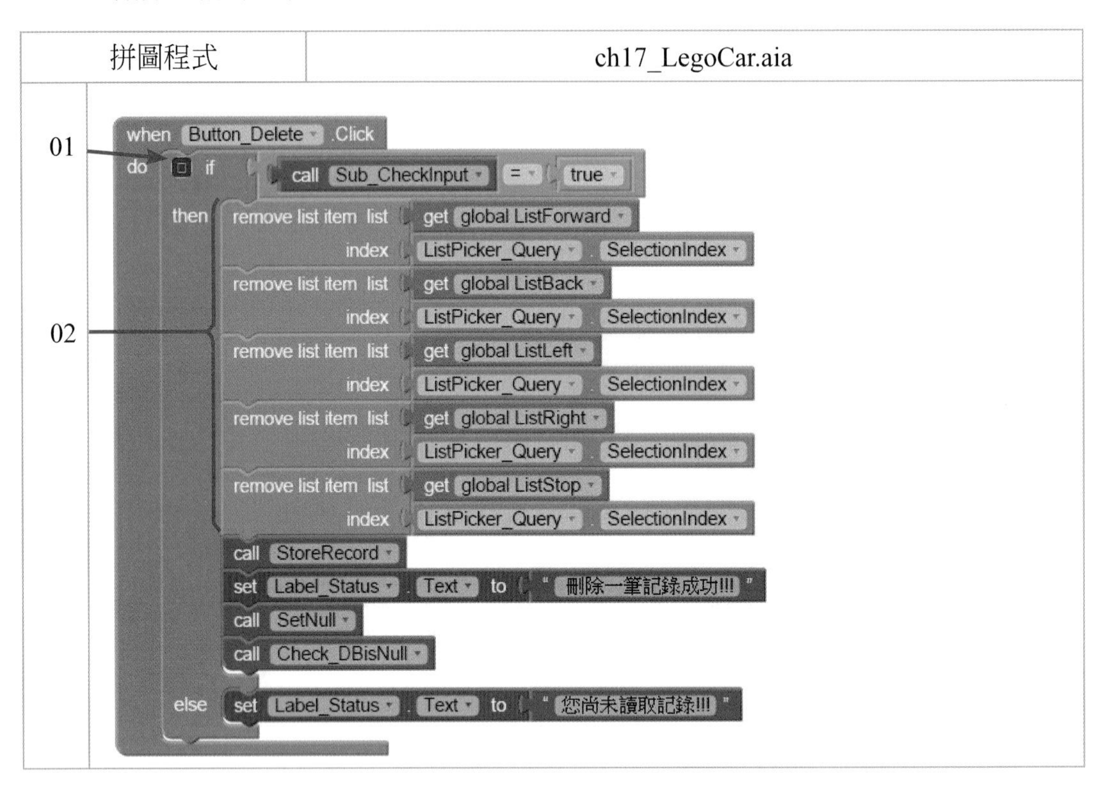

說明

行號01：在「刪除」資料之前，先檢查五個TextBox元件內容是否皆爲「非空值」。

行號02：如果皆爲「非空值」時，則可以利用「remove list item list」拼圖來從清單變數中「刪除」機器人的五大動作「前、後、左、右及停止」資料。

註 其餘程式的說明，同上。

14.「查詢」記錄之程式

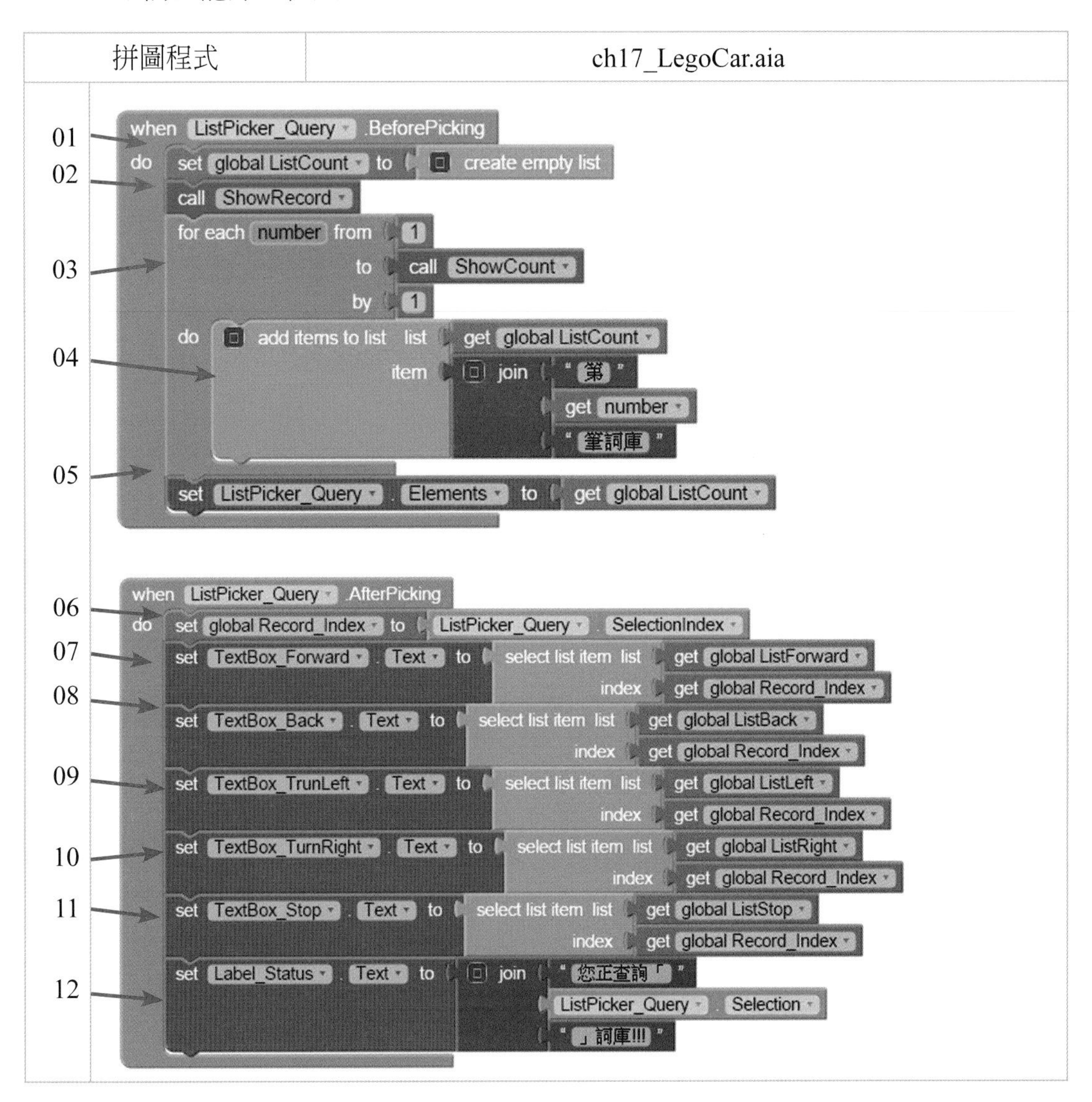

說明

行號01：設定ListCount清單陣列爲空陣列。

行號02：當使用者按下「查詢（讀取）」鈕時，呼叫顯示資料庫中記錄之副程式，亦即將TinyDB1資料庫中的資料，載入到五個清單陣列中。

行號03~04：利用for each迴圈及add items to list併圖來自動產生目前的詞庫筆數。

行號05：將ListCount清單的內容指定給ListPicker_Query查詢清單，以提供使用者依照「第╳╳筆詞庫」來查詢。

行號06：將選取的資料在清單位置的索引值，指定給Record_Index索引變數。

行號07：取出ListForward清單中的第Record_Index索引值的內容指定給「TextBox_Forward元件的文字框」。亦即取「向前」清單陣列的內容。

行號08：取出ListBack清單中的第Record_Index索引值的內容指定給「TextBox_Back元件的文字框」。亦即取「向後」清單陣列的內容。

行號09：取出ListLeft清單中的第Record_Index索引值的內容指定給「TextBox_TrunLeft元件的文字框」。亦即取「向左」清單陣列的內容。

行號10：取出ListRight清單中的第Record_Index索引值的內容指定給「TextBox_TurnRight元件的文字框」。亦即取「向右」清單陣列的內容。

行號11：取出ListStop清單中的第Record_Index索引值的內容指定給「TextBox_Stop元件的文字框」。亦即取「停止」清單陣列的內容。

行號12：用來顯示目前查詢的「第╳╳筆詞庫」。

15.「語音操控機器人」鈕之程式

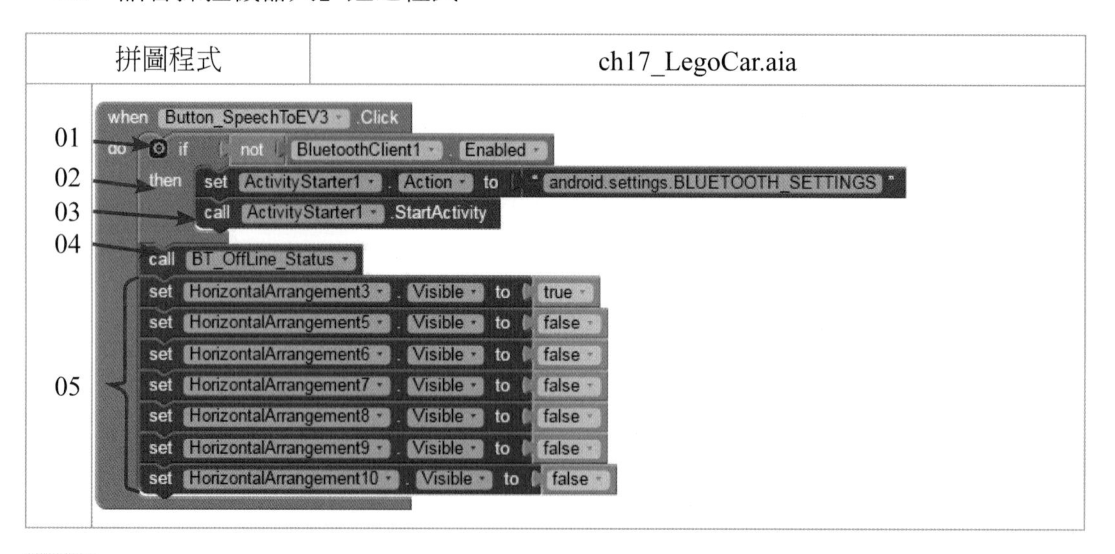

說明

行號01~03：檢查藍牙功能是否已經被開啓，如果沒有，則利用ActivityStarter元件來設定藍牙啓動的功能。

行號04：呼叫「藍牙離線狀態」的副程式

行號05：在啓動「語音操控機器人」鈕時，只顯示前三列（狀態列、建立語音詞庫與語音操控機器人）及第三列（連線與離線）。其餘畫面皆隱藏。

16.定義「離線狀態」之副程式

拼圖程式	ch17_LegoCar.aia
01 02 03 04 05	to BT_OffLine_Status do set Label_Status . Text to " 目前是離線中... " set Label_Status . TextColor to set ListPicker_BTConnect . Enabled to true set Button_BTDisconnect . Enabled to false

說明

行號01：定義藍牙（BlueTooth（B.T.））功能在離線時的狀態之副程式。

行號02~03：在離線時會顯示「目前是離線中……」紅色訊息。

行號04：初始情況「連線」鈕是「有作用」；亦即「連線鈕」可以被按。

行號05：初始情況「離線」鈕是「沒有作用」；亦即「離線鈕」無法被按。

17.「連線」程式

拼圖程式	ch17_LegoCar.aia
01 02 03 04 05 06	when ListPicker_BTConnect .BeforePicking do set ListPicker_BTConnect . Elements to BluetoothClient1 . AddressesAndNames when ListPicker_BTConnect .AfterPicking do if call BluetoothClient1 .Connect address ListPicker_BTConnect . Selection then set Label_Status . Text to " 藍牙連線成功! " set Label_Status . TextColor to set ListPicker_BTConnect . Enabled to false set Button_BTDisconnect . Enabled to true call Beep Second 500 set HorizontalArrangement4 . Visible to true else set Label_Status . Text to " 藍牙連線失敗! " to Beep Second do call Ev3Sound1 .PlayTone volume 10 frequency 880 milliseconds get Second

說明

行號01：在「連線」之前，將已配對藍牙裝置的名稱及位址清單指定給「藍牙清單」。

行號02：在「連線」之後，與您挑選的藍牙進行連線。如果連線成功，則傳回true。

行號03：並且顯示「藍牙連線成功！」藍色訊息。同時，「連線」鈕設爲「沒有作用，而「離線」鈕設爲「有作用」。

行號04：呼叫Beep一聲的副程式，亦即「連線成功」時，NXT主機會嗶0.5秒。

行號05：否則，就會顯示「藍牙連線失敗！」訊息

行號06：定義「Beep一聲」的副程式，其頻率爲880Hz，而參數Second用來控制Beep的停留時間。

18.「離線」程式

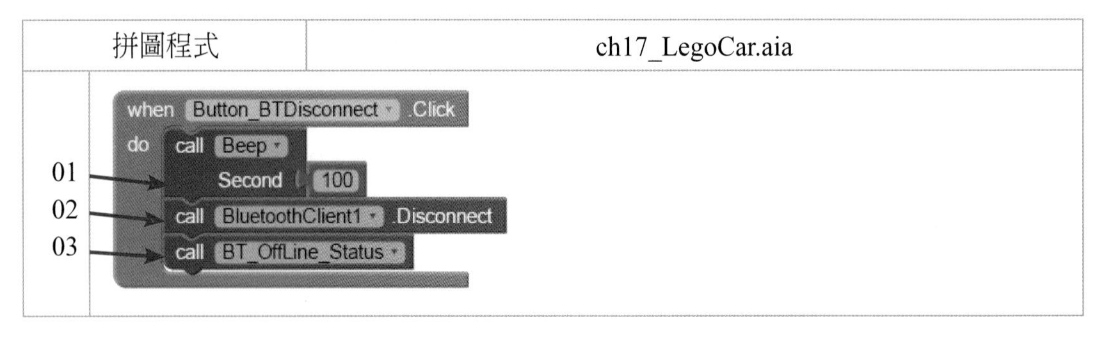

說明

行號01：當您按下「離線」鈕，NXT主機會嗶0.1秒。

行號02：藍牙就會中斷連線

行號03：呼叫「藍牙離線狀態」的副程式。

19.「語音操控」程式

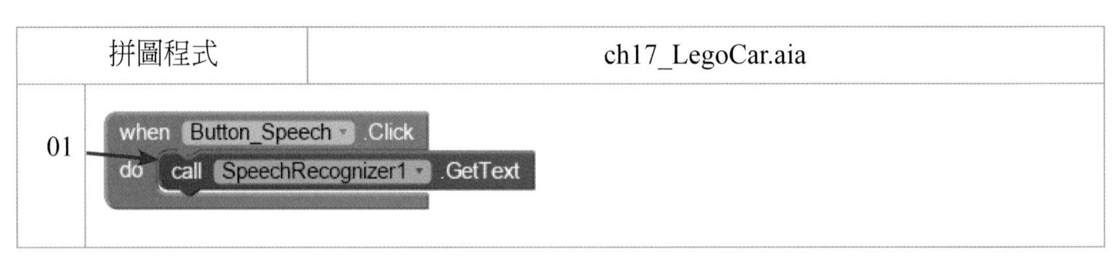

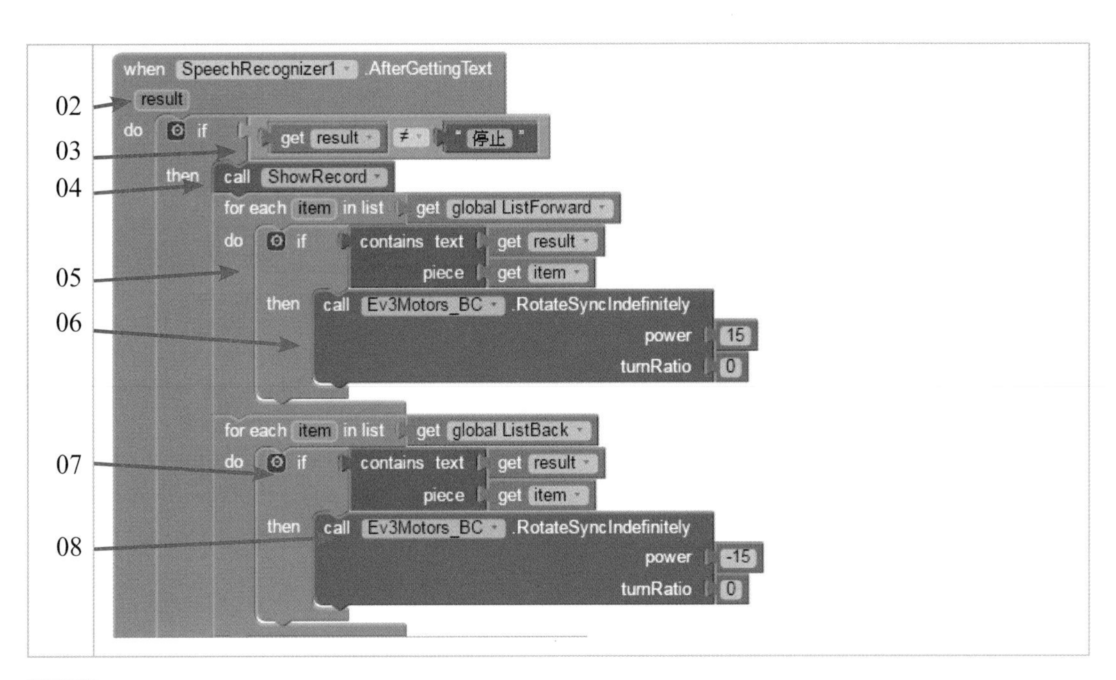

說明

行號01：當您按下「語音操控」鈕圖示，就會啟動語音輸入功能。

行號02：【語音辨識】當您啟動語音輸入之後，它馬上會觸發「AfterGettingText」事件，來辨識您剛才輸入的語音並傳回值result為「文字」內容。

行號03：如果傳回值result不是「停止」，機器人就會一直接受你的命令。

行號04：呼叫「讀取TinyDB資料庫到清單陣列中」之副程式。

行號05~06：判斷傳回值result為「文字」內容是否有包含使用者啟動語音輸入的「向前」相似字。如果辨識結果為true時，則機器人以80電力「向前走」。

行號07~08：判斷傳回值result為「文字」內容是否有包含使用者啟動語音輸入的「向後」相似字。如果辨識結果為true時，則機器人以80電力「向後走」。

註 其他拼圖程式，皆相同的作法。

17-6 系統展示

一、系統測試（含執行結果）

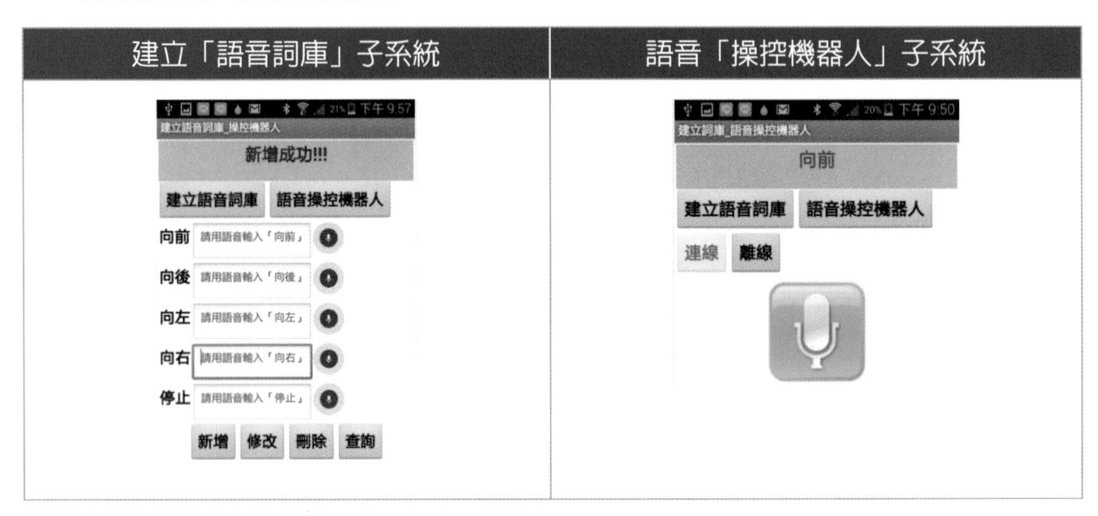

說明 使用者依照各子系統的功能面，進行測試。當專題是由多人共同製作時，則必須要每一位成員從「技術層面」及「管理層面」來進行測試。

二、未來展望（討論與建議）

我們都知道，實務專題呈現代表本組成員的「技術層面」、「管理層面」及「團隊合作層面」三大層面的表現，相輔相承，缺一不可。

（一）結論

在本專題製作中，已經讓我們了解整個系統開發流程，並且也學會如何利用AppInventor程式來連結TinyDB資料庫，進而開發出一套「我的聲控機器人」APP系統，讓使用者可以隨時利用「語音功能」來自行建立語音詞庫內容，並且依照每個人的不盡相同的發音來建立語音詞庫。

因此，學生在開發資訊系統的過程中，不僅可以深入體會上課時所學習的理論之重要性，更能將所學的理論加以實務化。

（二）建議

在本資料庫專題中，如果是由多位同學共同開發完成時，則事先的工作分配就非常重要。並且要特別注意成員最好背景專長是可以互補的。例如：

1. 領導能力 → 統籌整個專題的進度

2. 溝通能力 → 了解使用者的需求，並設計系統分析藍圖
3. 資料庫能力 → 依照藍圖設計資料庫及正規化爲最佳化
4. 程式能力 → 依照藍圖與正規化表格來撰寫程式碼
5. 文件能力 → 編輯文件製作及相關系統手冊及操作手冊

此外，各位同學如果想要利用AppInventor來開發一套「實務專題」，除了多參考「經典範例」之外，它還必須要兼具以下的特色：

1. 創新的應用
2. 實用的價值
3. 符合產業的需求

以上三點，是讀者（例：學生……）未來找資訊類工作時，非常重要的指標。

（三）APP上架

當您開發的APP同時符合「創新的應用、實用的價值及符合產業的需求」時，就可以上架到Google Play商店，以分享給好朋友，甚至全世界。

N
O
T
E

國家圖書館出版品預行編目資料

樂高EV3機器人手機控制實戰（使用App Inventor 2）／李春雄著. ——初版. ——臺北市：五南, 2016.12
面； 公分
ISBN 978-957-11-8928-4（平裝附光碟片）

1.機器人 2.電腦程式設計

448.992029 105021797

5R22

樂高EV3機器人手機控制實戰（使用App Inventor 2）

作　　者 — 李春雄（82.4）
發 行 人 — 楊榮川
總 編 輯 — 王翠華
主　　編 — 李貴年
責任編輯 — 周淑婷
封面設計 — 陳翰陞
出 版 者 — 五南圖書出版股份有限公司
地　　址：106台北市大安區和平東路二段339號4樓
電　　話：(02)2705-5066　　傳　　真：(02)2706-6100
網　　址：http://www.wunan.com.tw
電子郵件：wunan@wunan.com.tw
劃撥帳號：01068953
戶　　名：五南圖書出版股份有限公司
法律顧問　林勝安律師事務所　林勝安律師
出版日期　2016年12月初版一刷
定　　價　新臺幣550元